战争中的河东

两魏周齐

宋杰——著

山西出版传媒集团
山西人民出版社

图书在版编目（CIP）数据

两魏周齐战争中的河东 / 宋杰著. — 太原：山西
人民出版社，2023.12
ISBN 978-7-203-13007-9

Ⅰ.①两… Ⅱ.①宋… Ⅲ.①军事地理 – 运城 – 古代
Ⅳ.①E993.225.3

中国国家版本馆 CIP 数据核字(2023)第 162651 号

两魏周齐战争中的河东

著　　者：宋　杰
责任编辑：崔人杰
复　　审：李　鑫
终　　审：梁晋华
装帧设计：陈　婷

出 版 者：山西出版传媒集团·山西人民出版社
地　　址：太原市建设南路21号
邮　　编：030012
发行营销：0351-4922220　4955996　4956039　4922127（传真）
天猫官网：https://sxrmcbs.tmall.com 电话：0351-4922159
E-mail：sxskcb@163.com 发行部
　　　　　sxskcb@126.com 总编室
网　　址：www.sxskcb.com

经 销 者：山西出版传媒集团·山西人民出版社
承 印 厂：山西出版传媒集团·山西人民印刷有限责任公司

开　　本：720mm×1020mm　　1/16
印　　张：21.25
字　　数：300千字
版　　次：2023年12月 第1版
印　　次：2023年12月 第1次印刷
书　　号：ISBN 978-7-203-13007-9
定　　价：96.00元

目　录

第一章

"河东"地望及其历史演变

一、战国秦汉时期的"河东"

"河东"这一地理名词，在隋朝以后，所指的范围大致相当于今山西省全境，如唐之河东道、宋之河东路。而在此之前，它却有着不同的内涵，随着各历史阶段的发展而有所变化。"河东"一词，最早出现于战国时的著作，其含义有二：

（一）黄河以东某地

此概念往往是一种泛指，不论某地，只要其位置在黄河以东，就可以称为"河东"。例如《战国策·赵策三》载乐毅谓赵王曰："今无约而攻齐，齐必仇赵。不如请以河东易燕地于齐。赵有河北，齐有河东，燕、赵必不争矣。"鲍彪对文中的"河东""河北"注道："此二非郡。"即表示这两个名称不是具体的地名，仅代表其位置在黄河以东、以北。又见《战国策·秦策四》："三国攻秦，入函谷。秦王谓楼缓曰：'三国之兵深矣，寡人欲割河东而讲。'"鲍彪注："大河之东，非地名。"

（二）今山西西南部

"河东"在当时的另一个概念，是专指战国前期魏国都城安邑所在的统治重心区域，即今山西西南部运城地区。见《孟子·梁惠王上》载魏惠王曰："河内凶，则移其民于河东，移其粟于河内。河东凶亦然。"赵岐注："魏国在河东，后为强国，兼得河内也。"按三家分晋时，赵据晋阳（今太原盆地），韩都平阳（今临汾盆地），魏都安邑（今山西夏县），以今运城盆地为主体，西及南境面临黄河河曲，东至垣曲与韩相邻，北接晋君保有的领地——故都新田、绛、曲沃（今山西闻喜、绛县、翼城、曲沃等县；后三家灭绝晋祀，其地多入于魏），西北越过汾水，沿黄河东岸而上，又有北屈、蒲阳、夔（今山西吉县、隰县、蒲县、大宁及霍州等地），与赵、韩领土接壤[①]。

秦兼并六国领土后，"河东"这一地理名词有了第三种概念，即郡名。

（三）郡名

即被正式作为国家行政区域的名称，秦朝及两汉设置河东郡，治安邑，辖境仍以运城盆地为主体，还包括原韩国故都平阳所在的临汾盆地及晋西高原的南部，东括太岳山脉及王屋山，北至今灵石、石楼县南境，西、南两面濒临黄河。《汉书》卷28《地理志上》载河东郡为秦置，有24县（《汉书》卷76《尹翁归传》载为28县），包括安邑、大阳、猗氏、解、蒲反、河北、左邑、汾阴、闻喜、濩泽、端氏、临汾、垣、皮氏、长修、平阳、襄陵、夔、杨、北屈、蒲子、绛、狐谗、骐；它所包含的地域范围比起战国魏之河东扩大了许多。西汉时期，朝廷为了强干弱枝，增加自己直接控制的领土和人力、财赋，继续扩展中央直辖的司隶校尉所属之河东郡境，将其向东延伸到王屋山以北的沁河流域，把原上党郡西南部的濩泽、端氏等地（包括今沁水县、阳城县的大部分地区）划归过来，借以巩固和加强集权统治。[②]

[①] 钟凤年：《〈战国疆域变迁考〉序例》，载《禹贡》六卷，十期。
[②] 谭其骧主编：《中国历史地图集》第二册，《秦·西汉·东汉时期》，地图出版社1982年版，第9—10、15—16页。

二、魏晋南北朝的"河东"

(一) 魏晋时期河东郡境的缩小

汉末以来,中国长期处于分裂割据的政治状态,地方势力强横,而朝廷的力量有限,难以有效地控制它们,故采取了缩小地方行政区域的做法,试图以此减弱它们对中央政权所构成的威胁。像曹魏时期,河东郡辖境开始缩小,《三国志》卷4《魏书·齐王芳纪》载正始八年"夏五月,分河东之汾北十县为平阳郡"。曹魏之河东郡的辖境西、南两面不变,北边则退至汾河下游河道及涑水以南一线,大致上仅包括秦汉河东郡在汾河以南的辖区,即今运城地区,将汾北划为平阳郡管辖。

西晋时期,河东郡的辖境进一步缩小,又把王屋山以东沁水流域的濩泽、端氏两县划归平阳郡。据《晋书》卷14《地理志上》所载,司州平阳郡"故属河东,魏分立。统县十二,户四万二千";有平阳、杨、端氏、永安、蒲子、狐谗、襄陵、绛邑、濩泽、临汾、北屈、皮氏诸县。河东郡统县九,户四万二千五百,有安邑、闻喜、垣、汾阴、大阳、猗氏、解、蒲坂、河北诸县。

(二) 北朝"河东"的三种含义

经过十六国的长期战乱,北魏统一中原后,建立新的行政区划,地方政权的辖境再度缩小。根据《魏书》卷106《地形志》的记载,拓跋氏将原晋朝河东郡境分属三州管辖:

泰州 辖河东郡(治蒲坂,今山西永济西南),有蒲坂、安定、南解(今山西永济东)、北解(今山西临猗西南)、猗氏(今山西临猗南)五县。北乡郡(治汾阴),有汾阴(今万荣荣河镇)、北猗氏(今临猗)二县。

陕州河北郡(治大阳) 有大阳(今山西平陆县)、南安邑(今山西运城安邑镇)、北安邑(今山西夏县北)、河北(今山西芮城)四县。河北郡所属之陕州又归京畿所在的司州管辖。

东雍州 辖邵郡（治白水，今山西垣曲），辖白水、苌平（今河南济源西）、清廉（今山西垣曲西）、西太平（今山西绛县）四县。高凉郡（治高凉，今山西稷山），辖高凉、龙门（今山西河津市）二县。正平郡（治正平郡城，今山西新绛），辖闻喜、曲沃二县。

东西魏分裂时，河东地区被东魏高欢占据，沿袭了过去的行政区划。这样，河东郡的辖境进一步缩小，在北魏、东魏统治时期只有中条山以北、涑水中下游的安定、蒲坂、南解、北解、猗氏五县之地，西魏北周统治时期又加以合并，省为蒲坂、虞乡二县。

由于上述原因，"河东"这一地理概念，到了北朝后期，又发生了新的变化。王仲荦先生《北周地理志》卷9《河北上》认为，当时的"河东"有两种含义：一是泛指黄河以东；二是仅指退至蒲坂周围数县之河东郡。"当周齐之世，亦有举河东者，按其实，如《周书·稽胡传》：'没铎遣其党天柱守河东，又遣其大帅穆支据河西。'此河东、河西，皆指黄河东西两岸言之。又《周书·薛善传》《敬珍附传》载李弼军至河东，珍率猗氏等六县户十余万归附。太祖执其手曰：'国家有河东之地，卿兄弟之力。'此河东盖指河东郡言之。由此以知，周之河东，或指河东郡，或指黄河东岸，而非唐河东道之含义。"

但需要补充的是，两魏周齐时代所称的"河东"，还有第三种含义。

（三）魏晋时期的河东郡辖境

如裴宽、裴果、裴文举，《周书》卷34、卷36、卷37本传中皆称其为"河东闻喜人也"。另，薛端、薛澄、薛修义，《周书》卷35、卷38，《北齐书》卷20本传中皆称其为"河东汾阴人也"。按闻喜在北朝属正平郡，汾阴在北魏、西魏时属北乡郡，北周改称汾阴郡；皆与当时的河东郡无涉。可见上述史籍所言之"河东"者，自有另外一种含义，即指闻喜、汾阴两县在魏晋时所属的河东郡（今山西运城地区）。

前文已述,战国时期,"河东"一词所表示的范围较广,除了涑水河流域,还包括汾河以北的部分区域,因此"汾北"包含在"河东"这一较大的地理概念之中。见《战国策·魏策三》载客谓樗里子曰:

> 公不如按魏之和,使人谓楼子曰:"子能以汾北与我乎?请合于楚外齐,以重公也,此吾事也。"楼子与楚王必疾矣。又谓翟子:"子能以汾北与我乎?必为合于齐外于楚,以重公也。"翟强与齐王必疾矣。是公外得齐、楚以为用,内得楼廗、翟强以为佐,何故不能有地于河东乎!

秦汉时期,河东郡境则明确地划为汾北、汾南两个辖区,见《汉书》卷76《尹翁归传》:"河东二十八县,分为两部,闳孺部汾北,翁归部汾南。"而北朝时期汾北久已划归平阳郡,"河东"仅有汾南之地。因此当时人们改为以"汾北"与"河东"对称。例如,西魏、北周政权曾一度占有今山西西南部、汾河下游河道南北的领土,齐人即习惯将其辖境分为两个区域,称为"汾北""河东"。见《北齐书》卷16《段荣附子韶传》:"汾北、河东,势为国家之有,若不去柏谷,事同痼疾。"这也表示他们使用的是"河东"的第三种含义,即魏晋之河东郡的辖境,而这时的汾北已分离出去,"河东"的这一概念仅包括汾南,故以两者并举。

本书使用的"河东"一词,基本上属于上述第三种含义,其地域范围大致相当于西晋的河东郡,即以今山西运城地区(包括盐湖、永济、河津三区市,及芮城、临猗、万荣、新绛、稷山、闻喜、夏县、绛县、垣曲、平陆十县)为主体,这是西魏、北周与高氏对抗时在黄河以东长期占有的区域(汾河以北的领土时得时失),其西境有滔滔大河自北而来,至风陵折向东行;蒲坂(今山西永济)之东又有中条山脉向东北方向延伸。北境的汾河与浍河相交后,横流汇入黄河;汾、浍两河之南是峨嵋台地,自东而西分布有绛山(紫金山)、峨嵋岭、稷王山、介山诸峰,迤逦而至大河之滨。这一地区的平面呈三角形,在自然地理方面接近一个完整的区域单位。它古属冀州，春秋属晋，战国属魏，秦汉魏晋属河东郡地，故史称"河东"。

第二章

河东区域的地理特点

在我国古代，河东地区历史悠久，人文荟萃。早在新石器时代，当地就成为我国境内原始农牧业最为发达的区域之一。仰韶文化与龙山文化类型遗存分布的中心区域（与关中、豫西北平原并称），在晋西南平原发现了400多处[①]。

进入文明时代以来，该地区仍然具有重要的地位和影响。传说中尧都平阳，舜都蒲坂，禹都安邑，皆在河东区域。《汉书》卷28下《地理志下》曰："河东土地平易，有盐铁之饶，本唐尧所居，《诗·风》唐、魏之国也。"晋南的"唐"（今山西翼城），就是传说中的陶唐氏和夏族初期活动的中心，即后代所说的"夏墟"。夏文化遗址有东下冯遗址，今临汾、翼城、襄汾、绛县、新绛、曲沃、侯马、夏县、河津、闻喜、运城、永济等地均发现有夏文化遗址[②]。夏族势力壮大后，渡河进入豫西，占据伊洛和嵩岳地区，才开始建立了夏王朝的统治[③]。河东由于位置居中，自然环境优越，交通方便，在夏商周三代一直是我国政治中心与经济、文化最为发达的地区。《史记》卷129《货殖列传》口："昔唐人都河东，殷人都河内，周人都河南。夫三河在天下之中，若鼎足，王者所更居也，建国各数百千岁，土地小狭，民人众，都国诸侯所聚

---

① 卫斯：《河东史前农业的考古观察》，载《古今农业》1988年第1期。

② 邹衡：《夏商周考古学论文集》，文物出版社1980年版，第136、236页。

③ 刘起釪：《由夏族原居地纵论夏文化始于晋南》，王文清：《陶寺遗存有可能是陶唐氏文化遗存》，皆载《华夏文明》第一集，北京大学出版社1987年版。

会。"

战国乃至魏晋时期，当地也是中原著名的大郡，物产丰富，地扼关中、山东交通之要途，控制并经营河东者，会为其军事斗争带来有利的条件。如李悝为魏相，推行"尽地力之教"，发展精耕细作，提高土地的利用率和单位面积产量，遂使国家富强。给魏国早期的对外征伐提供了充足的兵员劳力和粮草财赋，奠定了其霸业兴盛的经济基础。

魏国迁都大梁之后，秦国经过多年的蚕食侵略，占领了河东，从而使三晋处于极为被动的局面。如《战国策·赵策四》所言："秦得安邑之饶，魏为上交，韩必入朝。"

三国时期，军阀割据混战，曹操即把控制河东视为最为迫切的任务之一。《三国志》卷16《魏书·杜畿传》载："太祖谓荀彧曰：'关西诸将，恃险与马，征必为乱。张晟寇殽、渑间，南通刘表，（卫）固等因之，吾恐其为害深。河东被山带河，四邻多变，当今天下之要地也。君为我举萧何、寇恂以镇之。'或曰：'杜畿其人也。'于是追拜畿为河东太守。"杜畿到任后，巩固了曹魏政权对当地的统治，并恢复发展了农业经济，以至在后来曹操平定关西之乱时，河东发挥了非常重要的作用。

> 韩遂、马超之叛也，弘农、冯翊多举县邑以应之。河东虽与贼接，民无异心。太祖西征至蒲阪，与贼夹渭为军，军食一仰河东。及贼破，余畜二十余万斛。太祖下令曰："河东太守杜畿，孔子所谓'禹，吾无间然矣'。增秩中二千石。"[1]

河东在历史上之所以发挥过重要的影响，和它得天独厚的自然、人文地理条件是分不开的。

---

[1]《三国志》卷16《魏书·杜畿传》。

一、物华天宝的经济环境

（一）气候与土壤适宜耕种

山西高原的地形相当复杂，丘陵和山地的面积占据多数，较为平坦的耕地只有土地面积的30%左右，而且分布得极不平均，主要是在中部大断陷带内汾河河谷的忻定、太原、临汾、运城等几大盆地，这些盆地地势平坦，土层深厚，河流汇集，人口稠密，自古以来就是农业垦殖的重心地带。

其中，河东即晋西南地区的运城、临汾盆地，属于涑水河和汾河下游流域，是山西高原地势最低、无霜期最长和耕地最为密集的区域，具有较好的农业发展条件。区内大部分是河谷平原和盆地，地势平坦，气候温暖，热量充足，无霜期长达180—200天；甚至可以推行一年两熟、两年三熟的复种制，是主要产粮区。因此，在山西高原乃至华北地区，河东是最早的农业开发地之一，传说中播殖百谷的农官后稷，即活动在河东稷山等地。汾阴还筑有纪念这位农神的后土祠，汉魏北朝的皇帝们屡次到那里祭祀，祈求风调雨顺，五谷丰登。

此外，运城盆地四周环山，每到雨季，洪水带来的泥土淤积也有利于提高土壤的沃度。如程师孟所言："河东多土山高下，旁有川谷，每春夏大雨，众水合流，浊如黄河矾山水，俗谓之天河水，可以淤田。"[①]

（二）水利资源丰富

河东地区的农业发展，还有赖于当地具有丰富的水利灌溉资源。

1. 涑水河、汾河及其支流

河东地区之内，可以利用灌溉的耕地面积较多。像发源于绛县横岭关的涑

---

① 《宋史》卷95《河渠志五》熙宁九年八月程师孟言。

水河，横贯运城盆地，西流经五姓湖汇入黄河，全长约193公里，其流域两岸皆可承受灌溉之利。如《读史方舆纪要》卷41《山西三·平阳府·闻喜县》条记载："涑水，在县南，《志》云：源出绛县横岭山乾洞，伏流盘束地中而复出，西流经县东合甘泉，引为四渠，曰东外、乔寺、观底、蔡薛，溉田百有二十八顷。西流经夏县界，下流入于黄河。"

运城盆地以南的中条山脉水文状况相当良好，地下水和地表水都相当丰富，山麓的诸多泉溪汇入涑水，也能溉注沿途的田地。《读史方舆纪要》卷41《山西三·平阳府·安邑县》载："中条山，县南三十里。有石槽，泉出其中，曰青石泉，流经县东引以溉田，下流注于涑水。"其支峰盐道山，"翠柏荫峰，清泉灌顶，郭景纯云：世所谓鸯浆也，发于上而潜于下矣"①。据史书所载，五姓湖以上的永丰渠就是引中条山北的平坑水、咸巫河、横洛渠、李绰渠等小川流的水汇合而成的，至盐池北其水量即可行舟。②

此外，还可以开发渠道，利用汾水与河水发展灌溉事业。如西汉武帝时，河东太守番系便向朝廷提出了引水溉田的建议，"穿渠引汾溉皮氏、汾阴下，引河溉汾阴、蒲坂下，度可得五千顷。五千顷故尽河壖弃地，民茭牧其中耳，今溉田之，度可得谷二百万石以上"③。结果，"天子以为然。发卒数万人作渠田。……久之，河东渠田废，予越人，令少府以为稍入"④。

由于这些有利条件，河东地区之内的耕地利用率和农作物产量均较高。

2. 湖泊陂泽

河东地区古代天然湖沼甚多，河流与山区泉溪的溉注，致使在这一地区之内出现了为数众多的陂泽。见于史籍的有"潒泽"，又名"浊泽"。见《史记》卷43《赵世家》："（成侯）六年，中山筑长城。伐魏，败潒泽，围魏惠王。"

---

① 《水经注》卷6《涑水》。
② 光绪《山西通志》卷41。
③ 《史记》卷29《河渠书》。
④ 同上。

《史记正义》："涿音浊。徐广云长杜有浊泽，非也。《括地志》云：'浊水源出蒲州解县东北平地。'尔时魏都安邑，韩、赵伐魏，岂河南至长杜也？解县浊水近于魏都，当是也。"同事又见《史记》卷44《魏世家》载魏惠王元年，"（韩）懿侯说，乃与赵成侯合军并兵以伐魏，战于浊泽，魏氏大败，魏君围"。地点在今运城解州镇西。

董泽，在闻喜县东北；晋兴泽、张泽，在今永济市西、中条山北麓，见《水经注》卷6《涑水》：

> 涑水西迳董泽，陂南即古池，东西四里，南北三里。《春秋》文公六年，蒐于董，即斯泽也。……
>
> 涑水又西南属于陂，陂分为二，城南面两陂，左右泽渚。东陂世谓之晋兴泽，东西二十五里，南北八里。……西陂，即张泽也，西北去蒲坂十五里，东西二十里，南北四五里，冬夏积水，亦时有盈耗也。

又见《读史方舆纪要》卷41《山西三·平阳府·闻喜县》"董泽"条：

> 县东北三十五里，……杜预曰："河东闻喜东北有董泽陂。"陂中产杨柳，可以为箭也。一名董氏陂，又名豢龙池，即舜封董氏豢龙之所。其地出泉名董泉，民引以溉田，流入涑水。

《读史方舆纪要》卷41《山西三·平阳府·临晋县》"五姓湖"条：

> 县南三十五里，亦曰五姓滩，滩旁为五姓村，湖因以名，即涑水、姚暹渠经流所钟之地也。《水经注》："涑水迳张杨城东，又西南属于二陂，东陂世谓之晋兴陂，东西二十五里，南北八里；西陂一名张泽，或谓之张杨池，东西二十里，南北四五里，西北去蒲坂十五里。"五姓湖当

即两陂之余流矣。

这些湖沼也有利于河东地区的水利事业，后来由于河流改道，水源断绝而干涸，或因被围垦田而先后消失。

（三）水草茂盛，利于畜牧

中条山区是历史上山西生物资源最为繁多的地区，植被以暖温带落叶阔叶杂木林为主。在当时，植被良好，林木繁茂。其支峰盐道山，"翠柏荫峰，清泉灌顶"①。鼓钟山翠柏青松，相间并茂②。首阳山"嘉木松柏，浑然成林"③。除森林外，还分布有大量的草地与陂泽，为牲畜的繁殖提供优越的条件，促使其得到了一定的发展。战国秦汉魏晋时期，河东是以出产马牛而闻名天下的。

如《左传·昭公四年》载晋平公曰："晋有三不殆，其何敌之有？国险而多马，齐、楚多难，有是三者，何向而不济？"《水经注》卷6《涑水》亦载："涑水又西迳猗氏县故城北，……县南对泽，即猗顿之故居也。《孔丛》曰：'猗顿，鲁之穷士也，耕则常饥，桑则常寒。闻朱公富，往而问术焉。朱公告曰：子欲速富，当畜五牸。于是乃适西河，大畜牛羊于猗氏之南，十年之间，其息不可计，赀拟王公，驰名天下，以兴富于猗氏，故曰猗顿也。'"《汉书》卷90《酷吏传》曰："咸宣，杨人也，以佐史给事河东守。卫将军青使买马河东，见宣无害，言上，征为厩丞。"颜师古注："将军卫青充使而于河东买马也。"《三国志》卷16《魏书·杜畿传》曰："于是追拜畿为河东太守。……是时天下郡县皆残破，河东最先定，少耗减。……渐课民畜牸牛、草马，下逮鸡豚犬豕，皆有章程。百姓勤农，家家丰实。"

①《水经注》卷6《涑水》。
②《水经注》卷4《河水》。
③《古今图书集成·方舆汇编·山川典》卷37。

《魏书》卷110《食货志》亦载北魏神龟初年高阳王元雍等上奏时，提到当时的鼓吹主簿王后兴等请求朝廷每年向河东征供百官食盐二万斛之外，还要"岁求输马千匹、牛五百头"，由此可见当地畜牧业的发达。

（四）矿产丰饶

河东还蕴藏着丰富的盐、铁、铜、银等矿产资源。

1. 盐矿

《汉书》卷28下《地理志下》称"河东土地平易，有盐铁之饶"。运城盆地面积约为3000平方公里，海拔330—360米。盆地的大部曾经是一个湖泊，有很厚的食盐和石膏沉积，随着湖水干涸，逐渐萎缩残留于南部中条山前的凹陷带，构成了今天盛产盐硝的解池、硝池等盐湖。著名的解池在安邑（今属盐湖区）之南，年产食盐100余万担，号称"潞盐"；其面积约为100平方公里，是一个盐量很高的咸水湖，鱼虾等生物无法在湖中生长，隆冬也不会冰冻。《水经注》卷6《涑水》对其有详细的记述：

> 其水又经安邑故城南，又西流注于盐池。《地理志》曰：盐池在安邑西南，许慎谓之鹾，长五十一里，广七里，周百一十六里，从盐省古声。吕忱曰：凤沙初作煮海盐，河东盐池谓之鹾。今池水东西七十里，南北十七里，紫色澄渟，潭而不流，水出石盐，自然印成，朝取夕复，终无减损。惟山水暴至，雨澍潢潦奔泆，则盐池用耗，故公私共塨水径，防其浮滥，谓之卦水，亦谓之为塨水，《山海经》谓之盐贩之泽也。……池西又有一池，谓之女盐泽，东西二十五里，南北二十里，在猗氏故城南。……土俗裂水沃麻，分灌川野，畦水耗竭，土自成盐，即所谓咸鹾也，而味苦，号曰盐田，盐鹾之名，始资是矣。

河东盐池储量巨大，加工程序简单方便，是当时内陆最大的产盐地，有着广阔的销售市场。《史记》卷129《货殖列传》称"山东食海盐，山西食盐卤。"后者主要指的是河东盐池所产的硝盐，它给历代政府带来的利润是非常可观的，是国家财赋收入的重要来源之一。例如公元528年，北魏朝廷下诏取消河东盐税，大臣长孙稚便上表反对，言称："盐池天产之货，密迩京畿，唯应宝而守之，均赡以理。今四方多虞，府藏罄竭，冀、定扰攘，常调之绢不复可收，仰唯府库，有出无入。略论盐税，一年之中，准绢而言，不下三十万匹。乃是移冀、定二州置于畿甸；今若废之，事同再失。……昔高祖升平之年，无所乏少，犹创置盐官而加典护，非与物而竞利，恐由利而乱俗也。况今国用不足，租征六年之粟，调折来岁之资，此皆夺人私财，事不获已。臣辄符同监将、尉，还帅所部，依常收税，更听后敕。"甚至提出"一失盐池，三军乏食"[1]。

正是因为盐池的出产给国家带来丰厚的利润，政府经常派遣官员、兵马在此监护，并和敌对势力展开激烈的斗争，力保该地不失。如北魏之盐池，"本司盐都尉治，领兵千余人守之"[2]。西魏初年，高欢两次攻入涑水河流域，企图占领盐池，都被守将辛庆之力战击退。见《周书》卷39《辛庆之传》："时初复河东，以本官兼盐池都将。（大统）四年，东魏攻正平郡，陷之，遂欲经略盐池，庆之守御有备，乃引军退。河桥之役，大军不利，河北守令弃城走，庆之独因盐池，抗拒强敌。时论称其仁勇。"

北魏政府为了防止客水浸入盐池，解决运盐车辆翻越中条山的艰难，提高运输效率，于正始二年（505）在盐池与西面的黄河之间开凿了永丰渠（后称姚暹渠）。这是我国北方唯一的一条专事盐运的运河，由都水校尉元清主持，动用当地大批人力完成。它基本上是沿战国初年猗顿运河的故迹而开凿的，"渠出自夏县，经巫咸谷北合洪洛渠，东合李绰渠，经苦池而逶迤西向，自安邑历解州抵临晋入五姓湖"。出湖后，顺涑水河道西行，至今永济市西南，"由

---

[1]《资治通鉴》卷152梁武帝大通二年(528)正月。
[2]《水经注》卷6《涑水》。

孟盟（明）桥而注黄河"①。全渠长60公里左右，呈东北—西南走向，大体上成一直线。五姓湖以下渠段，是利用了涑水的下游河道。这一方面为这段运渠提供了水源，保证了运河航道所需的水量；另一方面，它也是涑水航道的较早记载。如《宋史》卷95《河渠志五》仁宗天圣四年闰五月，陕西转运使王博文奏言："准敕相度开治解州安邑县至白家场永丰渠，行舟运盐，经久不至劳民。按此渠自后魏正始二年，都水校尉元清引平坑水西入黄河以运盐，故号永丰渠。周、齐之间，渠遂废绝。隋大业中，都水监姚暹决堰浚渠，自陕郊西入解县，民赖其利。"

2. 铜、铁、银矿

古代河东的金属矿产资源亦很著名。中条山区的矿产以铜为主，此外还有铁、金、煤等多种矿物资源，为山西高原重要的矿区。先秦时期，就有"黄帝采首山铜，铸鼎于荆山下"②的记载。据成书于战国时期的《山海经》记载，天下产铜之山共有29处。经郝懿行《山海经笺疏》和吴任臣《山海经广注》研究，在河东者有两处，即今山西平陆县境的阳山和垣曲县的鼓镫之山③。另外，1958年，考古工作者在山西运城的洞沟还发现了一座古代铜矿遗迹。据分析，其开采的历史可从先秦延续到东汉④。河东又"有盐铁之饶"，南部的中条山脉是我国北方冶铁的发源地之一⑤；而北部绛邑之得名，亦归于紫金山的铁矿。较为丰富的铁矿储量，使当地得以开采冶炼，促进其经济的发展。魏都安邑所在的故地——山西夏县曾发现过大批战国时期冶铜的陶范，以及不少战国前期的铁制工具，表明当地金属铸造业的发达。后来西汉政府在安邑、

---

① 《读史方舆纪要》卷39《山西一》"盐池"条注。

② 王充：《论衡》卷7《道虚篇》。

③ 史念海：《河山集》，人民出版社1978年版，第86页注2。

④ 安志敏、陈存洗：《山西运城洞沟的东汉铜矿和题记》，载《考古》1962年第10期。

⑤ 郭声波：《历代黄河流域铁冶点的地理布局及其演变》："据研究，最初的铁冶脱胎于铜冶，故而先秦的铁铜共生带如秦岭北缘、中条山、太行山、桐柏山、鲁山都是铁冶的发轫地。"文载《陕西师大学报》1984年第4期。

绛、皮氏等地设置铁官，就是对前代魏、秦铁官的继承经营。

《魏书》卷110《食货志》北魏熙平二年（517），尚书崔亮奏请各地开铜矿铸钱之处，即有王屋山矿（时属河内郡），"计一斗得铜八两"。

银矿的记载可见于《读史方舆纪要》卷41《山西三·平阳府·安邑县》："中条山，县南三十里。……又有银谷，在山中，《隋志》：县有银冶。唐大历中亦尝置冶于此。"

正是由于自然条件的优越，古代河东是北方农业、畜牧、采矿冶铸业相当发达的地区，丰饶的出产使它成为中原历代封建政权的重要物质基础。

二、利于防御的地形、水文条件

河东之所以在古代战争中发挥过重要的作用，除了物产丰富之外，还和它周围利于防守的自然地理环境有着密切的联系。运城盆地四周多有山水环绕，成为与相邻地区隔划的天然分界线，使其在地理形势上自成一个单元。河东地区的西、南两边以黄河为襟带，隔河与关中平原、豫西山地相望；南及东面又有中条、王屋等山脉为屏障，可以居高临下，雄视来犯之敌。北边则有峨嵋台地和汾水、浍水阻扼对手的进兵。因此自古被视为易守难攻的完固之地。如顾祖禹所称："府东连上党，西略黄河，南通汴、洛，北阻晋阳。宰孔所云：'景霍以为城，汾、河、涑、浍以为渊'，而子犯所谓'表里山河'者也。"[1]

（一）河流

1. 黄河

河东地区西境及南境黄河流经的情况，可以参见《读史方舆纪要》卷39《山西一》"黄河"条：

---

[1]《读史方舆纪要》卷41《山西三·平阳府》。

黄河自陕西榆林卫东北折而南，经废东胜州西，又南流历大同府朔州西界，又南入太原府河曲县界，经县西，又南历保德州、岢岚州及兴县之西，又南入汾州府界，经临县及永宁县、宁乡县西，又南历石楼县西而入平阳府界，经隰州之永和县、大宁县西，又南经吉州及乡宁县西，又南经河津县、荣河县西而汾水注焉，又南经临晋县界，至蒲州城西南而涑水入焉，又南过雷首山，折而东，经芮城县、平陆县南，又东过底柱至垣曲县东南而入河南怀庆府济源县界。

黄河过内蒙古托克托之后急转南下，涌入晋陕峡谷，自内蒙古河口镇到禹门口的410公里间，水面由海拔984米下降至415米。在黄河中游，以此段河床下降的坡度为最大。沿途支流众多，使其流量增加很快，水流湍急。吉县壶口一带，两岸石壁峭立，河床突然下跌15—20米，流水急泻，形成著名的壶口瀑布。以下70公里处又有龙门峡（禹门口），河水受到龙门山与梁山的逼迫，宽度仅有50余米，形成万马奔腾的汹涌之势。

黄河出龙门峡谷后，河床展宽到10倍以上，水势平稳。向南流至潼关、风陵渡附近，又受到华山的阻碍，折向东流，这一节特称为"河曲"，河宽约800米，这是九曲黄河的最后一曲。在北岸中条山和南岸崤山的夹持下，黄河进入它的最后一段峡谷——豫西峡谷，到平陆以东又穿过三门砥柱之险，经垣曲县入河南省境。自此以下，流量一般是向下游逐渐减少。河水成为河东、关中、河洛三地的分界线。

沿河东地区西境及东南部边缘流过的黄河，成为天然的军事屏障；其原因主要是这段河道的通航性很差。晋陕之间的黄河只有半数的里程能顺水通行木船，由内蒙古包头下行的船只，通常只能到今山西的河曲县，以下只有行程很短的航道，而且滩碛成群，常常会发生翻船事故。河曲下至碛口，一年之内的通航期约有8个月；碛口至龙门河段水势太急，航行尤艰，只能顺水单向行驶；且中间壶口一带不能航行。龙门以下，来往航行的船只仅限于禹门口至平陆一段，潼关以东河床坡度较大，行船不便。

河东地区西、南两面的黄河航道的几处绝险，对于防御作战尤为有利，西面河道的北端有壶口、龙门，急流澎湃，无法航行。南面河道的东端有三门、砥柱，只能顺水从人门通过。如建德四年（575）周武帝东征洛阳，遣水师自渭入河，经三门顺流而下，攻破河阴大城。但撤兵时船只却无法逆水返回，只得烧舟而退。壶口与三门之险使得上游、下游两地敌人的船队不能直接驶入，减少了河东遭受攻击的威胁。

另一方面，黄河出禹门口后，由于汇集了发源于吕梁山南坡的三川河、昕水河等十余条支流，又陆续注入汾河、浍河、涑水河、渭河，致使流量剧增，又使河床极不稳定，在当地有"三十年河东，三十年河西"的说法。龙门以下至蒲津数百里内，是黄河中游最易改道的地段，两岸多有淤沙、浅滩、洲渚，船只难以靠岸停泊，故只有龙门（夏阳）、蒲津两处理想的码头。潼关东至三门的河段，因为两岸地形的限制，亦仅有风陵渡、窦津、茅津（大阳津）等少数渡口。在这种情况下，河东守军只需集中扼守几处要枢，来抵抗对岸敌人的强渡，不必在黄河沿岸分散兵力进行防御，这对守卫者来说又是一项有利的因素。

正因如此，顾祖禹在《读史方舆纪要》卷39中，一再强调河水对河东地区防御的重要作用，称黄河在"春秋时为秦、晋争逐之交，战国属魏。《史记》：'魏武侯浮西河而下，曰：美哉，山河之固，此魏国之宝也。'后入于秦，而三晋遂无以自固"。

2. 汾河

汾河是山西高原内部的主要河流，全长约716公里，是仅次于渭河的黄河第二支流，其流域面积约为3.9万平方公里，占今山西全省面积的24.2%。汾河的干流发源于晋北宁武西南的管涔山①，自北而南流，经过静乐盆地与若干峡谷之后，在娄烦折而向东，至兰村进入太原盆地，又南下流淌。纵贯南北的晋中断裂谷，把山西高原分为东部以太行、太岳山地为主体的山地，和西部以吕梁山为主体的山地。汾河循着断裂谷地南流，过介休、义棠以后，河道渐宽；再经两渡、灵石等地穿过灵霍峡谷，两岸山岭才逐渐开展。自洪洞以南至临汾，多有支流汇入，故其流量增大，夏秋季节可以向下游通航。光绪《山西通志》卷49《关梁考六·河东道》曰：

> 汾河自府城以南可通舟楫，其津渡在襄陵县者四处，在太平县者十三处，在绛州者十二处，在稷山县七处，在河津县有五处。

汾河流至新绛后，又汇入浍河，但是受到峨嵋台地的阻挡，因此折而向西，切过吕梁山的南端，经稷山、龙门（今河津）流入黄河。数十万年以前，汾河在新绛以东本来是直向南流的，经礼元（今闻喜县北）取道涑水汇入黄河。后来由于地质构造的变动，形成了峨嵋台地的隆起，致使该处河道断流，只得沿着台地的北麓向西流去②。这样，汾河的下游河段（曲沃—新绛—稷山—河津），便构成了河东地区的北部屏障。战争期间，河东的保卫者往往凭借峨嵋台地与汾河的阻隔，与北方的敌人夹水相持，往来交锋。例如：《周书》卷31《韦孝宽传》载北周派遣役徒于汾北齐地筑城，为了迷惑敌人，"其夜，又令汾水以南，傍介山、稷山诸村，所在纵火。齐人谓是军营，遂收兵自固"。

---

①《读史方舆纪要》卷39《山西一·汾水》："汾水源出太原府静乐县北百四十里管涔山，……又南经平阳府城西及襄陵县、太平县之东，又南经曲沃县西境，折而西经绛州南，又西历稷山县、河津县南，至荣河县北而入于大河。"

②《中国自然地理·地貌》，科学出版社1980年版，第27页，"汾河下游河道原分两股，一股即从新绛向西流经河津的现在河道，另一股由新绛向南流经闻喜隘口注入运城盆地，再注入黄河。中更新世晚期的构造变动，使闻喜隘口抬升，河道就断流了。目前隘口一带还保留着老河谷形态，其西不远有很厚的河相砂砾石层。"

《周书》卷34《杨㯹传》曰："时东魏以正平（今新绛）为东雍州，遣薛荣祖镇之。㯹将谋取之，乃先遣奇兵，急攻汾桥。荣祖果尽出城中战士，于汾桥拒守。"《北齐书》卷17《斛律金附子光传》载："（武平）二年，率众筑平陇、卫壁、统戎等镇戍十有三所。周柱国枹罕公普屯威、柱国韦孝宽等，步骑万余，来逼平陇，与光战于汾水之北，光大破之，俘斩千计。"

另一方面，北方之敌南征河东，往往选择深秋和冬季，乘汾水流量不大、便于涉渡的时候，前来进攻。如高欢四次自晋阳出兵河东，两至蒲津，两围玉壁，分别是在天平三年（536）十二月、四年（537）十月、兴和四年（542）十月、武定四年（546）九月①，表明其充分考虑了汾水的障碍作用。

（二）山脉

1. 中条山

《山西通志》卷31《山川考一》曰："中条山，《禹贡》之雷首也。西起永济之独头坡，东讫垣曲之横岭关。芮城、平陆居其阳，虞乡、解州、安邑、夏县、闻喜居其阴，山形修阻，首枕大河，尾接王屋，绵亘二百余里，所在异称，有首山、首阳山、历山、陑山、薄山、襄山、吴山、甘枣、渠潴诸名。而虞坂、白径为南出道，尤奇险，皆正干也。南支限于河，近与底柱相连。北支旁衍其盘回于汾涑之间者，为鸣条冈，为绛山，为稷山，为介山。"

这条山脉分布于河东地区的东南边界，在黄河与涑水河、沁河之间。它西起永济市西南的首阳山，东至垣曲县东北部的舜王坪（历山），北与太岳山相接，南抵黄河北岸，略呈东北—西南走向，绵延约170公里，宽10—30公里，一般海拔1100—1900米，相对高差800—1000米，横卧于运城盆地与黄河谷地之间。

中条山脉又以平陆的张店镇的山口为界，分为东西两段，东段面积广而高

---

① 《北齐书》卷1《神武纪上》;《资治通鉴》卷157至卷159。

峻，群山汇集，雄伟陡峭，最高峰舜王坪，海拔2322米，是联结太行、太岳、中条的山结。西段山势挺拔，面积狭长，因此得名"中条"。见《读史方舆纪要》卷41《山西三·平阳府·蒲州》："中条山，州东南十五里，其山中狭而延袤甚远，因名。"其北坡多断崖峭壁，南坡较为平缓，山脊诸峰以永济市东南的雪花山为最高（海拔1994米），相对高差达到1500米，故显得雄伟高峻。

《读史方舆纪要》卷39亦引《名山记》曰："中条以中狭不绝而名，上有分云岭、天柱岭及桃花、玄女诸洞，谷口、苍龙等泉。其瀑布水自天柱峰悬流百尺而下，出临晋县之王官谷入于大河。而解州东南之白径岭通陕州之大阳津渡，尤为奇险。"

同书同卷又称："雷首山，一名中条山，在平阳府蒲州东南十五里，首起蒲州，尾接太行，南跨芮城、平陆，北连解州安邑及临晋、夏县、闻喜之境，《禹贡》：'壶口、雷首'，即是山也。……《括地志》：'雷首山延长数百里，随州郡而异名，一名中条山，一名首阳山，又有蒲山、历山、薄山、襄山、甘枣山、渠潴山、独头山、陑山、吴山之名。'"

因为中条山在军事上具有重要的阻碍作用，故被称为"岭（领）陁"。《史记》卷68《商君列传》载商鞅谓秦孝公曰："魏居领陁之西，都安邑，与秦界河而独擅山东之利。利则西侵秦，病则东收地。"《索隐》注"领陁"曰："盖即安邑之东，山领险陁之地，即今蒲州之中条已东，连汾晋之峗嶭也。"

外敌若从南边渡河来攻，只能穿越山脉中间几条峡谷通道，如虞坂、白径等道；因为地势险峻，守方占有极大的优势，而进攻者很难由此进入盆地。《资治通鉴》卷151梁武帝大通元年（527）十月，"正平民薛凤贤反，宗人薛修义亦聚众河东，分据盐池，攻围蒲坂，东西连结以应（萧）宝寅。诏都督宗正珍孙讨之"。结果，"守虞坂不得进"。胡三省注："虞坂，即《左传》所谓颠軨，在傅岩东北十余里，东西绝涧，于中筑以成道，指南北之路，谓之軨桥。桥之东北有虞原，上道东有虞城，其城北对长坂二十余里，谓之虞坂。《战国策》曰：'昔骐骥驾盐车上虞坂，迁延不能进'，正此处也。"

2. 王屋山

《山西通志》卷31《山川考一》曰："王屋山，在垣曲县东北六十里，《禹贡》所谓'底柱、析城，至于王屋'也。山西接中条，南通济渎，东北与析城连麓，周百三十里，沇水之所潜源，即济水也，在河南济源县。或亦以垣曲之教水为沇水矣。"这条山脉东连太行，西接中条，是晋南豫北的一大名山，属于中条山的分支，位于今河南省济源县西北，今山西省垣曲、阳城二县之间，是济水的发源地。其得名据传是因为"山有三重，其状如屋"①。王屋山与中条山在垣曲县交接，有路自河内（今河南济源市）沿黄河北岸西经轵关至垣曲（今山西垣曲县古城镇），再北逾王屋山麓，经皋落镇至闻喜县含口镇（今绛县冷口），到达涑水上游，从而进入运城盆地。

王屋山区及其东至轵关的道路岗峦重叠，林木繁茂，崎岖难行，便于守兵的阻击，而对进攻一方尤为不利。如武定四年（546）高欢围攻玉壁，命令河南守将侯景经齐子岭进攻邵郡（治今山西垣曲古城镇）。西魏名将杨㰱领兵抵御，"景闻㰱至，斫木断路者六十余里，犹惊而不安，遂退还河阳"②。

3. 晋原（峨嵋原）

河东地区的北部，汾河、浍河以南，是中条山的分支——峨嵋台地，又称峨嵋原、峨嵋坡、峨嵋山、晋原、清原。它地势高昂，面积宽阔，东起曲沃、绛县之交的紫金山（古称绛山），向西延伸，历侯马、闻喜、新绛、稷山、万荣、河津，至黄河畔后南下，抵达临猗和永济、运城两市的北界③，绵延百余

---

① 《读史方舆纪要》卷49《河南四·怀庆府·济源县》"王屋山"条。

② 《周书》卷34《杨㰱传》。

③ 《读史方舆纪要》卷41《山西三·平阳府·绛州》："峨眉山，在州南十里，《志》云：'山迤逦连闻喜、夏、猗氏、临晋、荣河诸界，西抵黄河，东抵曲沃西境，亦曰峨眉坡，亦曰峨眉原，即中条之坡阜也。'"

《大清一统志》卷155《绛州一》："峨嵋岭，在州南二十里，稷山县南四十里，闻喜县北三里，形如峨嵋，亦曰峨嵋山，亦曰峨嵋坡，亦曰峨嵋原，迤逦安定、猗氏、万泉、临晋、荣河诸县，亦曰晋原，亦曰清原，……东自曲沃紫金山，西至黄河，高下险夷，土间有石。"

公里，地跨十一县市，是著名的黄土大原。峨嵋台地及其北麓的浍河与汾河下游河段构成了天然防御屏障，北方之敌如沿汾河河谷南下，至河曲（今侯马市及曲沃、新绛县境）即受到峨嵋原的阻隔，只能穿过狭窄的闻喜隘口（今闻喜县礼元镇附近）进入运城盆地的北端，容易受到守兵的截击。

闻喜隘口以西的台地，分布有稷山（或称稷王山、稷神山，海拔1279米）、介山（今孤峰山，海拔1411米），其间亦有峡谷通道可达盆地北部。敌军由此入侵，通常要在新绛西南的玉壁渡过汾水，然后南行。守军若在此地筑城戍备，也能够依托险要的地势阻挡来犯之敌。如西魏王思政、韦孝宽先后镇守玉壁，以孤城及数千人马两次击退了高欢的二十万大军。

而河东的军队如果占据了峨嵋原，对汾河以北之敌就有居高临下的优势。如《山西通志》卷31《山川考一》引《闻喜县志》曰："峨嵋岭在县北三里，由凤凰原而北，迤逦渐高，行二十余里，四围皆为平原，即晋原也，晋城在焉。又北数里，下瞰绛州，其广五十余里。"

历史上，河东军队若屯兵原上，即便于向汾北之敌发动进攻。例如《左传》宣公十五年载，"晋侯治兵于稷，以略狄土，立黎侯而还"。这里所说的"稷"，就是峨嵋台地的稷山，见《读史方舆纪要》卷41《山西三·平阳府·绛州》："稷神山，县南五十里，隋因以名县。《水经注》：'山下有稷亭，《春秋》宣十五年，晋侯治兵于稷，以略狄土'者也。"

三、道路四达的交通枢纽

司马迁曰："夫三河在天下之中，若鼎足，王者所更居也。"河东的地理位置处于东亚大陆的核心，水道旱路四通八达，便于和相邻地域的往来。其境内的汾河、涑水河古时均可航行舟船，入河溯渭，沟通秦晋两地。运城盆地处在几条道路交汇的中心，北过绛州、平阳、晋阳，即可直达代北。东走垣曲道，逾王屋山，穿过轵道及太行山南麓，便进入华北平原。南由茅津（今山西平陆）或封陵（今山西风陵渡）渡河，经豫西走廊东出崤函，就是号称"九朝古都"的洛阳；西越桃林、华下，又能进入关中平原。还可以从西境的龙门（今山西河津）、蒲坂（今山西永济）等地渡河入秦。交通条件的便利，不仅使河东商旅荟萃，贸易发达，而且便于军队调遣，有助于向各个方向的兵力运动。顾祖禹在《读史方舆纪要·山西方舆纪要序》中谈到山西形势特点时，曾强调河东作为交通枢纽区域的重要作用。"于南则首阳、底柱、析城、王屋诸山，滨河而错峙；又南则孟津、潼关，皆吾门户也。汾、浍萦流于右，漳、沁包络于左，则原隰可以灌注，漕粟可以转输矣。且夫越临晋、溯龙门，则泾、渭之间，可折箠而下也。出天井，下壶关，邯郸、井陉而东，不可以惟吾所向乎？"

北朝后期，政治军事斗争的地域表现主要有二，首先是东西对抗的形势重现，形成了关西宇文氏与关东（山东）高氏军事集团的对峙。其次是晋阳—并州的战略地位日益重要。东魏的实际统治者高欢虽将国都由洛阳迁至邺城，但又在晋阳屯驻重兵，设置大丞相府处理政务，以该地为霸府别都，以至于在北方中原形成了邺城、晋阳和长安三个政治中心鼎足而立的局面。河东适在三地之中，占据了许多关塞津渡，既控制和威胁着东西方陆路交通的两条干线——晋南豫北通道和豫西通道①，又扼守着黄河、汾河水路与闻喜隘口，阻挡了晋阳之师南下关中平原的几处途径，故在军事上处在极为有利的位置。

由于豫西、晋南豫北通道两条干线的几处关键路段被河东所控制，在东西对峙交战当中，占领它的一方在军事地位上极为有利，既能从多条路线出兵来攻击对手，又可以给敌人的兵力运动带来很大困难，使它们无法将军队顺利投

---

① 魏晋南北朝时期，联系东、西方（山东、山西）两大经济区域的陆路干线，主要有两条：甲、豫西通道 从关中平原沿渭水南岸东行，过华阴，入桃林、崤函之塞，穿越豫西的丘陵山地，经洛阳、虎牢、荥阳至管城（今河南郑州），到达豫东平原。由于河东与豫西通道的西段隔河相望，能够对这一区域施加重要的影响。可以从黄河北岸的风陵、沿津、陕津遣兵南渡，截断或利用这一通道。乙、晋南豫北通道 由渭水北岸的临晋（今陕西大荔）东渡黄河，溯涑水河道而上，穿越运城盆地，至闻喜合口折向东南，过横岭关，逾王屋山而至垣曲，再经齐子岭、轵关（今河南济源西北）穿过太行山南麓与黄河北岸之间的狭长走廊，便进入河内所在的豫北冀南平原。走廊的西端为轵关，其东段有修武、获嘉、武陟、临清关。

送到对手的心腹要地——政治、经济重心所在的关中或河洛、冀南平原。

下面对河东地区的交通情况分别叙述。

（一）东去河洛

由运城盆地出发，可以通过黄河北岸的道路抵达河洛平原，主要路线是王屋道或称东道、垣曲道、轵关道。是从盆地北部涑水河上游的含口（今绛县冷口镇）东南行，过横岭关，经过皋落（今山西垣曲县皋落乡），穿越王屋山区而抵达邵郡治所垣曲县阳胡城（今垣曲县东南古城镇）；再东经齐子岭、轵关（今河南济源西北），而进入河内郡界。河内郡属怀州（治今河南沁阳），由该地南渡孟津，可以直抵洛阳，是其在黄河北岸的门户。或由河内北上天井关，进入上党地区；或东过临清关（今河南获嘉）而趋邺城，进入河北平原。

严耕望在《唐代交通图考》第一卷第171页考证王屋道曰：

> 唐代志书，绛州"东南至东都，取垣县王屋路四百八十里"。盖即上考之轵关道。绛州至垣县之行程尚可稍详考之。盖略循洮水河谷而上，经含口，又循清水河谷而下，至皋落故城（今有皋落镇），又四十里至垣县故城，又二十里至垣县（今垣曲）。

第172页：

> 今日汽车道自绛县东经横岭关、皋落镇，至垣曲县，又东行经王屋镇，济源县，至沁阳，盖即略循此古道而建者。

这条道路出现甚早，春秋前期晋献公向外扩张，就派太子申生进攻皋落，力图控制该道。《左传》闵公二年："晋侯使大子申生伐东山皋落氏。"杨伯峻注曰："东山皋落氏，赤狄别种，今山西省垣曲县东南有皋落镇，当即故皋落氏地。"晋文公励精图治，为了出兵中原，与楚国争霸，亦利用了这条道路。《史记》卷39《晋世家》载文公二年，"三月甲辰，晋乃发兵至阳樊，围温，入襄王于周。……周襄王赐晋河内、阳樊之地"。晋国由此占领太行山南麓、黄河北岸的战略要地——（修武）南阳。文公此行，就是经过皋落到阳樊（今河南济源县南）而进入中原的。据《国语·晋语四》记载，文公为了开发东道，曾经"行赂于草中之戎与丽土之狄"。公元前633年，晋军再经此道伐曹、卫以解宋围，遂与楚师决战于城濮，获胜后成为诸侯霸主。东道出兵便利，此后近百年间，晋军多次由此出师至中原，与楚、齐等国争夺霸权。

严耕望先生曾云："轵关在河阳西北，为太行八陉之南起第一陉，自战国时代已为秦国出兵山东之要道。……是轵关陉为太行八陉之最南者。此陉在历史上极有名，《史记·苏秦传》说赵曰：'秦下轵道，则南阳危。'又苏代称秦正告魏之词曰：'我下轵，道南阳，封冀，包两周。'此南阳指太行之南、黄河以北，即汉之河内而言，非汉之南阳郡也；此轵道乃汉河内郡轵道，非长安东郊之轵道也。"[1]他在《唐代交通图考》中列举了多条魏晋南北朝时期轵关通行往来的史料，来证明该地系军道要冲，且为河内趋河东之首途。"是由河阳西北经轵关、齐子岭，为入周境之要道。大略仍战国以来之故道也。"[2]

北魏后期战乱频仍，故在阳胡城建立邵郡，借以加强对这条道路的控制。参见《魏书》卷69《裴延俊附庆孙传》载正光末年，汾州吐京群胡聚党作逆，"（庆孙）从轵关入讨，……乃深入二百余里，至阳胡城。朝廷以此地被山带河，袷要之所，肃宗末，遂立邵郡，因以庆孙为太守。"

宇文氏与高氏交战时，也屡次派遣偏师经王屋道进攻河内。

《周书》卷34《杨摽传》：及齐神武围玉壁，别令侯景趣齐子岭。摽恐

---

① 严耕望：《唐代交通图考》第一卷，第168页。"中央研究院"历史语言研究所专刊第八十三，1985年。以下引该书不再注明出处。

② 同上，第170页。

入寇邵郡，率骑御之。景闻擒至，斫木断路者六十余里，犹惊而不安，遂退还河阳。

《周书》卷34《杨擒传》：保定四年，迁少师。其年，大军围洛阳，诏擒率义兵万余人出轵关……

《周书》卷29《刘雄传》：（建德）四年，从柱国李穆出轵关，攻邵州等城，拔之。以功获赏。

《北史》卷59《李贤附穆传》：（建德）四年，武帝东征，令穆别攻轵关及河北诸县，并破之。后以帝疾班师，弃而不守。

此外，由蒲津南下绕过风陵堆，可以沿黄河北岸、中条山脉的南麓向东而行，经芮城、平陆而至垣曲古城，与王屋道汇合后再东出齐子岭。

（二）西通关中

河东通往关中平原的道路主要有两条：

1. 涑水道（蒲津道）

沿运城盆地内部的涑水河道而下，或乘舟，或在沿岸陆行，到达河曲的蒲津（今永济市西南蒲州镇）后，渡河自对岸临晋（今陕西大荔县朝邑镇东）登陆，即可进入渭北平原，经陆路前往长安。这条道路在先秦时期即成为联系东西方交通的纽带，而且很早就在渡口架设浮桥。《左传》昭公元年（前541）记载，春秋时秦公子鍼出奔于晋，从车千乘，曾经"造舟于河，十里舍车，自雍及绛"。杨伯峻对此注曰：

《尔雅·释水》郭璞注：造舟，"比船为桥。"邢昺疏："比船于水，加版于上，即今之浮桥。"《元和郡县志》："同州朝邑县桥，本秦后子奔晋造舟于河，通秦、晋之道。"唐之朝邑县即今陕西大荔县东之朝邑废县治。……雍，秦国都，今陕西凤翔县。绛，晋国都，今侯马市。[1]

《史记》卷5《秦本纪》亦载昭王五十年（前257）"初作河桥"。《史记正义》注曰："此桥在同州临晋县东，渡河至蒲州，今蒲津桥也。"秦始皇统一天下后出巡关东，返回时，也曾由上党经河东首府安邑至蒲津，渡河抵临晋后而归咸阳[2]。关中人众若由此处东渡蒲津，可以溯涑水而上，经闻喜、正平北去晋州（今山西临汾）、晋阳。或走王屋（垣曲）道远赴河内。长安至临晋、蒲津的道里行程，严耕望先生曾予以详细考述：长安正东微北至同州二百五十里，其行程盖有南北两道。北道由长安北渡渭水七十里至泾阳县（今县），东北至三原、富平、奉先（即今蒲城县），东至同州治所冯翊县（今大荔）。南道由长安东行至东渭桥，过桥至高陵县，又东，沿渭水北岸至栎阳（古县，今镇），东至下邽县（今下邽镇）、潘县（今镇），又东渡洛水至冯翊（今大荔）。

同州南行三十二里有兴德宫，置兴德驿。又渡渭水兴德津至华阴县，接长安、洛阳大驿道。州东北行至龙门渡河，为通太原之另一道。同州当河中之冲途，为通太原之主线。

李晟曰："河中抵京师三百里，同州制其冲。"是也。其行程，州东三十五里至朝邑县（今县），当置驿。县东三十步有古大荔国故王城，县西南二里有临晋故城，皆为自古用兵会盟之重地。又东约三十里至大河，有蒲津，乃自古临晋、蒲坂之地，为河东、河北陆道而入关中之第一锁钥。故建长桥，置上关，皆以蒲津名。河之两岸分置河西（今平民县?）、河东县（今永济），夹岸置关城，西关城在河西县东二里，东关城在河东县西二里，河之中渚置中潬城。河桥连锁三城，如河阳桥之制。[3]

---

① 杨伯峻：《春秋左传注》第四册，中华书局1980年版，第1214页。
② 《史记》卷6《秦始皇本纪》二十九年。
③ 严耕望：《唐代交通图考》第一卷，第98—100页。

涑水道的黄河东岸渡口蒲津，又名蒲反、蒲坂、蒲坂津、蒲津关，在山西省永济市西南蒲州镇，传说曾为舜都，春秋属晋，战国属魏，秦建蒲坂县，曹魏—北周时为河东郡治所。其地当河曲冲要，为交通陕、晋、豫三省之控扼枢纽，其得失对于关西、关东两地争雄的政治势力影响甚巨，战略形势极为重要。东方之敌欲夺关中，往往先要力争蒲津，借此来打开门户。而关中集团进兵中原，也经常采取攻占蒲津，再由河东北上晋阳，或东出河北，或南下伊洛平原。故唐朝名相张说在《蒲津桥赞》中称赞其为："隔秦称塞，临晋名关，关西之要冲，河东之辐凑，必由是也。"[①]清人胡天游也在《蒲州府形胜论》中曾列举历代战例，总结并高度评价了蒲津在古代战争史上的重要地位：

> 蒲为郡，被河山之固，介雍、豫之交。方春秋战国时，诡诸得之以强其国，重耳得之以抗秦，魏斯得之而雄三晋者也。以山西论之，则为并、汾之外户而障其南；以大势论之，则为关中、陕洛之枢而扼其要。故蒲之所系重矣。以自北而西南者言之，刘渊陷蒲坂，则晋之洛阳危；金娄室破河中，宋关、陕不能守。以自秦、豫而北者言之，前则赫连屈子攻蒲坂，拓跋为之震动；后则宇文泰取秦州，因得略定汾、绛，而高氏晋州始岌岌以就亡。盖形者居要，所谓得之者雄。……天宝之乱，安禄山据两京，郭子仪谓河东据二京间，得之则二京可复。金末完颜伯嘉上言曰："中原之有河东，犹人之有肩背。河东保障关陕，此必争之地，若使他人据之，则河津以南、太行以西皆不足恃。"

顾祖禹在《读史方舆纪要》卷39中，亦将蒲津列为山西首座重险，并陈述了春秋以来该地在军事上的重要作用：

---

① 《全唐文》卷226。

蒲津关在平阳府蒲州西门外黄河西岸，西至陕西朝邑县三十五里。《左传》文二年"秦伯伐晋，济河焚舟"，即此处也。又昭元年"秦公子鍼奔晋，造舟于河"，通秦、晋之道也。战国时魏置关于此，亦曰蒲坂津，亦曰夏阳津。《秦纪》："昭襄王十五年初作河桥。"司马贞曰："为浮桥于临晋关也。"汉王二年东出临晋关，至河内击虏殷王卬。三年，魏王豹反，韩信击之，魏盛兵蒲坂，塞临晋。信益为疑兵，陈船欲渡临晋，而从间道袭安邑，虏豹，遂定魏地。景帝三年七国反，吴王濞反书曰："齐诸王与赵王定河间、河内，或入临晋关，咸与寡人会于洛阳。"武帝元封六年立蒲津关，盖设关官以讥行旅。后汉建安十六年，曹操西击马超、韩遂，与超等夹潼关而军，操潜遣徐晃、朱灵度蒲阪津，据河西为营。徐晃谓操："公盛兵潼关，而贼不复别守蒲津，知其无谋也。"既而操从潼关北渡，遂自蒲坂度西河，循河为甬道而南，大破超军。晋太元十一年慕容永等自长安而东，出临晋至河东。又符丕使其相王永传檄四方，会兵临晋讨姚苌、慕容垂。后魏孝昌三年萧宝寅据关中，围冯翊未下，长孙稚等奉命讨之。至恒农，杨侃谓稚曰："潼关险要，守御已固，无所施其智勇。不如北取蒲坂，渡河而西，入其腹心，置兵死地，则华州之围不战自解，潼关之守必内顾而走。支节既解，长安可坐取也。"稚从之，宝寅由是败散。……

与蒲津隔河相望的西岸渡口临晋，本名大荔，为戎王所据；秦得之后曾"筑高垒以临晋国"，故改为临晋，位于今陕西大荔县朝邑镇东。战国初年，魏国曾一度越河占有此地，商鞅强秦后又将其夺回。该渡口处于晋南豫北通道的西端，是关中平原的门户，故《战国策·齐策六》载即墨大夫谓齐王曰："夫三晋大夫皆不便秦，……王收而与之百万之众，使收三晋之故地，即临晋之关可以入矣。"

战国秦汉之间，临晋亦多次成为关中与山东势力争夺与会盟之所，钱穆

《史记地名考》"临晋"条六记云："魏文十六，伐秦，筑临晋元里。秦惠文王十二，与魏王会临晋。魏哀十七，与秦会临晋。秦武三，与韩惠王会临晋。汉王从临晋渡，下河内。汉王还定三秦，渡临晋。……"由此也能证明临晋、蒲津与涑水道对于古代交通的显著影响。

2. 汾水道

或称"龙门道"。龙门即禹门口，是黄河东岸的另一处重要古渡口，在今山西省河津市西北和陕西省韩城市东北30公里处，传说为大禹治水时所开凿。《水经注》卷4《河水》引《魏土地记》："梁山北有龙门山，大禹所凿，通孟津河口，广八十步，岩际镌迹，遗功尚存。"黄河流至此地，两岸峭壁对峙，形如阙门；惊涛激浪，巨流湍急。而出龙门口后，河道变宽，便一泻千里。龙门以下数百里，两岸数十里沙滩间，洲渚密布，浅滩及分流层出不穷，多有淤沙蛇陷之厄。"故黄河自龙门以下数百里之河道，均无一处理想适宜之渡口；而龙门口以东，又恰为汾水盆地交通之要冲，故龙门口遂成秦晋两地古今驰名之渡口。"[1]

古代汾河下游可以通航，春秋时期，秦国都雍（今陕西凤翔），在渭河中游；晋国都绛（今山西侯马），在汾河支流浍河流域；船只顺浍、汾而下，可以经龙门附近的汾河口驶入黄河，转入渭河，进入关中平原。公元前647年，晋国遭受饥荒，求救于秦，"秦于是乎输粟于晋，自雍及绛相继"。史称"泛舟之役"，就是利用了这一段水道，见《左传》僖公十三年。北朝时期，汾河水运仍在进行。《魏书》卷110《食货志》载三门都将薛钦上言："汾州有租调之处，去汾不过百里，华州去河不满六十，并令计程依旧酬价，车送船所。"

由正平（今山西新绛）沿汾河北岸的陆路西行，过高凉（今山西稷山），至龙门峡谷口渡河，登陆后南下即为夏阳（今陕西韩城市东南）。《通典》卷173《同州·冯翊郡》"韩城"条曰："古韩国谓之少梁。汉为夏阳县。有梁山，

---

① 严耕望：《唐代交通图考》第一卷，第109页注。

……有韩原，即《左传》'秦晋战于韩原'是也。有龙门山，即禹导河至于龙门是也。鱼集龙门，上即为龙，皆在此。龙门城在县东北，极崄峻。又有龙门关，后周分为邰阳及今县。"过夏阳后进入渭北平原，即可南下咸阳、长安。

关中之旅由夏阳东渡，对岸是汾阴故城，有著名的后土祠，岸边津渡称为汾阴渡或后土渡，可供舟楫来往。东汉建武初年，邓禹领兵自汾阴渡河入夏阳，即由此处。西魏大统三年（537），高欢率师自晋阳南下，"将自后土济"[①]，也是企图经此进入关中。由汾阴东北行，渡过汾水，即至龙门县。《元和郡县图志》卷12《河东道一·绛州》曰："龙门县，古耿国，殷王祖乙所都，晋献公灭之以赐赵夙。秦置为皮氏县，汉属河东郡。后魏太武帝改皮氏为龙门县，因龙门山为名，属北乡郡。"由此沿汾水北岸东行，至稷山、正平，亦可北去晋州（今临汾）、太原。由龙门县南渡汾水，沿大河东岸南行，过汾阴后，即进入运城盆地。

龙门津渡自先秦以来多有征战，公元前645年，晋惠公西向伐秦，与穆公之师战于韩原。战国前期，魏国又渡河占据少梁，以此作为据点扩张势力，建立了西河郡。至秦惠王八年（前330），"魏纳河西地。九年，渡河，取汾阴、皮氏"。[②]秦不仅收复了少梁，还由此地渡河攻占了对岸的两处城市。楚汉战争期间，魏豹据河东以反汉，韩信在临晋聚集船队，虚张声势，将敌军吸引在蒲坂，暗地调兵由夏阳乘木罂潜渡，袭击安邑成功，一举歼敌。《资治通鉴》卷108东晋太元二十一年，载后秦主姚兴遣将攻西燕河东太守柳恭，恭临河据守，不能下。姚兴乃礼聘汾阴薛强为将，"引秦兵自龙门济，遂入蒲坂"。北魏太和二十一年（497），孝文帝自代北返途经龙门时，曾遣使祭祀大禹，并置龙门镇于此。

孝昌二年（526），孝明帝又以薛修义为守将，领精兵常驻龙门。永熙三年（534）东西魏分裂，高欢破潼关，屯华阴，龙门都督薛崇礼归降。东魏先后派

①《周书》卷2《文帝纪下》。
②《史记》卷5《秦本纪》。

遣将军薛循义、贺兰懿等率众渡河，占据西岸渡口的要塞杨氏壁。次年（535），守将贺兰懿等见形势不利，弃杨氏壁逃归，龙门两岸津渡即为西魏占领[1]。周武帝天和二年（570），斛律光犯汾北，围定阳；北周齐国公宇文宪领兵二万自龙门渡河，收复数座城池。

（三）南向崤函

这条道路在新安、宜阳以西的部分又称"崤函道"，崤函道的西段（陕县至潼关）与河东只有黄河一水之隔，河东之南，逾中条山、黄河而与豫西的崤函山区相对，那里是古代关中与华北平原交通联络的陆路主道——豫西通道的艰险地段，古称崤函道。河东师旅如果在蒲津、龙门西渡受阻，或是王屋道东行不畅的情况下，还可以从南面的风陵渡、茅津（大阳津）或窦津等处渡河，经崤函道西行进入关中；或是东越崤山，进入洛阳盆地，再东去华北大平原。但是中条逶迤，黄河汹涌，其间可以逾涉之途径主要有二：一是中条山脉南北通道；二是黄河北岸渡口。

1. 中条山脉南北通道

由运城盆地南越中条山脉的通道有：

（1）虞坂（巅轹）道

《太平寰宇记》卷46《河东道七·解州安邑县》曰："中条山，在县南二十里。其山西连华岳，东接太行山，有路名曰'虞坂'。"这条道路在盆地中心城市安邑（今盐湖区）之南，翻越山脉后即达河北郡治河北县（今平陆），与陕州（今三门峡市）隔河相对，县南之陕津（大阳津）可渡。通道的山北原上有古虞城，扼守长坂，相传为虞舜所筑，以故得名。该地在《左传》中称为"颠（巅）轹"，是因为中途有山涧横绝，被人用土筑成通道，名为轹桥的缘故。古代河东池盐多用车载经此道运往中原，由于路途艰险，车重难以攀登，

---

[1]《周书》卷35《薛端传》。

因此产生了"骐骥驾盐车上虞坂，迁延不能进"的寓言故事。

《水经注》卷4《河水》：

> 河水又东经大阳县故城南。……河水又东，沙涧水注之。水北出虞山，东南经傅岩，历傅说隐室前，俗名之为圣人窟。孔安国《传》：傅说隐于虞、虢之间，即此处也。傅岩东北十余里，即巅軨坂也。《春秋左传》所谓入自巅軨者也。有东西绝涧，左右幽空穷深，地堑中则筑以成道，指南北之路，谓之軨桥也。……桥之东北有虞原，原上道东有虞城，尧妻舜以嫔于虞者也。……其城北对长坂二十许里，谓之虞坂。戴延之曰：自上及下，七山相重。《战国策》曰：昔骐骥驾盐车上于虞坂，迁延负辕而不能进，此盖其困处也。桥之东北山溪中，有小水西南注沙涧，乱流经大阳城东，河北郡治也。沙涧水南流注于河。

《资治通鉴》卷152梁武帝中大通二年（528）正月载长孙稚曰："然今薛修义围河东，薛凤贤据安邑，宗正珍孙守虞坂不得进，如何可往?"胡三省注：

> 《水经注》曰："虞坂，即《左传》所谓颠軨，在傅岩东北十余里，东西绝涧，于中筑以成道，指南北之路，谓之軨桥。桥之东北有虞原，上道东有虞城，其城北对长坂二十余里，谓之虞坂。《战国策》曰：昔骐骥驾盐车上虞坂，迁延不能进，正此处也。"

严耕望先生曾对这条路线的道里行程作过考证："其道由陕州北渡大阳津，东北十七里至河北县，天宝元年更名平陆（今县东北十五里）。又东北盖略循沙涧水谷而上，经傅岩四十五里至軨桥，即古巅軨坂，当沙涧水，东西绝涧幽空，穷深地堑，中间筑以成道，通南北之路，故有軨桥之名。又东北十余里至虞城，在虞原上，大道之东，虞仲所封，所谓北虞，即晋国假道于虞以伐虢者也。城北山道向上及下七山相重二十许里，谓之虞坂，地极险峻，故古人以骐骥驾盐车上虞坂为困境之譬。下坂，西北行三十二里至安邑县（今县）；下坂，东北行盖四十二里至夏县（今县）。由安邑、夏县北经绛州、晋州至太原府，此为南北交通之一重要孔道。"①

（2）白陉（径）道

这条路线在虞坂道之西，以途经白陉岭而得名，《大清一统志》解州卷山川目"白陉岭"条载："岭在州东南十五里，跨安邑、平陆二县界，中条之别岭也。"这条路线自解县（今运城市）东南越中条山脉之白陉岭，由今平陆县西北抵陕津，又称"石门道"，是古代池盐外运的另一条通道。《水经注》卷6《涑水》载"泽南面层山，天岩云秀，地谷渊深，左右壁立，间不容轨，谓之石门。路出其中，名之曰白径，南通上阳，北暨盐泽"。《元和郡县图志》卷12《河东道一·河中府》"解县"条云："通路自县东南逾中条山，出白径，趋陕州之道也。山岭参天，左右壁立，间不容轨，谓之石门，路出其中，名之白径岭焉。"《读史方舆纪要》卷41《山西三·平阳府·解州》曰："白径岭，在州东南十五里，中条山之别岭也，路通陕州大阳津渡。《志》云：由檀道山陡径出白径岭趋陕州，即石门百梯之险也。唐至德二载郭子仪复河东，贼将崔乾祐走安邑，复自白径岭亡去。"

2. 黄河北岸渡口

自运城盆地南越中条山脉后，即到达黄河北岸，舟楫往来的主要渡口从东向西排列有以下几处：

（1）陕津

古称茅津、茅城津、大（太）阳津，其北岸渡口在今山西平陆县西南故茅城南，该地古时又有"大阳"之称，以故得名。

《水经注》卷4《河水》曰："河北对茅城，故茅亭，茅，戎邑也。《公羊》

---

① 严耕望：《唐代交通图考》第一卷，第164页。

曰：'晋败之大阳者也。津亦取名焉。'《春秋》文公三年，'秦伯伐晋，自茅津济，封崤尸而还'是也。东则咸阳涧水注之，水出北虞山南，至陕津注河，河南即陕城也。昔周、召分伯，以此城为东、西之别，东城即虢邑之上阳也。……"《资治通鉴》卷94东晋咸和三年八月，"（刘）曜济自大阳，攻石生于金墉"。胡三省注："大阳属河东郡。应劭曰：'在大河之阳，故曰大阳。'《唐志》，陕州陕县有大阳故关，春秋之茅津也。"

南岸渡口即在陕县（今河南三门峡市）之北。

陕津是古代黄河最为重要的渡口之一。其原因有二：首先，陕县为豫西通道西段的交通枢纽，是崤山南北二道的交汇之处，由此地可以西通函谷、潼关，直赴关中；或东去新安，或东南赴宜阳，越崤函山区而抵达伊洛平原；因此自古即为晋豫交通之重要码头。

其次，该处河床较窄，仅宽七十余丈，便于涉渡来往。《元和郡县图志》卷6《河南道二·陕州陕县》曰："太阳桥，长七十六丈，广二丈，架黄河为之，在县东北三里。贞观十一年，太宗东巡，遣武侯将军丘行恭营造。"

由于陕津沟通晋豫两地，故很早即成为兵家觊觎之所。西周末年，犬戎攻破镐京，杀幽王。虢国随平王东迁，定居于陕，分众据守黄河南北，史称南虢、北虢。《汉书》卷28上《地理志上》曰："北虢在大阳。"大阳也称下阳，《春秋·僖公二年》载："虞师、晋师灭下阳。"杜预注："下阳，虢邑也。在河东大阳县。"王先谦《汉书补注》曰："陕（县）与大阳夹河对岸，故有上阳、下阳之分，亦有南虢、北虢之称，实一虢也。"公元前658年，晋献公假道于虞（今平陆县境），经巅軨道逾中条山脉而攻占虢之下阳；公元前655年晋军又渡河克上阳，虢公丑奔京师洛邑，国亡。事见《左传》僖公二年、五年。

公元前624年，秦穆公渡河伐晋，"晋人不出，遂自茅津渡，封殽尸而还"[1]。魏晋南北朝战争频繁，茅津屡为黄河南北军队往来所涉渡，地位显

①《左传·文公三年》。

著，北周曾于此设大阳关，以守护津要。见《元和郡县图志》卷6《河南道二·陕州陕县》："太阳故关，在县西北四里，后周大象元年置，即茅津也。"

（2）湖（窦）津

故址在今山西芮城县南，对岸码头在今河南灵宝县西北。"湖"或作"窦""鄩"，传说汉武帝微服出行，遇辱于窦氏之肆，为其妻解困，后将津渡赐于窦妇，以故得名。但经郦道元考证，应是由于河北渡口在湖水流入黄河之处的缘故。《水经注》卷4《河水》：

> 门水又北经弘农县故城东，城即故函谷关校尉旧治处也。……其水侧城北流而注于河。河水于此有湖津之名。说者咸云汉武微行柏谷，遇辱窦门，又感其妻深识之馈，既返玉阶，厚赏赉焉，赐以河津，令其鬻渡，今窦津是也。……余按河之南畔夹侧水渍有津，谓之湖津。河北县有湖水，南入于河，河水故有湖津之名，不从门始。盖事类名同，故作者疑之。竹书《穆天子传》曰："天子自寘軦，乃次于湖水之阳。丁亥，入于南郑。"考其沿历所踵，路直斯津，以是推之，知非因门矣。

又见《元和郡县图志》卷6《河南道二·陕州灵宝县》："湖津，在县西北三里。隋义宁元年置关。贞观元年废关置津。"

《读史方舆纪要》卷41《山西三·平阳府·芮城县》"湖泉"条："县东北三十五里，出中条山，南入大河。一名湖泽，其入河处谓之湖津渡，达河南灵宝县。《郡志》云：湖津一名窦津，亦名陌底渡，在芮城县东南四十里王邨。"

严耕望亦考证云："湖津道者，陕州西南灵宝县（今县，《民国地图集》作故县 E110°50′ N34°45′）之西北三里有湖津（今渡），亦为大河津渡之要，隋末曾置关。盖由此北渡河至芮城，又北逾山至涑水流域也。"①

涺津的地位及作用不如陕津，但是在两岸交兵时，人们多注重陕津的防守，进军的一方往往会出其不意，从被人忽视的涺津渡过黄河。例如，东汉建安十年（205）河东豪强卫固割据该郡，曹操委派杜畿为太守赴任，"（卫）固等使兵数千人绝陕津，畿至不得渡"。而杜畿虚张声势，"遂诡道从郖津度"，②平定了这场叛乱。北魏正平二年（452）六月，刘宋派遣"庞萌、薛安都寇弘农，……八月，冠军将军封礼率骑二千从涺津南渡，赴弘农。"③

（3）风陵渡

在今芮城县风陵渡镇南，地当黄河弯曲处，其北有风陵堆山，渡口与天险潼关隔岸相对，北去蒲津约三十公里，为河东、关中之间要冲。《水经注》卷4《河水》曰："（潼）关之直北，隔河有层阜，巍然独秀，孤峙河阳，世谓之风陵，戴延之所谓风埵者也。南则河滨姚氏之营，与晋对岸。"严耕望曰："两军对岸立营，正见为一津渡处。"又见《元和郡县图志》卷2《华州华阴县》："潼关……上跻高隅，俯视洪流，盘纡峻极，实谓天险。河之北岸则风陵津，北至蒲关六十余里。"《元和郡县图志》卷12《河东道一·河中府·河东县》："风陵堆山，在县南五十五里。与潼关相对。……风陵故关，一名风陵津，在县南五十里。"

春秋时此地即筑有羁马城（阳晋），是秦晋交兵争夺的要镇④。风陵渡之

---

① 严耕望：《唐代交通图考》第一卷，第173页。

②《三国志》卷16《魏书·杜畿传》。

③《魏书》卷4下《世祖纪下》。

④ 靳生禾、谢鸿喜：《春秋战略重镇羁马遗址考》："羁马（阳晋）城，位于今芮城县风陵渡西北匼河村北垣。……从大地形着眼，西、南濒临黄河，东接中条山，南控风陵，北御蒲坂。从小地形看，古城处中条山前洪积扇，又经长期洪水冲刷切割，形成一个南北东三面为30米以上深沟，西濒黄河的突兀高地。一军守城，居高临下，有弓有箭，河外之敌欲逾北犯、东进，都是不可想象的。……倘敌军避开此城而由北面蒲津东渡北上，只要羁马不失，敌将不敢盲目北犯。……城周至少3000米，已属'千丈之城'。"载《中国史研究》1991年第1期。

所以重要，是因为南面的潼关形势险要，山东之师若欲经崤函道西进关中，容易在此受阻。如果出敌不意，北渡风陵后再由蒲津转涉黄河，即可摆脱敌人主力，顺利进入渭北平原。例如，建安十六年（211）八月，曹操西征关中，马超、韩遂等拥兵十万，于潼关严阵以待。曹操见难以逾越，便接受了徐晃的建议，命令他与朱灵领兵北渡风陵，再西渡蒲坂，先据河西为营；然后亲率大军再次由此途径进入渭北。《三国志》卷17《魏书·徐晃传》曰："韩遂、马超等反关右，遣晃屯汾阴以抚河东，赐牛酒，令上先人墓。太祖至潼关，恐不得渡，召问晃。晃曰：'公盛兵于此，而贼不复别守蒲坂，知其无谋也。今假臣精兵渡蒲坂津，为军先置，以截其里，贼可擒也。'太祖曰：'善。'使晃以步骑四千人渡津，作堑栅未成，贼梁兴夜将步骑五千余人攻晃，晃击走之，太祖军得渡，遂破超等。"

曹操此战胜利后，曾向诸将解释了采取这项转移行动的原因，事见《三国志》卷1《魏书·武帝纪》建安十六年九月：

> 关中平，诸将或问公曰："初，贼守潼关，渭北道缺，不从河东击冯翊而反守潼关，引日而后北渡，何也？"公曰："贼守潼关，若吾入河东，贼必引守诸津，则西河未可渡，吾故盛兵以向潼关；贼悉众南守，西河之备虚，故二将得擅取西河；然后引军北渡，贼不能与吾争西河者，以有二将之军也。连车树栅，为甬道而南，既为不可胜，且以示弱。渡渭为坚垒，虏至不出，所以骄之也；故贼不为营垒而求割地。吾顺言许之，所以从其意，使自安而不为备，因畜士卒之力，一旦击之，所谓疾雷不及掩耳，兵之变化，固非一道也。"

（四）北通晋阳

关中师旅从临晋、蒲津渡河后，由河东北上山西高原的核心区域——晋阳所在的太原盆地，主要有两条道路。

1. 桐乡路

从蒲津沿涑水河谷东北而行，经过虞乡、解县、安邑，在闻喜县境穿越峨嵋台地，渡过汾河，到达正平（唐之绛州，今新绛县）；然后至汾曲（今侯马、曲沃县境）沿汾河河谷北上，穿过临汾盆地、灵石峡谷，抵达晋阳。此路之名称可见《元和郡县图志》卷12《河东道一》载河中府"东北至绛州，取桐乡路二百六十里"。《太平寰宇记》卷46《河东道七》载蒲州"东北至绛州，取桐乡路二百六十五里"。之所以称为"桐乡路"，是因为中途经过桐乡古城，可见《元和郡县图志》卷12《河东道一·河中府绛州》"闻喜县"条："桐乡故城，汉闻喜县也，在县西南八里。"北周武帝在建德五年（576）出兵河东，北上伐齐，攻占重镇晋州（平阳，今临汾）后，留梁士彦驻守，而将主力经此道南撤，命宇文宪率领，屯于涑水上游待命增援。参见《资治通鉴》卷172陈宣帝太建八年十一月："周主使齐王宪将兵六万屯涑川，遥为平阳声援。"又见《周书》卷12《齐炀王宪传》：

> 高祖又令宪率兵六万，还援晋州。宪遂进军，营于涑水。齐主攻围晋州，昼夜不息。间谍还者，或云已陷。宪乃遣柱国越王盛、大将军尉迟迥、开府宇文神举等轻骑一万夜至晋州。宪进军据蒙坑，为其后援，知城未陷，乃归涑川。

可见由涑水上游北接汾曲，是有一条能够通行大军的道路，将临汾与运城两座盆地联系起来。后来周武帝在晋州大败齐师，乘胜北上，攻占了晋阳。

桐乡路的道里路程，严耕望先生曾作过详细考证：

> （桐乡路）由河中府略循涑水南侧东北行，约七十里至虞乡县（今县），又三十里至解县（今县），又东北四十五里至安邑县（今县）。县南东十八里有龙池宫，开元八年置。相近有蚩尤城。由县东北经安邑故城，

有青台，上有禹庙，下有青台驿。又北至桐乡故城，去安邑约五十二里，即汉闻喜县也。又北渡涑水八里至闻喜县（今县）。又北六十里至绛州治所正平县（今新绛），去河中二百六十里。①

2．汾阴路

由蒲津沿黄河东岸北进，经北乡郡（治汾阴，今万荣县荣河镇）渡过汾水，到达龙门县，再沿汾水北岸东行，至正平与桐乡路汇合②。严耕望先生曾举《资治通鉴》卷141的史事为例，说明这条道路在北魏时的使用情况。"齐建武四年'三月己酉，魏主南至离石。……夏四月庚申，至龙门，遣使祀夏禹。癸亥，至蒲坂，祀虞舜。辛未，至长安。'是龙门至蒲坂才三日程，必直南行至蒲坂，不绕道也。"③

东魏天平二年（536）高欢领兵由晋阳南下，亦走汾阴路从龙门趋至蒲津，造浮桥渡河去攻打关中。《周书》卷2《文帝纪下》："（大统）三年春正月，东魏寇龙门，屯军蒲坂，造三道浮桥度河。又遣其将窦泰趣潼关，高敖曹围洛州。"《资治通鉴》卷157梁武帝大同三年闰月，"东魏丞相欢将兵二十万自壶口趣蒲津，使高敖曹将兵三万出河南"。

隋炀帝大业十三年（617），李渊起兵太原，进攻长安，亦由绛州至龙门，分军西渡黄河占领韩城，而自率大兵经汾阴至河东，又由蒲津渡河到朝邑，走的也是这条路线④。

日僧圆仁所著《入唐求法巡礼行记》，亦载开元五年（717）他从五台山出发，沿山西南北主要驿路干线，经由今定襄、忻州、太原、清徐、文水、汾

---

① 严耕望：《唐代交通图考》第一卷，第104页。

② 严耕望：《唐代交通图考》第一卷，第109页。又蒲州沿大河东侧北行三十五里至辛驿店，又四十里至粉店，又四十里至宝鼎县（古汾阴，今荣河），又二十五里至秦村，又三十五里至新桥渡，渡汾水，又十六里亦至龙门县。

③ 同上书，第110页。

④ 《资治通鉴》卷184隋炀帝大业十三年。

阳、孝义、灵石、霍县、赵城、洪洞、临汾、稷山、龙门、万荣、永济，过黄河蒲津关而入京畿道河西县境，再经朝邑县、同州抵达长安。

综上所述，河东地区土厚水深，物产丰富；又有山河陵原环绕，易守难攻，水旱道路四通八达，因此具有重要的战略地位。在北朝后期东西对抗的形势下，河东的位置处于长安、太原、洛阳、邺城等政治重心区域之间，在兼并战争当中，占领该地的一方会获得明显的优势，或能御敌于国门之外，或能朝几个方向出兵进攻，从而掌握了作战的主动权；故而备受各方君主将帅之瞩目。

第三章

东、西魏分裂后的军事形势

北魏王朝分裂以后，东亚大陆形成三大政治军事集团对峙的局面。如杜佑所言："自东、西魏之后，天下三分，梁陈有江东，宇文有关西，高氏据河北。"[1]南朝的经济虽较为富庶，但是由于门阀政治的腐朽，军事力量相当衰弱，故仅对东西魏的斗争作壁上观，未能乘机大举兴师来夺取中原。侯景之乱以后，江南残破，愈发无力北进，直到临近高齐灭亡之际，才出兵收复了淮南。

一 东、西魏初年的国力对比

高欢执政的东魏政权，占据了淮河以北、晋陕边境黄河及潼关、商洛山地以东的中原大部分地区，控制着当时中国人口最密集、经济文化最发达的黄河下游区域。据《周书》卷6《武帝纪下》记载，后来北齐投降时，"合州五十五，郡一百六十二，县三百八十五，户三百三十万二千五百二十八，口二千万六千八百八十六"。东魏在综合国力方面（领土、经济、人口、兵力之总括）要比西魏强大得多，如《北齐书》卷8《后主纪论》所言，东魏、北齐的国境"西苞汾、晋，南极江、淮，东尽海隅，北渐沙漠，六国之地，我获其五，九州之境，彼分其四。料甲兵之众寡，校帑藏之虚实，折冲千里之将，帷幄六奇

---

①《通典》卷171《州郡一·序目上》。

之士，比二方之优劣，无等级以寄言"。

在军事力量方面，东魏初年的高欢掌握着一支数量远胜于对手的鲜卑人马，从他几次出征的情况来看，除了留守部队，还可以出动20万左右兵众。《北齐书》卷2《神武帝纪下》载天平元年（534）六月高欢上表于魏孝武帝曰："臣今潜勒兵马三万，拟从河东而渡；又遣恒州刺史库狄干、瀛州刺史郭琼、汾州刺史斛律金、前武卫将军彭乐拟兵四万，从其来违津渡；遣领军将军娄昭、相州刺史窦泰、前瀛州刺史尧雄、并州刺史高隆之拟兵五万，以讨荆州；遣冀州刺史尉景、前冀州刺史高敖曹、济州刺史蔡儁、前侍中封隆之拟山东兵七万、突骑五万，以征江左。"天平四年（537）"十月壬辰，神武西讨，自蒲津济，众二十万"。超过对方两倍以上，完全处于优势状态。

西魏仅占有关西区域，当地的农业经济从魏晋以后屡经战乱破坏，早已失去往日的繁华，远没有东魏统治的河北、山东发达。北魏末年，关陇地区爆发了莫折念生、万俟丑奴领导的农民大起义，其间还有萧宝夤发动的叛乱。义师和北魏官军作战数年，互有胜负，一场大战往往死伤数万，甚至十余万人[1]，还有双方攻掠城乡所进行的大肆杀戮，致使原有"天府之国"美称的关中平原尸骸遍地，百业凋零。如《魏书》卷106《地形志》所称："孝昌之际，离乱尤甚。恒代而北，尽为丘墟；崤潼已西，烟火断绝；……于是生民耗减，且将大半。"

宇文泰拥立元宝炬、创建西魏政权后，他掌握的领土、人口、军队远比东魏为少，经济资源也差得很多。故高澄对西魏被俘将领裴宽说："卿三河冠盖，材识如此，我必使卿富贵。关中贫狭，何足可依，勿怀异图也。"[2]后来北齐大臣卢叔虎请求出师伐周，亦言："大齐之比关西，强弱不同，贫富有异，而戎马不息，未能吞并，此失于不用强富也。"[3]

---

[1]《资治通鉴》卷150梁武帝普通六年正月条。

[2]《周书》卷34《裴宽传》。

[3]《北齐书》卷42《卢叔武传》。

二　高欢采取的战略部署

在处于优势状态的情况下，高欢在东魏建国之初又实施了一系列军事部署，进一步巩固和加强自己的有利地位。

1. 进占崤函与河东

永熙三年（534）七月，宇文泰迎魏孝武帝入关，定都长安。高欢率师进入洛阳后，又领兵向西追击魏孝武帝，顺势占领了崤函山区与河东，控制了壶口以下的龙门、蒲津、风陵、大阳等全部渡口，封锁了豫西通道和晋南豫北通道，并占据了关中东出中原的首要门户——天险潼关，将山东—关西这两大经济、政治区域的中间地带（山西高原和豫西丘陵）悉数囊括。如《北齐书》卷2《神武纪下》所载：

> 神武寻至恒农，遂西克潼关，执毛洪宾。进军长城，龙门都督薛崇礼降。神武退舍河东，命行台尚书长史薛瑜守潼关，大都督厍狄温守封陵。

通过这次军事行动，高欢一方面封堵了西魏东进中原的主要道路，又造成了对关中地区严重威胁的态势。由于屯兵崤函、河东，他可以从几个方向、多条道路向西魏出击，形势十分有利。尽管宇文泰在当年十月，"进军攻潼关，斩薛瑜，虏其卒七千人，还长安"①。也只是稍微缓和了局势；西魏未能夺回崤函、河东这两处战略要地，并没有从根本上改变被动不利的局面。

2. 迁都邺城、重兵屯集晋阳

高欢在北魏末年统领重兵时，其根据地有两座。一是冀州的渤海郡（治南皮，今河北省南皮北）、长乐郡（治信都，今河北冀县）。普泰元年（531），他率领六镇兵民脱离尔朱兆，来到河北时，曾得到当地大族高氏、封氏的有力支

---

①《资治通鉴》卷156梁武帝中大通六年(534)。

持，成为他崛起的地方力量。二是并州的晋阳（今山西太原），普泰二年（532）七月，高欢领兵击败尔朱兆、攻克晋阳后，看中了这块形势险要的"戎马之地"，把它作为自己的政治、军事基地。《资治通鉴》卷155载："欢以晋阳四塞，乃建大丞相府而居之。"胡三省注曰：

> 太原郡之地，东阻太行、常山，西有蒙山，南有霍太山、高壁岭，北阨东陉、西陉关，故亦以为四塞之地。
>
> 自此至于高齐建国，遂以晋阳为陪都。

后来他又在此修建晋阳宫，屯兵秣马，还将六镇兵民从河北迁徙回来，居住在晋阳周围，借以加强当地的防务和经济建设。

上述两地，是东魏立国的根本，命脉之所系。如北齐文宣帝所称："冀州之渤海、长乐二郡，先帝始封之国，义旗初起之地。并州之太原，青州之齐郡，霸业所在，王命是基。"[①]

高欢在北伐尔朱兆之际，就曾考虑到洛阳屡受战火摧残，民生凋敝，如果继续在此地建都，需要从山东转运巨量的物资，负担沉重，不如将首都迁到靠近经济重心地区的邺城，既便于补给，又靠近自己的河北根据地，有利于对其进行控制。他临行时向魏孝武帝提出迁都建议，但是未获准许。"初，神武自京师将北，以为洛阳久经丧乱，王气衰尽，虽有山河之固，土地褊狭，不如邺，请迁都。"[②]未获孝武之允。此次西征归来，高欢立元善见为帝，独揽大权，而洛阳的西、南两境又受到宇文氏和萧梁的威胁，安全无法保障，他便下令将东魏的国都迁往邺城，自己统率军队主力回到晋阳，居大丞相府以总揽政事。事见《北齐书》卷2《神武帝纪下》天平元年十月：

---

① 《北齐书》卷4《文宣帝纪》天保元年六月诏。
② 《北齐书》卷2《神武帝纪下》天平元年六月。

魏于是始分为二。神武以孝武既西，恐逼崤、陕，洛阳复在河外，接近梁境。如向晋阳，形势不能相接，乃议迁邺，护军祖莹赞焉。诏下三日，车驾便发，户四十万狼狈就道。神武留洛阳部分，事毕还晋阳。自是军国政务，皆归相府。

于是出现了并立的两个政治中心，而晋阳因为屯集重兵，为高欢所亲驻，其地位与作用均超过了邺城。

3. 尽力在河西建立据点

高欢占领河东地区后，迅速派遣兵将西渡黄河，在对岸设置城垒，夹河据守，企图控制两岸渡口，借此保障自己的军队能够顺利地渡河往来，随时可以将兵力投入关中平原。其表现有二：

一是在蒲津西岸筑城，并企图夺取邻近的要镇华州（今陕西大荔）。《资治通鉴》卷156梁武帝中大通六年九月载，"（高）欢退屯河东，使行台长史薛瑜守潼关，大都督厍狄温守封陵，筑城于蒲津西岸，以薛绍宗为华州刺史，使守之。以高敖曹行豫州事"。

华州距离蒲津渡口仅数十里，是通往长安、潼关两地的交通枢纽。高欢占据黄河西岸后，凭借往来便利的条件，数次从蒲坂发兵偷袭华州，给西魏的关中防务造成了极大的威胁。例如，大统元年（535）正月，东魏大将司马子如率领窦泰、韩轨等进攻潼关，宇文泰带兵屯于霸上待援。司马子如却出其不意，改由蒲坂渡河西进，乘华州守军的懈怠，攻城几乎得逞。《资治通鉴》卷157载其事：

子如与轨回军，从蒲津宵济，攻华州。时修城未毕，梯倚城外，比晓，东魏人乘梯而入。刺史王罴卧尚未起，闻阁外匈匈有声，袒身露髻徒跣，持白梃大呼而出，东魏人见之惊却。罴遂至东门，左右稍集，合战，破之，子如等遂引去。

二是在龙门渡河，占领对岸的要塞杨氏壁。天平元年（534）十月，高欢追击魏孝武帝不及，经河东返回洛阳，命令薛修义取道龙门西渡，招降西魏杨氏壁的守将薛崇礼。《北齐书》卷20《薛修义传》：

> 武帝之入关也，高祖奉迎临潼关，以修义为关右行台，自龙门济河。西魏北华州刺史薛崇礼屯杨氏壁，修义以书招之，崇礼率万余人降。

所谓"杨氏壁"，起初是关中大族华阴杨氏在十六国战乱之时，于龙门渡口西岸建立的坞壁①。东魏控制该城后，双方又展开反复争夺，几番易手。据《周书》卷2《文帝纪》记载，直至大统三年（537）六月，宇文泰"遣仪同于谨取杨氏壁"，河西的这一据点才最后归属西魏。

4. 以河东为前线基地，频频进攻关中

东魏军队的主力在晋阳，由于控制了河东地区，南下征伐西魏甚为方便，可以依靠当地有利的地理条件左出右入，从蒲津或风陵—潼关两个战略方向直接威胁关中平原，使敌人顾此失彼。晋阳、邺城的东魏军队如果南渡河阳，走崤函道进攻关中，需要克服豫西山地的重重险碍，人员、粮草运行不易。因此，沙苑之战以前，东魏对关中的三次攻击都是由晋阳南下，以河东为前线基地发动的。《资治通鉴》卷157梁大同元年（535）正月，"东魏大行台尚书司马子如帅大都督窦泰、太州刺史韩轨等攻潼关，魏丞相泰军于霸上。子如与轨回军，从蒲津宵济，攻华州"。梁大同二年（536）十二月，"丁丑，东魏丞相欢督诸军伐魏，遣司徒高敖曹趣上洛，大都督窦泰趣潼关"。"（三年正月）东魏丞相欢军蒲坂，造三浮桥，欲渡河。……"闰九月，"东魏丞相欢将兵二十万自壶口趣蒲津，使高敖曹将兵三万出河南。……欢不从，自蒲津济河"。《周

---

① 《资治通鉴》卷156梁武帝中大通六年十月胡三省注曰："按《薛端传》，杨氏壁在龙门西岸，当在华阴、夏阳之间，盖华阴诸杨遇乱筑壁以自守，因以为名。"

书》卷2《文帝纪下》："（大统）三年春正月，东魏寇龙门，屯军蒲坂，造三道浮桥度河。又遣其将窦泰趣潼关，高敖曹围洛州。"

西魏警惕河东方向的入侵时，晋阳的东魏军队主力则乘其不备、袭击陕北的城镇，使其顾此失彼。《资治通鉴》卷157梁大同二年（536）正月，高欢自并州出击，袭西魏夏州，破之。"留都督张琼将兵镇守，迁其部落五千户以归。""（西）魏灵州刺史曹泥与其婿凉州刺史普乐刘丰复叛降东魏，魏人围之，水灌其城，不没者四尺。东魏丞相欢发阿至罗三万骑径度灵州，绕出魏师之后，魏师退。欢帅骑迎泥及丰，拔其遗户五千以归，以丰为南汾州刺史。"二月，"东魏丞相欢令阿至罗逼魏秦州刺史万俟普，欢以众应之"。四月，"魏秦州刺史万俟普与其子太宰洛、蔺州刺史叱干宝乐、右卫将军破六韩常及督将三百人奔东魏，丞相泰轻骑追之，至河北千余里，不及而还"。胡三省注："河北，龙门、西河之北也。"

由此可见，高欢的军事部署相当成功；凭借优势兵力与河东、崤函的重要枢纽位置，东魏在这一阶段对西魏的作战中频频出击，完全占据了主动，使自己处在相当有利的地位之上。

第四章

西魏弘农、沙苑之战的胜利与军事形势之变化

一 西魏攻取弘农及河东数郡

西魏大统二年（536），关中遭受了严重的旱灾，《资治通鉴》卷157载："是岁，魏关中大饥，人相食，死者什七八。"并且引发了社会的动荡，"时关中大饥，征税民间谷食，以供军费。或隐匿者，令递相告，多被箠楚，以是人有逃散"①。为了摆脱粮食匮乏的困境和消除强敌压境的威胁，宇文泰接受了宇文深进攻弘农的建议②。弘农郡治陕城（今河南三门峡市），该地位于崤函山区的枢要地点，是崤山南北二道的汇合之处，在北魏时期又筑有屯储漕粮的巨仓。攻占弘农，是一举数得的好棋，既可以阻断崤函道，北渡陕津进入河东；又能够获取屯粮，补给西魏军队与关中民众的食用。

大统三年八月，宇文泰率李弼、独孤信、梁御、赵贵、于谨、若干惠、怡峰、刘亮、王德、侯莫陈崇、李远、达奚武等十二将东伐。至潼关誓师，宇文泰诫曰："与尔有众，奉天威，诛暴乱。惟尔士，整尔甲兵，戒尔戎事，无贪财以轻敌，无暴民以作威。用命则有赏，不用命则有戮。尔众士其勉之。"③

①《周书》卷18《王罴传》。
②《周书》卷27《宇文深传》："深又说太祖进取弘农，复克之。太祖大悦，谓深曰：'君即吾家之陈平也。'"
③《周书》卷2《文帝纪下》。

西魏大军以于谨为前锋，"至盘豆，东魏将高叔礼守险不下，攻破之。拔虏其卒一千"①。八月戊子，师至弘农。"东魏将高干、陕州刺史李徽伯拒守。于时连雨，太祖乃命诸军冒雨攻之。庚寅，城溃，斩徽伯，虏其战士八千。"②

西魏攻占陕城之后，形势迅速朝着有利的方向发展，其表现如下：

1. 补充了军民用粮

据《周书》卷2《文帝纪下》记载，宇文泰在占领该郡后曾将大军留驻月余，来补充给养。"是岁，关中饥。太祖既平弘农，因馆谷五十余日。"并把仓粟运往关内。直到高欢发动反攻时，宇文泰才将主力撤回，留下少数人马驻守陕城，被东魏高昂（敖曹）包围，存粮才停止了西运。见《北齐书》卷26《薛琡传》载其所言："西贼连年饥馑，无可食啖，故冒死来入陕州，欲取仓粟。今高司徒已围陕城，粟不得出。……"

2. 崤函归附

黄河以南原先归顺东魏的地方豪强，又纷纷归附西魏，使宇文泰未受损耗便控制了宜阳、新安所在的崤山南北二道。《周书》卷2《文帝纪下》载大统三年八月，"于是宜阳、邵郡皆来归附。先是，河南豪杰多聚众应东魏，至是各率所部来降"。《周书》卷43《韩雄传》曰："时太祖在弘农，雄至上谒。太祖嘉之，封武阳县侯，邑八百户。遣雄还乡里，更图进取。雄乃招集义众，进逼洛州。"《周书》卷43《陈忻传》曰："陈忻字永怡，宜阳人也。……魏孝武西迁之后，忻乃于辟恶山招集勇敢少年数十人，寇掠东魏，仍密遣使归附。……（大统）三年，太祖复弘农，东魏扬州刺史段琛拔城遁走。忻率义徒于九曲道邀之，杀伤甚众，擒其新安令张祇。太祖嘉其忠款，使行新安县事。"《周书》卷43《魏玄传》曰："父承祖，魏景初中，自梁归魏，家于新安。……自是每率乡兵，抗拒东魏，前后十余载，皆有功。"

①《周书》卷15《于谨传》。
②《周书》卷2《文帝纪下》。

3. 进占河东数郡

宇文泰攻占陕城后，又派贺拔胜领兵北渡黄河，追擒敌将高干，并乘势攻取了河北郡（治今山西平陆）、邵郡（治今山西垣曲县古城镇）等河东地区的南部、东部地段。《周书》卷2《文帝纪下》载大统三年八月宇文泰取弘农，"高干走度河，令贺拔胜追擒之，并送长安"。《周书》卷34《杨㯻传》曰："时弘农为东魏守，㯻从太祖拔之。然自河以北，犹附东魏。㯻父猛先为邵郡白水令，㯻与其豪右相知，请微行诣邵郡，举兵以应朝廷，太祖许之。㯻遂行，与土豪王覆怜等阴谋举事，密相应会者三千人，内外俱发，遂拔邵郡。擒郡守程保及令四人，并斩之。"《资治通鉴》卷157梁大同三年（537）八月，载杨㯻取邵郡后，"遣谍说谕东魏城堡，旬月之间，归附甚众。东魏以东雍州刺史司马恭镇正平，司空从事中郎闻喜裴邃欲攻之，恭弃城走，（宇文）泰以杨㯻行正平郡事"。

综上所述，西魏在攻占弘农之后，迅速地摆脱了困境，改变了当时的战略态势。它占领中条山南麓河谷与崤函地区，控制住风陵至三门的黄河两岸，封锁了豫西通道，扩展了防御纵深地带，使关中的防务得以巩固。陕城仓粟的西运，也缓和了饥荒所带来的危机。弘农战役的这一局部胜利，扭转了政治、军事形势，使它开始朝着有利于西魏政权的方向发展。

二　东魏的反攻与沙苑之战

宇文泰取弘农后，崤函山区与河东等战略要地相继沦陷，使东魏受到了沉重打击，这是高欢无法接受的，因此他迅速地予以回应，亲自率领大军进行反攻。弘农在八月失陷，当年闰九月，"东魏丞相欢将兵二十万自壶口趣蒲津，使高敖曹将兵三万出河南"①。当时，宇文泰在弘农的将士不满万人，见高欢

---

① 《资治通鉴》卷157梁武帝大同三年(537)。又见《北齐书》卷2《神武帝纪》天平四年，"十月壬辰，神武西讨，自蒲津济，众二十万。周文军于沙苑。神武以地阨少却，西人鼓噪而进，军大乱，弃器甲十有八万，神武跨橐驼，候船以归"。《周书》卷2《文帝纪下》记载为"齐神武惧，率众十万出壶口"。可能有误。

势众，便率兵入关，仅留下少数守军，随即被东魏高昂（敖曹）的部队包围。

高欢大军西渡黄河之前，属下丞相右长史薛琡劝他采取缓兵之计，等待关中的饥荒进一步恶化，迫使宇文泰等投降，而不要贸然进军。薛琡说：

> 西贼连年饥馑，无可食啗，故冒死来入陕州，欲取仓粟。今高司徒已围陕城，粟不得出。但置兵诸道，勿与野战，比及来年麦秋，人民尽应饿死，宝炬、黑獭自然归降。愿王无渡河也。①

大将侯景也劝高欢切勿投入全部主力，可以采取分兵进攻的策略，以相互支援，确保胜利。他说："今者之举，兵众极大，万一不捷，卒难收敛。不如分为二军，相继而进，前军若胜，后军合力；前军若败，后军承之。"②但是高欢自恃兵力强大，过于轻敌，想借西魏灾乱匮乏之际而一举获得成功，便拒绝了两人的建议，决定全力渡河西征。

高欢率军在蒲津渡河后，直逼咸阳、长安的北边门户华州。宇文泰深知该地的重要，事先遣使告诫守将王罴加强防务。高欢兵临城下时，见守备甚严，便打消了攻城的念头，绕城而过，涉洛水后屯于许原之西。《周书》卷18《王罴传》曰："太祖以华州冲要，遣使劳罴，令加守备。罴语使人曰：'老罴当道卧，貙子安得过！'太祖闻而壮之。及齐神武至城下，谓罴曰：'何不早降？'罴乃大呼曰：'此城是王罴冢，生死在此，欲死者来！'齐神武遂不敢攻。"《周书》卷2《文帝纪下》载大统三年九月，"齐神武遂度河，逼华州。刺史王罴严守。知不可攻，乃涉洛，军于许原西"。

宇文泰到达渭南后，向诸州征兵，但都未及时赶到。他召集众将商议，说："高欢越山度河，远来至此，天亡之时也。吾欲击之何如？"③认为当前正

---

①《北齐书》卷26《薛琡传》。

②同上。

③《周书》卷2《文帝纪下》。

是歼灭强敌的大好时机。但是诸将都觉得众寡不敌，请求等待高欢西进深入，根据形势变化再作决定。宇文泰反对说："欢若得至咸阳，人情转骚扰。今及其新至，便可击之。"①便下令在渭水上建造浮桥，命军士带三日粮，以轻骑北渡渭水，辎重从渭南沿河向西撤退。

十月壬辰，宇文泰兵至沙苑（今陕西大荔南，洛、渭二水之间），距离东魏大军六十余里。由于兵力相差悬殊，诸将皆惧，宇文深独来祝贺。宇文泰问其原因，他回答说："高欢之抚河北，甚得众心，虽乏智谋，人皆用命，以此自守，未易可图。今悬师度河，非众所欲，唯欢耻失窦氏，慁谏而来。所谓忿兵，一战可以擒也。此事昭然可见，不贺何为。请假深一节，发王罴之兵，邀其走路，使无遗类矣。"②宇文泰深以为然，遂决定在此地与敌人交战。并派遣达奚武赴敌营侦察。"武从三骑，皆衣敌人衣服。至日暮，去营百步，下马潜听，得其军号。因上马历营，若警夜者，有不如法者，往往挞之。具知敌之情状，以告太祖。太祖深嘉焉。"③于是掌握了东魏军队的详细情况。

高欢得知西魏主力来临，便发兵前来会战。宇文泰闻讯后召集诸将谋议，李弼建议说："彼众我寡，不可平地置阵。此东十里有渭曲，可先据以待之。"④宇文泰接受后，"遂进军至渭曲，背水东西为阵。李弼为右拒，赵贵为左拒。命将士皆偃戈于葭芦中，闻鼓声而起"⑤。申时，东魏军队赶到，都督斛律羌举见渭曲地形复杂，主张不与敌军交锋，派遣奇兵直趋长安。他对高欢说：

> 黑獭举国而来，欲一死决，譬如猘狗，或能噬人；且渭曲苇深土泞，无所用力，不如缓与相持，密分精锐径掩长安，巢穴既倾，则黑獭不战

---

① 《周书》卷2《文帝纪下》。

② 《周书》卷27《宇文测附深传》。

③ 《周书》卷19《达奚武传》。

④ 《周书》卷2《文帝纪下》。

⑤ 同上。

成擒矣。①

高欢不从，说："纵火焚之，何如？"侯景反对说："当生擒黑獭以示百姓，若众中烧死，谁复信之！"将军彭乐气盛求战，称："我众贼寡，百人擒一，何忧不克！"②得到了高欢的赞许，遂下令进兵。东魏军队望见西魏兵少，"争进击之，无复行列"③。宇文泰乘机奋力击鼓，伏兵齐出，"于谨等六军与之合战，李弼等率铁骑横击之，绝其军为二队，大破之"④。取得了沙苑之战的胜利。

西魏在这场战役里战果辉煌，"斩六千余级，临阵降者二万余人。齐神武夜遁，追至河上，复大克获。前后虏其卒七万。留其甲士二万，余悉纵归。收其辎重兵甲，献俘长安"⑤。都督李穆建议："高欢破胆矣，速追之，可获。"宇文泰不听，还军渭南，此时诸州援兵纷纷赶到，宇文泰下令于沙苑战场每人植柳一棵，以纪念这次胜利，并表彰将士们的武功。由于沙苑之战关系到西魏政权的生死存亡，将士凯旋朝后，受到朝廷的重赏，宇文泰被封为柱国大将军，李弼等十二员大将也都加官进爵，增封食邑。

高欢战败后，乘夜骑骆驼上船逃往黄河东岸，仅以身免。大将侯景请战曰："黑獭新胜而骄，必不为备，愿得精骑二万，径往取之。"⑥这本来是条歼敌良策，但是高欢征求其妻娄妃的意见，娄妃却反对说："设如其言，景岂有还理！得黑獭而失景，何利之有！"⑦高欢于是废置了这项建议，使东魏失掉最后反败为胜的机会。

---

①《资治通鉴》卷157梁武帝大同三年(537)十月。

②同上。

③同上。

④《周书》卷2《文帝纪下》。

⑤《周书》卷2《文帝纪下》。

⑥《资治通鉴》卷157梁武帝大同三年(537)十月。

⑦同上。

三　沙苑之战的历史影响

沙苑之战扭转了东、西魏对峙交战的局面，其影响是巨大的，表现在以下几个方面。

1. 双方的兵力差距显著缩小

东魏在这次战役中，"丧甲士八万人，弃铠仗十有八万"①。人员和物资装备的损失相当惨重，使其对西魏的军事优势明显减弱了。而西魏不仅缴获了大量兵甲器械，还俘虏了数万敌军，补充了自己的队伍。此后，在两国的交战当中，西魏经常处于主动出击的状态，改变了过去隔河相持、防不胜防的被动局面。

2. 西魏全取河东，战略形势转为有利

沙苑战后，西魏乘胜出兵，自蒲津东渡，由李弼主持围攻河东郡治蒲坂，当地豪强纷纷归顺。如敬珍、敬祥"遂与同郡豪右张小白、樊昭贤、王玄略等举兵，数日之中，众至万余。将袭欢后军，兵未进而齐神武已败。珍与祥邀之，多所克获。及李弼军至河东，珍与小白等率猗氏、南解、北解、安邑、温泉、虞乡等六县户十余万归附，太祖嘉之"②。

高欢逃归晋阳之时，留下当地大族汾阴薛氏的将官薛崇礼镇守蒲坂。"太祖遣李弼围之，崇礼固守不下。"③其族弟薛善见形势不利，劝崇礼投降西魏未果，便开城归顺。事见《周书》卷35《薛善传》：

> 善密谓崇礼曰："高氏戎车犯顺，致令主上播越。与兄忝是衣冠绪余，荷国荣宠。今大军已临，而兄尚欲为高氏尽力。若城陷之日，送首长安，云逆贼某甲之首，死而有灵，岂不殁有余愧！不如早归诚款，虽

---

① 《资治通鉴》卷157梁武帝大同三年(537)十月。
② 《周书》卷35《薛善附敬珍传》。
③ 《周书》卷35《薛善传》。

未足以表奇节，庶获全首领。"而崇礼犹持疑不决。会善从弟馥妹夫高子信为防城都督，守城南面。遣馥来诣善云："意欲应接西军，但恐力所不制。"善即令弟济将门生数十人，与信、馥等斩关引弼军入。

薛崇礼出逃，后被追获。"丞相（宇文）泰进军蒲坂，略定汾、绛，凡薛氏族预开城之谋者，皆赐五等爵。"[①]不仅全部占领了河东重地，还夺取了汾水以北的正平（今山西新绛）、绛郡（治今山西绛县）及南汾州（治今山西吉县）等地，一度兵临晋州（今山西临汾市）城下[②]，在西、南两面对东魏的霸府晋阳构成了严重威胁。

3. 收复崤函，进取洛、豫二州

沙苑之战胜利后，围攻弘农的高昂被迫撤兵，退回洛阳。而宇文泰乘势东征，"遣左仆射、冯翊王元季海为行台，与开府独孤信率步骑二万向洛阳；洛州刺史李显趋荆州；贺拔胜、李弼渡河围蒲坂，牙门将高子信开门纳胜军，东魏将薛崇礼弃城走，胜等追获之。……初，太祖自弘农入关后，东魏将高敖曹围弘农，闻其军败，退守洛阳。独孤信至新安，敖曹复走度河，信遂入洛阳"[③]。《资治通鉴》卷157梁大同三年（537）十月亦载：

> 高敖曹闻欢败，弃恒农，退保洛阳。
>
> 独孤信至新安，高敖曹引兵北渡河。信逼洛阳，洛州刺史广阳王湛

---

①《资治通鉴》卷157梁武帝大同三年（537）十月。

②《资治通鉴》卷157梁武帝大同三年（537）十月："……东魏行晋州事封祖业弃城走，仪同三司薛修义追至洪洞，说祖业还守，祖业不从；修义还据晋州，安集固守。魏仪同长孙子彦引兵城下，修义开门伏甲以待之，子彦不测虚实，遂退走。丞相欢以修义为晋州刺史。"《北齐书》卷20《薛修义传》："沙苑之役，从诸军退。还，行晋州事封祖业弃城走，修义追至洪洞，说祖业还守，而祖业不从，修义还据晋州，安集固守。西魏仪同长孙子彦围逼城下，修义开门伏甲以待之，子彦不测虚实，于是遁走。"

③《周书》卷2《文帝纪下》大统三年十月。

弃城归邺，信遂据金墉城。

东魏颍州长史贺若统执刺史田迄，举城降魏，（西）魏都督梁迥入据其城。前通直散骑侍郎郑伟起兵陈留，攻东魏梁州，执其刺史鹿永吉。前大司马从事中郎崔彦穆攻荥阳，执其太守苏淑，与广州长史刘志皆降于魏。伟，先护之子也。丞相泰以伟为北徐州刺史，彦穆为荥阳太守。

西魏军队的东征，取得了意想不到的赫赫战果，继独孤信占领洛阳地区之后，十一月，大都督宇文贵等在颍川击败来犯的东魏军队，"是云宝杀其阳州刺史那椿，以州降（西）魏"[1]。韦孝宽又攻占了东魏的豫州（治今河南汝南）。唯有郭鸾攻东魏东荆州刺史慕容俨不利，《资治通鉴》卷157记载，"时河南诸州多失守，唯东荆获全"。

《通典》卷171《州郡一·序目上》曰："当齐神武之时，与周文帝抗敌，十三四年间，凡四出师，大举西伐，周师东讨者三焉。自文宣之后，才守境而已。"如前所述，西魏初年局面不利，经常被动挨打。宇文泰占领河东、崤函后形势发生扭转，因为有这两块缓冲地带阻隔，敌人无法直接威胁关中。西魏只要搞好这两地的防卫，就可以御敌于国门之外，确保首都与根据地的平安。后来高欢两次出师攻打玉壁，均失利而还，未能进入河东。西魏在防御时仅动用了当地的驻军，并未损耗关中的主力即获成功，就证明了这一点。

另外，河东、崤函两地可以朝东、北、南等几个战略方向用兵，这使西魏在进攻上占据了有利的地位。沙苑之战后，宇文泰及其后继者多次从两地发动攻击，基本上处于主动的态势。在国势弱于对手的情况下，取得交战的主动权，这与河东、崤函两处要枢的易手有着密切的联系，而这些又都是弘农、沙苑之战的胜利所带来的。因此，古代的史家曾高度评价这两次战役对于北朝后期政治军事形势所起的重要作用，如李延寿在《北史》卷9《周本纪上》中

---

[1]《资治通鉴》卷157梁武帝大同三年(537)十一月。

说："高氏藉甲兵之众，恃戎马之强，屡入近畿，志图吞噬。及英谋电发，神
旆风驰，弘农建城濮之勋，沙苑有昆阳之捷，取威定霸，以弱为强。"

第五章

西魏巩固河东防务的措施

高欢在沙苑之战失败后，经过休整集结，于次年开始反攻。大统四年（538）二月，东魏大都督善无贺拔仁领兵围攻南汾州（治今山西吉县），守将韦子粲投降。随后，高欢便将把主攻方向放在河南，命大行台侯景在虎牢整顿兵马，将出师收复失地。西魏将军梁迥、韦孝宽、赵继宗等见形势不利，放弃了颍州（治今河南长葛东北）、汝南等城池，纷纷西归。侯景进攻广州（治今河南襄城），闻西魏派援兵来救，遂遣行洛州事卢勇应敌。《资治通鉴》卷158载：

> （卢勇）乃帅百骑至大隗山，遇（西）魏师。日已暮，勇多置幡旗于树颠，夜，分骑为十队，鸣角直前，擒魏仪同三司程华，斩仪同三司王征蛮而还。广州守将骆超遂以城降东魏，丞相欢以（卢）勇行广州事。

七月，东魏兵围中原要枢洛阳，宇文泰与西魏文帝率众来援。八月，双方在邙山附近对阵，史称"河桥之战"。西魏军队先胜后败，被迫放弃了洛阳地区，宇文泰退至弘农，留大将王思政镇守，领主力撤回关中。

西魏此役失利后，在东线退守崤陕。崤函山区地形复杂，难以展开兵力，通行运输亦有许多困难。豫西通道的西段路径，"东自崤山，西至潼津，通名函谷，号曰天险"[1]。其间有新安、宜阳、陕县、函谷、潼关等多座关隘，险要的地势加上重兵防守足以使来犯者望而却步，高欢若想经此地入侵关中，困难是相当大的。而河东逼近东魏的政治军事重心——并州，从防御的角度来说，这里对高氏的腹心之地晋阳、河洛威胁很大。从进攻的情况来看，晋阳之师由汾水河谷南下攻击河东较为便利，如果占据河东，则能从几个渡口进入关中，对西魏构成了严重威胁。因此高欢在此后的数年内，对河东发动了几次攻击，力图夺回这一战略要地。东魏在河东方向的军事反攻，从小规模出兵收复南汾州以及东雍州、绛郡开始，到公元542—546年两次出动大军围攻玉壁失败而告终。受挫的主要原因，是由于西魏政权在占领河东以后，采取了一系列有效的政治、军事措施，明显地增强了河东的防御能力。

一　选用河东、关陇士族出任军政长官

（一）河东大姓

魏晋南北朝是门阀士族统治时期，这一阶层虽有部分成员腐朽没落，但是仍有许多人具备文武才能，掌握治国之术；又依靠封建依附关系，操纵着宗族乡里的众多民众，是州郡的地头蛇、土霸王，也是不可忽视的社会势力。十六国北朝以来，入主中原的胡族统治者大多对其采取合作的态度，以换取他们的支持。宇文泰起兵时主要依靠部下的六镇鲜卑，但是人数有限，因此不得不拉拢境内的各股汉族门阀势力，以充实自己的统治力量。而河东士族自魏晋以来盘踞繁衍，曾多次拥兵割据，对抗朝廷。顾炎武曾说河东"其地重而族厚"。当地的大姓，"若解之柳，闻喜之裴，皆历任数百年，冠裳不绝。汾阴之薛，凭河自保于石虎、苻坚割据之际，而未尝一仕其朝。猗氏之樊、王，举义兵以抗高欢之众。此非三代之法犹存，而其人之贤者又率之以保家亢宗之道，胡以能久而不衰若是！"[2]

---

① 《元和郡县图志》卷6《河南道二·陕州·灵宝县》。
② 《亭林文集》卷5《裴村记》。

西魏宇文泰在攻占河东前后，曾联络了许多当地豪族，并委派他们出任河东军政长官，依赖他们的力量巩固统治。例如他在弘农出兵渡河，攻打邵郡之际，借助于大姓杨㧑，联系当地豪强里应外合。见《周书》卷34《杨㧑传》："㧑父猛先为邵郡白水令，㧑与其豪右相知，请微行诣邵郡，举兵以应朝廷。"夺取邵郡后，杨㧑等人即上表奏请当地土豪王覆怜为郡守。

后来杨㧑亦出任河东重职，历任建州刺史、正平郡守、邵州刺史，统领一方，守御边境多有战功。后来战败降敌，宇文氏政权考虑到他在当地的势力和影响，并未惩罚其亲属。"朝廷犹录其功，不以为罪，令其子袭爵。"

又如沙苑战后，河东大族敬珍、敬祥兄弟率众归顺西魏，使宇文泰得以顺利占领了河东，事后亦对其大加封赏。见《周书》卷35《薛善附敬珍传》："及李弼军至河东，珍与（张）小白等率猗氏、南解、北解、安邑、温泉、虞乡等六县户十余万归附。太祖嘉之，即拜珍平阳太守，领永宁防主；（敬）祥龙骧将军、行台郎中，领相里防主，并赐鼓吹以宠异之。太祖仍执珍手曰：'国家有河东之地者，卿兄弟之力。还以此地付卿，我无东顾之忧矣。'"

另据记载，河东大姓被西魏政权委以重任，或在故乡，或在朝内，为官者甚众，这项政策一直延续到北周时期。略举其例：

1. 闻喜裴氏

闻喜裴氏为河东第一大姓，其门下人才荟萃，文武兼济①。北朝时期，它

---

① 六朝时，闻喜裴氏在文化方面知名者甚多，如西晋裴秀之地图学，裴頠著有唯物论思想的名篇《崇有论》；史学领域以裴松之的《三国志注》、裴骃的《史记集解》、裴子野的《宋略》(已佚)闻名。军事方面，仕宦南朝领兵为将者有刘宋的裴方明，南齐的裴叔业、裴遂及其三子之高、之平、之横，与陈朝的裴子烈、裴忌等人。《南史》卷58《韦睿裴邃传》论称："韦、裴少年励操，俱以学尚自立，晚节驱驰，各著功于戎马。……二门子弟，各著名节，与梁终始，克荷隆构。'将门有将'，斯言岂曰妄乎。"

在政治上发挥过重要的影响，被统治者尊称为"三河领袖"、"三河冠盖"①。东西魏分裂后，闻喜裴氏中的许多人投奔了宇文泰，例如：

裴诹之　东魏孝静帝迁邺后，诹之留在河南，"西魏领军独孤信入据金墉，以诹之为开府属，号为'洛阳遗彦'。……遂随西师入关"②。高欢闻知大怒，囚其兄弟裴让之等，后因让之申辩得力才被获释。事见《北齐书》卷35《裴让之传》："第二弟诹之奔关右，兄弟五人皆拘系。神武问曰：'诹之何在？'答曰：'昔吴、蜀二国，诸葛兄弟各得遂心，况让之老母在，君臣分定，失忠与孝，愚夫不为。伏愿明公以诚信待物，若以不信处物，物亦安能自信？以此定霸，犹却行而求道耳。'神武善其言，兄弟俱释。"

裴子袖　北魏大臣裴延儁族兄聿之子，亦投关西，见《北史》卷38《裴延儁附族兄聿传》。

裴宽、裴汉、裴尼　《周书》卷34《裴宽传》载："裴宽字长宽，河东闻喜人也。祖德欢，魏中书郎、河内郡守。父静虑，银青光禄大夫，赠汾州刺史。"高欢领兵进逼洛阳，魏孝武帝入关之际，裴宽与诸弟商议投奔西魏。前引《周书》本传曰：

> 及孝武西迁，宽谓其诸弟曰："权臣擅命，乘舆播越，战争方始，当何所依？"诸弟咸不能对。宽曰："君臣逆顺，大义昭然。今天子西幸，理无东面，以亏臣节。"乃将家属避难于大石岩。独孤信镇洛阳，始出见焉。

---

① 《魏书》卷45《裴骏传》："会世祖亲讨盖吴，引见骏，骏陈叙事宜，甚会机理。世祖大悦，顾谓崔浩曰：'裴骏有当世才具，且忠义可嘉。'补中书博士。浩亦深器骏，目为三河领袖。"

《周书》卷34《裴宽传》："……因伤被擒。至河阴，见齐文襄。宽举止详雅，善于占对，文襄甚赏异之。谓宽曰：'卿三河冠盖，材识如此，我必使卿富贵。关中贫狭，何足可依，勿怀异图也。'"

② 《北齐书》卷35《裴让之附弟诹之传》。

裴宽在大统五年授都督、同轨防长史，加征虏将军。大统十四年，他与东魏大将彭乐作战被俘，齐文襄帝为了劝降，"因解镣付馆，厚加其礼"。裴宽在夜晚将卧毡裁碎作绳索，缒城而下，逃归关中，深受宇文泰褒奖，他对群臣说："被坚执锐，或有其人，疾风劲草，岁寒方验。裴长宽为高澄如此厚遇，乃能冒死归我。虽古之竹帛所载，何以加之！"①遂重加封赏，为孔城防主，迁河南郡守。保定元年，出为沔州刺史，与陈朝作战被俘，卒于江南。

其弟裴汉、裴尼随之入关，亦任要职。裴汉"大统五年，除大丞相府士曹行参军，补墨曹参军。……（天和）五年，加车骑大将军，仪同三司"。裴尼"六官建，拜御正下大夫"②。

裴鸿 为裴宽族弟，"少恭谨，有干略，历官内外。孝闵帝践阼，拜辅城公司马，加仪同三司。为晋公护雍州治中，累迁御正中大夫，进位开府仪同三司，转民部中大夫。保定末，出为中州刺史、九曲城主。镇守边鄙，甚有扞御之能。……天和初，拜郢州刺史，转襄州总管府长史，赐爵高邑县侯"。③

裴侠 字嵩和，父欣，任魏昌乐王府司马、西河郡守。裴侠在北魏孝庄帝时任轻车将军、东郡太守。后随魏孝武帝入关，除丞相府士曹参军。大统三年，裴侠"领乡兵从战沙苑，先锋陷阵"④，作战英勇以功进爵为侯。王思政镇玉壁，以裴侠为长史。高欢围攻玉壁，以书招降，王思政命裴侠起草回信，言辞壮烈。宇文泰读后称赞说："虽鲁连无以加也。"后除河北郡守等职。

裴果 字戎昭，"祖思贤，魏青州刺史。父遵，齐州刺史"。北魏末至东魏初年任河北郡守，沙苑之战后率宗族乡党归顺西魏，受到宇文泰嘉奖，颁赐田宅、奴婢、牛马、衣服、什物等。后为西魏勇将，屡立战功。《周书》卷36

①《周书》卷34《裴宽传》。
②《周书》卷34《裴宽附汉、尼传》。
③《周书》卷34《裴宽附鸿传》。
④《周书》卷35《裴侠传》。

《裴果传》载：

> 从战河桥，解玉壁围。并摧锋奋击，所向披靡。大统九年，又从战邙山，于太祖前挺身陷阵，生擒东魏都督贺娄乌兰。勇冠当时，人莫不叹服。以此太祖愈亲待之，补帐内都督，迁平东将军。后从开府杨忠平随郡、安陆，以功加大都督，除正平郡守。正平，果本郡也。以威猛为政，百姓畏之，盗贼亦为之屏息。

裴邃、裴文举 裴邃之父裴秀业，曾任北魏中散大夫、天水郡守。裴邃亦被州里推举为官，"解褐散骑常侍、奉车都尉，累迁谏议大夫、司空从事中郎"①，后回归乡里。沙苑之战前夕，东魏入寇河东，占领正平（今山西新绛）。裴邃率领闻喜乡兵与之对抗，并设计夺取正平；西魏人马反袭至河东时，得到了裴邃的大力支援，他因此获得了宇文泰的嘉奖，被任命为正平郡守。《周书》卷37《裴文举传》曰："大统三年，东魏来寇，邃乃纠合乡人，分据险要以自固。时东魏以正平为东雍州，遣其将司马恭镇之。每遣间人，扇动百姓。邃密遣都督韩僧明入城，喻其将士，即有五百余人，许为内应。期日未至，恭知之，乃弃城夜走。因是东雍遂内属。及李弼略地东境，邃为之乡导，多所降下。太祖嘉之，特赏衣物，封澄城县子，邑三百户，进安东将军、银青光禄大夫，加散骑常侍、太尉府司马，除正平郡守。"

裴邃去世后，其子文举亦被任命官职，"大统十年，起家奉朝请，迁丞相府墨曹参军"②。后迁威烈将军、著作郎、中外府参军事，并承袭父爵。"世宗初，累迁帅都督、宁远将军、大都督。……保定三年，迁绛州刺史。"③。

---

①《周书》卷37《裴文举传》。

② 同上。

③ 同上。

2. 解县柳氏

据史籍所载，受到西魏重用的有柳庆、柳带韦、柳敏等人。其情况分述如下：

柳庆 字更兴，为解县大族。其五世祖柳恭，在后赵时曾出任河东郡守。其父柳僧习，在北魏时担任过北地、颍川两郡太守，扬州大中正；柳庆则除中坚将军。魏孝武帝西迁之前，曾任命柳庆为散骑侍郎，派他先行入关，和宇文泰联络。"庆至高平见太祖，共论时事。太祖即请奉迎舆驾，仍命庆先还复命。"①

柳庆回到洛阳，孝武帝却改变主张，欲迁往荆州，投奔军阀贺拔胜。柳庆力陈西迁之利，说道：

> 关中金城千里，天下之强国也。宇文泰忠诚奋发，朝廷之良臣也。以陛下之圣明，仗宇文泰之力用，进可以东向而制群雄，退可以闭关而固天府。此万全之计也。荆州地非要害，众又寡弱，外迫梁寇，内拒欢党，斯乃危亡是惧，宁足以固鸿基？以臣断之，未见其可。

结果，孝武帝采纳了他的意见。"及帝西迁，庆以母老不从。独孤信之镇洛阳，乃得入关。"②先后出任相府东阁祭酒、领记室，户曹参军，大行台郎中、领北华州长史，尚书都兵，雍州别驾，平南将军，大行台右丞、加抚军将军，民部尚书，骠骑大将军，开府仪同三司，尚书右仆射，左仆射，并由于受宠而被赐姓宇文氏。

柳带韦 字孝孙，柳庆兄子。随同其叔伯归顺西魏，被宇文泰任命为参军。"魏废帝元年，出为解县令。二年，加授骠骑将军、左光禄大夫。明年，转汾

---

① 《周书》卷22《柳庆传》。
② 同上。

阴令。发摘奸伏，百姓畏而怀之。"①后入朝任大都督，骠骑大将军、开府仪同三司。"凡居剧职，十有余年，处断无滞，官曹清肃。"②

柳敏　字白泽，西晋太常柳纯七世孙。父柳懿，北魏时车骑大将军、仪同三司、汾州刺史。柳敏少时好学不倦，博涉经史及阴阳卜筮之术，文武俱备，负有盛名。北魏末年曾出任地方官员（河东郡丞）。大统三年，西魏占领河东后，柳敏归顺，深得宇文泰的赏识。《周书》卷32《柳敏传》载："及文帝克复河东，见而器异之，乃谓之曰：'今日不喜得河东，喜得卿也。'"

柳敏被征拜为丞相府参军事。"俄转户曹参军，兼记室。每有四方宾客，恒令接之，爰及吉凶礼仪，亦令监综。又与苏绰等修撰新制，为朝廷政典。"③后又接连升迁，并统领本乡武装。"迁礼部郎中，封武城县子，加帅都督，领本乡兵。俄迁大都督。"④

西魏废帝元年（552），尉迟迥伐蜀，"以敏为行军司马，军中筹略，并以委之。益州平，进骠骑大将军、开府仪同三司，加侍中，迁尚书，赐姓宇文氏"。⑤孝闵帝即位后，柳敏进爵为公，又被任命为河东郡守。

3．汾阴薛氏

在西魏出任要职的有薛端、薛善、薛憕、薛寘等人。

薛端　字仁直，本名沙陀，后因"性强直，每有奏请，不避权贵。太祖嘉之，故赐名端，欲令名质相副"⑥。薛端为北魏雍州刺史、汾阴侯薛辨之六世孙，世代为河东大姓。高祖薛谨曾任泰州刺史、内都坐大官、涪陵公。曾祖薛洪隆曾任河东太守。北魏末年，司空高乾征辟薛端为参军，赐爵汾阴县男。后来他看到天下大乱，居朝无所作为，且有性命之忧，便辞官返回乡里。西魏建

---

① 《周书》卷22《柳庆传》。
② 同上。
③ 《周书》卷32《柳敏传》。
④ 同上。
⑤ 同上。
⑥ 《周书》卷35《薛端传》。

国后，宇文泰命大都督薛崇礼镇守龙门杨氏壁，薛端随同前往。后杨氏壁被围，薛崇礼投降东魏，薛端不从，率领宗族、家僮逃入石城栅固守，并设计收复杨氏壁，得到宇文泰的赏识和提拔，成为他身边的一员勇将。"从擒窦泰，复弘农，战沙苑，并有功"①，升为吏部尚书，赐姓宇文氏。"六官建，拜军司马，加侍中、骠骑大将军、开府仪同三司，进爵为侯。"②

薛善 字仲良，祖父薛瑚，曾任北魏河东郡守。父薛和，任南青州刺史。薛善在北魏末年任司空府参军事，迁倪城郡守，转盐池都将。魏孝武帝西迁后，东魏控制河东，任命薛善为泰州别驾。沙苑之战后，高欢败归晋阳，留薛善族兄薛崇礼守河东，被西魏大将围困。薛善见形势不利，劝崇礼投降未果，遂与亲属、门生开城归顺。"太祖嘉之，以善为汾阴令。善干用强明，一郡称最。太守王罴美之，令善兼督六县事。"③后被提拔为行台郎中，黄门侍郎，又出任河东郡守，进骠骑大将军、开府仪同三司，赐姓宇文氏。

薛善之弟薛慎亦出任丞相府墨曹参军，负责讲学进修事务。《周书》卷35《薛善附慎传》载："太祖于行台省置学，取丞郎及府佐德行明敏者充生。悉令旦理公务，晚就讲习，先《六经》，后子史。……又以慎为学师，以知诸生课业。"

薛憕 字景猷，北魏普泰年间拜给事中，加伏波将军。高欢拥众干政后，薛憕与族人西入关中。《周书》卷38《薛憕传》曰：

> 及齐神武起兵，憕乃东游陈、梁间，谓族人孝通曰："高欢阻兵陵上，丧乱方始。关中形胜之地，必有霸王居之。"乃与孝通俱游长安。

后被宇文泰任命为记室参军，征虏将军、中散大夫，"魏文帝即位，拜中书侍

---

① 《周书》卷35《薛端传》。
② 同上。
③ 《周书》卷35《薛善传》。

郎，加安东将军"。并参与制订朝廷仪制。

薛寘　祖父薛遵彦，北魏时担任过平远将军、河东郡守、安邑侯。父义曾任尚书吏部郎，清河、广平二郡太守。薛寘曾为州主簿、郡功曹，又入朝为官，"稍迁左将军、太中大夫"①。后随魏孝武帝入关，封阳县子，中军将军。后迁中书令、车骑大将军、仪同三司。

（二）关陇大族

另外，西魏（北周）政权还委派了一些关陇大族人士，来担任河东地区的军政要职。例如：

1. 杜陵韦氏

关中著名大姓。柳芳在论述南北朝族姓时曾说："过江则为侨姓，王、谢、袁、萧为大；东南则为吴姓，朱、张、顾、陆为大；山东则为郡姓，王、崔、卢、李、郑为大；关中亦号郡姓，韦、裴、柳、薛、杨、杜首之。"②杜陵韦氏在河东任要职者有：

韦孝宽　《周书》卷31《韦孝宽传》曰："韦叔裕字孝宽，京兆杜陵人也，少以字行，世为三辅著姓。"跟随宇文泰帐下，屡立战功。"文帝自原州赴雍州，命孝宽随军。及克潼关，即授弘农郡守。从擒窦泰，兼左丞，节度宜阳兵马事。仍与独孤信入洛阳城守。复与宇文贵、怡峰应接颍州义徒，破东魏将任祥、尧雄于颍川。孝宽又进平乐口，下豫州，获刺史冯邕。又从战于河桥。"大统八年（542）转为晋州刺史，镇守河东要塞玉壁，曾抗击高欢大军围攻，坚守六句。

韦瑱　"字世珍，京兆杜陵人也，世为三辅著姓。"③跟随宇文泰克复弘农，并参加了沙苑、河桥之战。大统八年，高欢入侵河东，兵围玉壁，韦瑱随

①《周书》卷38《薛寘传》。
②《新唐书》卷199《儒学传中》。
③《周书》卷39《韦瑱传》。

从宇文泰前往救援。"军还,令瑱以本官镇蒲津关,带中潬城主。寻除蒲州总管府长史。"①其子韦师,在北周时出任蒲州总管府中郎,行河东郡事。

2. 华阴杨氏

杨敷 字文衍,大统元年(535)拜奉车都尉,后任帅都督、平东将军,"天和六年,出为汾州诸军事、汾州刺史,进爵为公"②。

3. 京兆王氏

王罴 "字熊罴,京兆霸城人,汉河南尹王遵之后,世为州郡著姓。"③曾被宇文泰任命为大都督、华州刺史,数次挫败东魏军队的进攻。后调任河东太守,镇守该地。大统七年(541),卒于镇。

4. 安定梁氏

梁昕 "字元明,安定乌氏人,世为关中著姓。"④宇文泰迎魏孝武帝入关时,"昕以三辅望族上谒,太祖见昕容貌瑰伟,深赏异之。即授右府长流参军。……从复弘农,战沙苑,皆有功"⑤。后曾出任邵州刺史。

5. 陇西李氏

李远 字万岁,曾从宇文泰征窦泰,克复弘农,参加沙苑、河桥战役,并有殊勋。大统三年十月,西魏占领河东后,任命他为该郡太守。《周书》卷25《李贤附弟远传》载:"时河东初复,民情未安,太祖谓远曰:'河东国之要镇,非卿无以抚之。'乃授河东郡守。"

6. 陇西辛氏

辛庆之 "字庆之,陇西狄道人也,世为陇右著姓。"⑥大统初年被任为车骑将军,后迁卫大将军、行台左丞。西魏进占河东后,委任他镇守盐池,屡立

①《周书》卷39《韦瑱传》。

②《周书》卷34《杨敷传》。

③《周书》卷18《王罴传》。

④《周书》卷39《梁昕传》。

⑤同上。

⑥《周书》卷39《辛庆之传》。

战功，后曾代行河东太守事务。见《周书》卷39《辛庆之传》：

> 时初复河东，以本官兼盐池都将。四年，东魏攻正平郡，陷之，遂
> 欲经略盐池，庆之守御有备，乃引军退。河桥之役，大军不利，河北守
> 令弃城走，庆之独因盐池，抗拒强敌。时论称其仁勇。六年，行河东郡
> 事。九年，入为丞相府右长史。兼给事黄门侍郎，除度支尚书。复行河
> 东郡事。

这些人既是西魏政权的统治基础，与宇文氏有着共同利益；他们的亲族又远在
后方，可以被利用作为人质，如有叛降，即会被杀，使其难有二心。由于家属
会受株连，在河东出任军政长官的关陇人士多为忠心不二、宁死不降者，如韦
孝宽以玉壁孤城抗高欢大军，坚守数月，面对劝降慷慨陈词："孝宽关西男子，
必不为降将军也！"高欢将其侄韦迁"锁至城下，临以白刃，云若不早降，便
行大戮。孝宽慷慨激扬，略无顾意"①。

又杨敷困守汾州，粮尽援绝，仍不肯降敌，"敷殊死战，矢尽，为孝先所
擒。齐人方欲任用之，敷不为之屈，遂以忧惧卒于邺"②。

即使有个别降敌者，其亲属也会受到严惩，使他人心怀怵惧，不敢效仿。
例如，宇文泰曾任命关中豪族韦子粲为南汾州刺史，镇守汾北前线。后来东魏
进攻该地，韦子粲投降，宇文泰即诛灭其族。事见《资治通鉴》卷158梁大同
四年（538）二月，"东魏大都督善无贺拔仁攻魏南汾州，刺史韦子粲降之，丞
相泰灭子粲之族"。《北齐书》卷27《韦子粲传》亦曰："初，子粲兄弟十三
人，子侄亲属，阖门百口悉在西魏。以子粲陷城不能死难，多致诛灭，归国获
存，唯与弟道谐二人而已。"其弟韦子爽逃亡隐匿，后至大赦时出首，仍被处

---

① 《周书》卷31《韦孝宽传》。
② 《周书》卷34《杨敷传》。

以死刑。①

二 发展经济、缓和边界局势

宇文泰占领河东后，对当地的吏治非常重视，多次派遣贤臣循吏出任郡县守令，安抚民众，劝课农桑，修习战备，很快就使那里社会秩序安定，经济形势好转，并且增强了防御力量。

《周书》卷25《李贤附弟远传》：

> 时河东初复，民情未安，太祖谓远曰："河东国之要镇，非卿无以抚之。"乃授河东郡守。远敦奖风俗，劝课农桑，肃遏奸非，兼修守御之备。曾未期月，百姓怀之。太祖嘉焉，降书劳问。

《周书》卷37《张轨传》：

> （大统）六年，出为河北郡守。在郡三年，声绩甚著。临人治术，有循吏之美。大统间，宰人者多推尚之。……轨性清素，临终之日，家无余财，唯有素书数百卷。

《周书》卷35《裴侠传》：

> 裴侠字嵩和，河东解人也。……除河北郡守。侠躬履俭素，爱民如子，所食唯菽麦盐菜而已。吏民莫不怀之。……去职之日，一无所取。民歌之曰："肥鲜不食，丁庸不取，裴公贞惠，为世规矩。"侠尝与诸牧

---

① 《周书》卷34《裴宽传》："时汾州刺史韦子粲降于东魏，子粲兄弟在关中者，咸已从坐。其季弟子爽先在洛，窘急，乃投宽。宽开怀纳之。遇有大赦，或传子爽合免，因尔遂出。子爽卒以伏法。"

守俱谒太祖。太祖命侠别立，谓诸牧守曰："裴侠清慎奉公，为天下之最，今众中有如侠者，可与之俱立。"众皆默然，无敢应者。大祖乃厚赐侠。朝野叹服，号为独立君。

《周书》卷29《王雅传》：

> 世宗初，除汾州刺史。励精为治，人庶悦而附之，自远至者七百余家。保定初，更为夏州刺史，卒于州。

另一方面，由于西魏政权刚刚占领河东，统治尚未稳固，国力又略显弱势。如果和东魏（北齐）的边界关系保持着紧张状态，频频发生武装冲突，一来消耗财物和人力，二来妨碍生产与社会的安定，不利于当地的建设与发展。因此，河东守境的地方长官往往采取友好态度，多次放回俘获的东魏人士，以求缓和两国的关系，保持边境的和平。如《周书》卷27《宇文测传》载：

> （大统）六年，坐事免。寻除使持节、骠骑大将军、开府仪同三司、大都督、行汾州事。测政存简惠，颇得民和。地接东魏，数相钞窃，或有获其为寇者，多缚送之。测皆命解缚，置之宾馆，然后引与相见，如客礼焉。仍设酒肴宴劳，放还其国，并给粮饩，卫送出境。自是东魏人大惭，乃不为寇。汾、晋之间，各安其业。两界之民，遂通庆吊，不复为仇雠矣。时论称之，方于羊叔子。

有人诬告宇文测交通敌国，心怀不轨。"太祖怒曰：'测为我安边，吾知其无贰志，何为间我骨肉，生此贝锦。'乃命斩之。仍许测以便宜从事。"

这项政策至北周统治时期仍在奉行，并且常常取得成效，使边界上的冲突大大减少。如《周书》卷31《韦孝宽传》载其出任勋州刺史时，"又有汾州胡抄得关东人，孝宽复放东还，并致书一牍，具陈朝廷欲敦邻好"。又见《周书》卷37《韩褒传》：

> （保定）三年，出为汾州刺史。州界北接太原，当千里径。先是齐寇数入，民废耕桑，前后刺史，莫能防扦。褒至，适会寇来，褒乃不下属县。人既不及设备，以故多被抄掠。齐人喜相谓曰："汾州不觉吾至，先未集兵。今者之还，必莫能追蹑我矣。"由是益懈，不为营垒。褒已先勒精锐，伏北山中，分据险阻，邀其归路。乘其众怠，纵伏击之，尽获其众。故事，获生口者，并囚送京师。褒因是奏曰："所获贼众，不足为多。俘而辱之，但益其忿耳。请一切放还，以德报怨。"有诏许焉。自此抄兵颇息。

不过，东魏、北齐方面虽然会有所回应，减少边境的抄掠，却不肯放回被俘的对方人众，这使宇文氏政权耿耿于怀，后来遂成为出师伐齐的一个借口。如《周书》卷6《武帝纪下》载建德四年七月丁丑诏书陈述伐齐理由时曾说："往者军下宜阳，衅由彼始；兵兴汾曲，事非我先。此获俘囚，礼送相继；彼所拘执，曾无一反。"

三 收缩防区、确立卫戍重点

沙苑之战失败后，高欢仓皇逃归晋阳，放弃了许多城池，使西魏得以在河东、汾北、河南大肆扩张领土。但是如前所述，东魏的国力毕竟略胜一筹，在稍事休整以后，随即开始了反攻。大统四年（538）初，高欢遣尉景、莫多娄贷文先后攻克南汾州（治定阳，今山西吉县）、东雍州（治正平，今山西新绛东北）①，河桥之战失利后，西魏又丢弃了洛阳、颍川等地。宇文泰在河东地区投入的防御兵力并不是很多，在相当程度上要依靠当地土豪大族的武装组

---

① 《北史》卷69《杨㧑传》；《北齐书》卷19《莫多娄贷文传》。

织；在敌强我弱的形势下，他采取了收缩兵力，放弃某些边境地段的做法，以便使河东的防务更加巩固。这方面部署的变更主要表现在该地区与敌国接壤的东部、北部两个战略方向。

1. 东部放弃建州，退至邵郡

宇文泰占领河东后，曾派遣杨㯊招募当地义兵，自筹粮饷东伐，一度扩展到建州（治高都，今山西晋城东北）。《周书》卷34《杨㯊传》："太祖以㯊有谋略，堪委边任，乃表行建州事。时建州远在敌境三百余里，然㯊威恩凤著，所经之处，多并赢粮附之。比至建州，众已一万。东魏刺史车折于洛出兵逆战，㯊击败之。又破其行台斛律俱步骑二万于州西，大获甲仗及军资，以给义士。由是威名大振。"

建州与河东的联络有两条路线，一是北道，由正平东去汾曲，经浍河上游的曲沃、翼城过中条山尾，横渡沁河后抵达高平。二是南道，由邵郡（治阳胡城，今山西垣曲县东南古城镇）东越王屋山，过齐子岭、轵关到河内，再北逾太行山麓至建州。这两条路线都很艰险。杨㯊占领该地后，孤军深入东魏境内，由于道路崎岖险阻，后方的粮草援兵难以接济。东魏攻陷正平、南绛郡后，建州与河东联络的北道已被隔断，高欢又派遣兵将前去增援。杨㯊之师孤悬于境外，危在旦夕，故施计蒙蔽敌人，退军而至邵郡，将齐子岭一带的险要路段抛为弃地，用作阻碍敌军的屏障。事见《周书》卷34《杨㯊传》：

> 东魏遣太保侯（尉）景攻陷正平，复遣行台薛循义率兵与斛律俱相会，于是敌众渐盛。㯊以孤军无援，且腹背受敌。谋欲拔还。恐义徒背叛，遂伪为太祖书，遣人若从外送来者，云已遣军四道赴援。因令人漏泄，使所在知之。又分土人义首，令领所部四出抄掠，拟供军费。㯊分遣讫，遂于夜中拔还邵郡。朝廷嘉其权以全军，即授建州刺史。

这样一来，就通过收缩兵力缩短了补给路线，并增加了敌人进攻的难度，从而显著改善了河东东部的防御态势。

2. 北部让出东雍州，建立玉壁要塞

在沙苑之战前后的数年内，西魏与东魏曾反复争夺位于战略要地汾曲的枢纽地点——东雍州，即正平（今山西新绛），该地曾经三次易手。《周书》卷34《杨檦传》载大统三年克邵郡后："于是遣谍人诱说东魏城堡，旬月之间，正平、河北、南汾、二绛、建州、太宁等城，并有请为内应者，大军因攻而拔之。以檦行正平郡事，左丞如故。齐神武败于沙苑，其将韩轨、潘洛、可朱浑元等为殿，檦分兵要截，杀伤甚众。东雍州刺史马恭惧檦威声，弃城遁走。檦遂移据东雍州。……（邙山之战前）东魏遣太保侯景攻陷正平。……时东魏以正平为东雍州，遣薛荣祖镇之。檦将谋取之，乃先遣奇兵，急攻汾桥。荣祖果尽出城中战士，于汾桥拒守。其夜，檦率步骑二千，从他道济，遂袭克之。进骠骑将军。既而劢郡民以郡东叛，郡守郭武安脱身走免。檦又率兵攻而复之。转正平郡守。又击破东魏南绛郡，虏其郡守屈僧珍。"

大统四年（538）河桥之战以后，西魏丧失了崤函以东的伊洛平原，在战略态势上处于被动地位，河东也面临着来自晋阳—平阳方向敌军优势兵力的严重威胁。有识之士王思政提出建议，将河东北部边境防御重心要塞移至正平以西、汾水之南的玉壁（今山西稷山县西南），不再和敌方力争汾北的东雍州。见《资治通鉴》卷158梁武帝大同四年："东道行台王思政以玉壁险要，请筑城自恒农徙镇之，诏加都督汾、晋、并州诸军事、并州刺史，行台如故。"

此后，正平基本上归属东魏，高欢两次率大军南下攻打玉壁，均顺利来往于汾曲，未遇到阻碍。直至北齐之世，正平仍为高氏占领，并在其西设武平关，其南设家雀关。《通典》卷179《州郡九·古冀州下·绛郡正平县》："有汾、浍二水，有高齐故武平关，在今县西三十里；故家雀关，在县南七里；并是镇处。"《周书》卷37《裴文举传》："保定三年，迁绛州刺史。……初，文举叔父季和为曲沃令，卒于闻喜川，而叔母韦氏卒于正平县。属东西分割，韦氏坟垄在齐境。及文举在本州，每加赏募。齐人感其孝义，潜相要结，以韦氏枢西归，竟得合葬。"

西魏为什么要放弃正平，选择玉壁作为河东北部的防御重心呢？这和两地的地理位置、作战环境以及东魏的进攻路线有关。高欢出兵河东之途径，是率大军自晋阳、晋州（今山西临汾）南下，至汾曲（今山西曲沃、侯马）有二道：

一是闻喜（桐乡）路 即由汾曲直接南下，经闻喜隘口穿过峨嵋台地到达涑水上游，顺流进入河东腹地。这条路线沿途地形复杂，隘口道路崎岖狭窄，兵力不易展开和机动，粮草运输困难，又容易受到阻击，附近的豪强势力也持敌对态度。大统三年（537）东魏占领正平后，曾南下试探，结果遭到闻喜大姓裴邃等地方武装的抵抗，最终连正平郡城也被迫丢弃了。《周书》卷37《裴文举传》："河东闻喜人也。……大统三年，东魏来寇，（父）邃乃纠合乡人，分据险要以自固。时东魏以正平为东雍州，遣其将司马恭镇之。每遣间人，扇动百姓。邃密遣都督韩僧明入城，喻其将士，即有五百余人，许为内应。期日未至，恭知之，乃弃城夜走。因是东雍遂内属。及李弼略地东境，邃为之乡导，多所降下。"

鉴于上述种种不利因素，因此，这条道路并不是东魏进攻河东的主要途径。

二是龙门、汾阴路 自汾曲沿汾水北岸西行，过正平、高凉（今山西稷山）到达龙门，然后再渡过汾水，沿黄河东岸南下，经汾阴进入运城盆地。选择这条路线有两点好处。

其一，道路易行。正平到龙门的陆路较为平坦，能够避开峨嵋台地的障碍，行进方便。如北魏孝文帝太和二十一年（497）由平城南巡，至河东蒲坂而赴关中，即未走闻喜路，而选择了比较舒适便利的龙门、汾阴路①。另外，大军由此道西征，还可以与船队同行，水陆并进，便于给养的运输。

其二，通达性强。对于东魏来说，进攻河东的目的是为了将军队投入到关中平原。而进兵龙门能够从两个方向给西魏造成威胁，即或在龙门西渡黄河至夏阳（今陕西韩城），进入渭北平原；或南下汾阴、蒲坂，自蒲津西渡黄河而进入关中。使用这条路线，敌人不易判断攻方的真实意图，如果分兵在夏阳、蒲津镇守，就会削弱防御力量，有利于攻方的作战。所以高欢在玉壁之战前两次西征，走的都是这条道路。《周书》卷2《文帝纪下》："（大统）三年春正月，东魏寇龙门，屯军蒲坂，造三道浮桥度河。又遣其将窦泰趣潼关，高敖曹围洛州。……（八月，宇文泰取崤陕、河北后）齐神武惧，率众十万出壶口，趋蒲坂，将自后土济。"《资治通鉴》卷157梁大同三年（537）闰月，"东魏丞相欢将兵二十万自壶口趣蒲津，……自蒲津济河。"胡注："《班志》：'壶口山在河东郡北屈县东南。'北屈，后魏改为禽昌县，属平阳郡；隋改平昌为襄陵县。"

正平处于涑水道、汾水道的交叉路口，地理位置固然重要，但是距离东魏的重镇晋州太近，西魏的国势又相对较弱，难以在此长期据守。另一方面，正平地处汾水北岸，与后方有河流相隔，防御时背水作战，和后方的联系易被截断，故为兵家所忌。这些都是西魏放弃该地的重要原因。

玉壁城的位置在高凉（今山西稷山县）西南十二里峨嵋坡上，临近汾河南岸渡口。见《元和郡县图志》卷12《河东道一·河中府·绛州稷山县》："玉壁故城，在县南十二里。后魏文帝大统四年，东道行台王思政表筑玉壁城，因自镇之。"又见《读史方舆纪要》卷41《山西三·平阳府·稷山县》："玉壁城，县西南十三里，西魏大统四年东道行台王思政以玉壁险要，请筑城，自恒

---

① 《魏书》卷7《高祖纪下》太和二十一年三月："乙未，车驾南巡。……丙辰，车驾幸平阳，遣使者以太牢祭唐尧。夏四月庚申，幸龙门，遣使者以太牢祭夏禹。癸亥，行幸蒲坂，遣使者以太牢祭虞舜。戊辰，诏修尧、舜、夏禹庙。辛未，行幸长安。"

农徙镇之。宇文泰从之，因以思政为并州刺史，镇玉壁。"

西魏在此处建立城垒，作为南汾州及勋州治所。北周又于此地设玉壁总管府，作为河东北部防御的重心和支撑点，这是由于以下原因决定的：

作战环境有利。玉壁城前临汾河，可以作为天然堑壕，对敌军的来攻产生阻滞作用。背依峨嵋岭，地势高峻。《元和郡县图志》卷12《河东道一·河中府·绛州稷山县》"玉壁故城"条曰："城周回八十［'十'字衍］里，四面并临深谷。"据今日考察，玉壁城遗址在现稷山县城西南5公里柳沟坡上白家庄村西，"其东、西、北三面皆为深沟巨壑，地势突兀，险峻天成"[1]。于此地修筑城堡，增加了敌人仰攻的难度。

阻遏敌人入侵。玉壁原为汾河下游的一处渡口，北魏时曾在此设置关卡[2]。由此地渡河后南行，有穿越峨嵋台地的隘路，可以通往汾阴（今山西万荣），到达运城盆地的北部。在玉壁筑城设防，能够阻断这条进入盆地的通道，保护河东腹地的安全。

威胁对方的补给路线。前文已述，东魏进攻河东时主要走龙门、汾阴路，由正平、高凉西至龙门，在汾水北岸行进。南岸玉壁城的守军约有八千人，不足以渡河去阻挡高欢的大兵，但是在敌军主力通过后，却可以分头出动，封锁道路，断绝其后方运输的给养。即使东魏在高凉留下一些部队戍守，也难以杜绝对方在龙门道上的骚扰破坏，会给前线的大军行动带来许多麻烦。

综上所述，玉壁具有军事上的重要价值，故宇文泰接受了王思政的建议，在该地设立要塞，部署精兵良将，使其成为东魏西征路上的严重障碍。大统八年（542）、十二年（546），高欢两次率倾国之师攻打玉壁，均铩羽于锐卒坚城之前，惨败而归。尤其是后一次，"顿军五旬，城不拔，死者七万人"[3]，致

---

① 《稷山县志》，新华出版社1994年版，第497页。

② 《读史方舆纪要》卷41《山西三·平阳府·稷山县》"汾水"条：《志》云：今县西南十二里有玉壁渡，元魏时于汾水北置关，后为渡。其南又有景村渡，后徙而西北为李村渡。夏秋以舟，冬为木桥以济。"

③ 《北齐书》卷2《神武纪下》武定四年。

使高欢"智力俱困，因而发疾"①，还师晋阳后二月即死去了。

四 设置中潬城、蒲津关城与重建浮桥

（一）中潬城之立

"潬"的本义是指江河中流沉积而成的沙洲，见《尔雅·释水篇》："潬，沙出。"蒲津渡口两岸中间的沙洲，是连接黄河东西两段浮桥的地方，可谓交通枢要。高欢在天平元年（534）追击魏孝武帝至潼关后，自风陵北渡河东，又筑城于蒲津西岸，中潬也在其控制之下。见《资治通鉴》卷156梁武帝中大通六年九月，"（高）欢退屯河东，使行台长史薛瑜守潼关，大都督厍狄温守封陵，筑城于蒲津西岸，以薛绍宗为华州刺史，使守之"。

大统三年（537）十月，西魏在沙苑之战大胜之后，兵进河东，并在蒲津沙洲上建立了城垒，名为"中潬城"，留置兵将守备，借以保护浮桥，增强津渡的防御力量。《周书》卷39《韦瑱传》载：

> 大统八年，齐神武侵汾、绛，瑱从太祖御之。军还，令瑱以本官镇蒲津关，带中潬城主。

此前蒲津的中潬城不见记载，史籍仅有高欢在蒲津西岸筑城的记录，因此可以认为它是在大统三年（537）西魏占领河东以后至八年（542）宇文泰增援玉壁还军期间设置的。

（二）重建浮桥与筑蒲津关城

《通典》卷179《州郡九·古冀州下》河东郡河东县条曰："汉蒲坂县，春秋秦晋战于河曲，即其地也。有蒲津关，西魏大统四年造浮桥，九年筑城为

---

① 《周书》卷31《韦孝宽传》。

防。"前文已述，据《左传》昭公元年（前541）记载，蒲津浮桥早在春秋时期就已修筑。《史记》卷5《秦本纪》亦载昭王五十年（前257）"初作河桥"。张守节《史记正义》注曰："此桥在同州临晋县东，渡河至蒲州，今蒲津桥也。"但浮桥既为绳索连系木船而成，不甚牢固，每年冬初或春初常有冰凌漂浮河面、顺流而下，屡屡发生将浮桥冲毁之事。《全唐文》卷226张说《蒲津桥赞》曰："域中有四渎，黄河是其长。河上有三桥，蒲津是其一。隔秦称塞，临晋名关，关西之要冲，河东之辐凑，必由是也。其旧制：横缅百丈，连舰十艘，辫修筏以维之，系围木以距之，亦云固矣。然每冬冰未合，春沍初解，流澌峥嵘，塞川而下，如砥如臼，……绠断航破，无岁不有。虽残渭南之竹，仆陇坻之松，败辄更之，罄不供费。……以为常矣。"

此外，历代爆发的战乱也常常使浮桥遭到破坏。西魏大统初年，蒲津舟桥已经荡然无存，故《周书》卷2《文帝纪下》载大统三年（537）正月，东魏高欢下河东，"屯军蒲坂，造三道浮桥度河"；后来他撤兵时又将浮桥拆毁。西魏在当年十月沙苑之战胜利后进军占据泰州，为了巩固当地的防务，便于从关中根据地向河东运送兵员给养，所以在次年重新建造了浮桥。

再者，泰州州城暨河东郡治所在的蒲坂县城，距离渡口还有数里之遥，可见《太平寰宇记》卷46《河东道七·蒲州河东县》。浮桥东端的蒲津关原有城池保护。大统八年（542）东魏出动大军进攻玉壁之后，河东的军事形势日趋紧张，出于增强浮桥防务的目的，宇文泰下令复在蒲津关筑城为防。据前引《周书》卷39《韦瑱传》所言，西魏的蒲津关守将兼任中潭城主，表明了朝廷对当地防御倍加重视。

五　在临近河东的华（同）州设立重镇

华州治武乡，故址在今陕西大荔县城关东。该地西南有洛水环绕，东临黄河，距蒲津渡口数十里，自古即为兵家重地。春秋初年，犬戎据此筑王城，称大荔国，后为秦所灭，改称临晋，为进军河东之前线要塞。两汉魏晋时期该地属冯翊郡，北魏孝文帝太和十一年（487）置华州，西魏仍之，至废帝三年（554）改称同州。见《魏书》卷106下《地形志下》载华州，"太和十一年分秦州之华山、澄城、白水置"。《隋书》卷29《地理志上》冯翊郡注："后魏置华州，西魏改曰同州。"

华（同）州是长安至河东的中途要镇，该地临近蒲津渡口，是控制这条交通路线的枢要。严耕望先生曾对此评论道：

> 同州当河中之冲途，为通太原之主线。李晟曰："河中抵京师三百里，同州制其冲。"是也。其行程：州东三十五里至朝邑县（今县），当置驿。县东三十步有古大荔国故王城，县西南二里有临晋故城，皆为自古用兵会盟之重地。
>
> 又东约三十里至大河，有蒲津，乃自古临晋、蒲坂之地，为河东、河北陆道西入关中之第一锁钥。故建长桥，置上关，皆以蒲津名。河之西岸分置河西（今平民县？）河东县（今永济），夹岸置关城。西关城在河西县东二里，东关城在河东县西二里。河之中渚置中潬城。河桥连锁三城，如河阳桥之制。……[1]

魏孝武帝入关后，高欢兵进崤陕、河东，又在蒲津西岸临河筑城，控制了黄河渡口，势逼华州。宇文泰率领西魏军队主力屯于长安附近，因为蒲津方向的威胁太大，故派遣老将王罴任大都督，镇守华州，并补修城池，以抵御东魏来犯之敌。《太平寰宇记》卷28《关西道四》曰："按《郡国记》云，同州所理城，即后魏永平三年刺史安定王元燮所筑。其东城，正光五年，刺史穆弼筑，西与大城通。其外城，大统元年，刺史王罴筑。"

河东归属东魏时，高欢数次调遣兵将由蒲津西渡，攻打华州，企图夺取这一要地，打开进军长安的门户。但是由于王罴的奋力防卫，均未能得逞。《北

---

[1] 严耕望：《唐代交通图考》第一卷，第99—100页。

史》卷62《王罴传》曰："尝修州城未毕，梯在城外。神武遣韩轨、司马子如从河东宵济袭罴，罴不觉。比晓，轨众已乘梯入城。罴尚卧未起，闻阁外汹汹有声，便袒身露髻徒跣，持一白棒，大呼而出，谓曰：'老罴当道卧，貆子那得过。'敌见，惊退。逐至东门，左右稍集，合战破之。轨遂投城遁走。文帝闻而壮之。"又载"沙苑之役，神武士马甚盛。文帝以华州冲要，遣使劳罴，令加守备。及神武至城下，谓罴曰：'何不早降？'罴乃大呼曰：'此城是王罴家，生死在此，欲死者来！'神武遂不敢攻。"《周书》卷2《文帝纪下》："（大统三年九月）齐神武遂度河，逼华州。刺史王罴严守。知不可攻，乃涉洛，军于许原西。"

沙苑战后，高欢败归晋阳，西魏乘势攻占了河东。为了巩固当地的防务，在敌人大兵压境时能够迅速地给予支援，宇文泰调整了兵力部署，留魏帝于京师长安，而以华州为别都、霸府，亲自率领诸将及军队主力移居该地①；并设立丞相府，处理军国政务。有急便领兵出征，事讫即还屯华州。《周书》卷2《文帝纪下》载大统三年十月沙苑战后："太祖进军蒲坂，略定汾绛。……四年春三月，太祖率诸将入朝。礼毕，还华州。"次年河桥之战失利后，宇文泰败归关中，镇压了赵青雀、于伏德、慕容思庆等人的叛乱，"关中于是乃定。魏主还长安，太祖复屯华州。"大统九年邙山战败后，"于是广募关陇豪右，以增军旅"。冬十月，"大阅于栎阳，还屯华州。"大统十四年夏五月，"太祖奉魏太子巡抚西境，……至蒲川，闻帝不豫，遂还。既至，帝疾已愈，于是还华州。"

如胡三省所言："宇文泰辅政多居同（华）州，以其地扼关、河之要，齐人或来侵轶，便于应接也。"②

西魏恭帝三年（556）九月乙亥，宇文泰在云阳病逝，世子宇文觉继位后，

---

① 温大雅：《大唐创业起居注》卷2："初，周齐战争之始，周太祖数往同州，侍从达官，隋（随）便各给田宅。景皇帝（李虎）与隋太祖（杨坚）并家于州治。隋太祖宅在州城东南，西临大路；景皇帝宅居州城西北，而面㳛水。东西相望，二里之间。……"

②《资治通鉴》卷166梁敬帝太平元年（556）九月丙子条注。

亦当即奔赴同州，掌管权力①。后来宇文护执掌朝政，都督中外诸军事，亦在同州晋国公第置府来发号施令，还设立了皇帝的别庙，并建有同州宫和长春宫两座宫殿。见《周书》卷11《晋荡公护传》："自太祖为丞相，立左右十二军，总属相府。太祖崩后，皆受护处分，凡所征发，非护书不行。护第屯兵禁卫，盛于宫阙。事无巨细，皆先断后闻。保定元年，以护为都督中外诸军事，令五府总于天官。……于是诏于同州晋国第，立德皇帝别庙，使护祭焉。"

王仲荦先生对此评论道："按宇文护执周政，亦以同州地扼关河之要，多居同州。北周诸帝又时巡幸，故同州置同州宫也。"②

而周武帝除掉宇文护后，也立即派遣齐国公宇文宪赴同州，"往护第，收兵符及诸簿书等"③。

西魏、北周的统治者还在同州附近开办屯田、兴修水利，大力发展农业，以壮大当地的经济力量。例如，《周书》卷35《薛善传》载宇文泰克河东后，"时欲广置屯田以供军费，乃除司农少卿，领同州夏阳县（今韩城、黄龙东南部）二十屯监。又于夏阳诸山置铁冶，复令善为冶监，每月役八千人，营造军器"。周武帝保定二年（562）正月，又于同州"开龙首渠，以广灌溉"④。使这里的生产事业得以发展。

在军事上，华州（同州）自此成为西魏、北周军队前往河东的出发基地。例如，高欢在大统八年（542）领兵攻打河东的前方要塞玉壁，宇文泰即是从此出兵增援，"冬十月，齐神武侵汾、绛，围玉壁。太祖出军蒲坂，将击之。军至皂荚，齐神武退"⑤。

<hr>

①《资治通鉴》卷166梁敬帝太平元年（556）九月乙亥，宇文泰卒于云阳。"丙子，世子觉嗣位，为太师、柱国、大冢宰，出镇同州。时年十五。"

②王仲荦：《北周地理志》上册，中华书局1980年版，第56页。以下引该书不再注明出处。

③《周书》卷12《齐炀王宪传》。

④《隋书》卷24《食货志》。

⑤《周书》卷2《文帝纪下》。

保定三年（563），北周派遣杨忠、达奚武自塞北、河东两路夹攻晋阳，也是周武帝亲临同州后由此发兵出行的。《周书》卷5《武帝纪上》曰："（保定三年九月）丙戌，幸同州。戊子，诏柱国杨忠率骑一万与突厥伐齐。……十有二月辛卯，至自同州。遣太保、郑国公达奚武率骑三万出平阳以应杨忠。"

天和五年（570），斛律光、段荣等进占汾北，执政宇文护亦率兵将由同州北上，至龙门渡河后实行反攻。参见《周书》卷12《齐炀王宪传》：

> 是岁，（斛律）明月又率大众于汾北筑城，西至龙门。晋公护谓宪曰："寇贼充斥，戎马交驰，遂使疆场之间，生民委弊。岂得坐观屠灭，而不思救之。汝谓计将安出？"曰："如宪所见，兄宜暂出同州，以为威势，宪请以精兵居前，随机攻取。非惟边境清宁，亦当别有克获。"护然之。
>
> 六年，乃遣宪率众二万，出自龙门。

周武帝亲政后，亦频频巡幸同州、蒲州等，并在河东举行军事演习，为大举伐齐作准备，直至最后出兵北攻晋阳，灭亡北齐，统一了北方。参见《周书》卷5、6《武帝纪》："（建德三年）九月庚申，幸同州。……（十月）甲寅，行幸蒲州。乙卯，曲赦蒲州见囚大辟以下。丙辰，行幸同州。……（四年三月）丙寅，至自同州。……（十月）甲午，行幸同州。……（十二月）庚午，至自同州。……五年春正月癸未，行幸同州。辛卯，行幸河东涑川，集关中、河东诸军校猎。甲午，还同州。……（三月）壬寅，至自同州。……夏四月乙卯，行幸同州。……五月壬辰，至自同州。……"十月东伐。

第六章

西魏、北周河东政区概述

　　宇文氏自大统三年（537）八月之后，在河东地区建立了统治，其范围大致上是东拒齐子岭，北以汾河、浍河、绛山为界，与东魏、北齐对抗；另外，它在汾北还曾占有定阳一隅之地，时得时丧。西魏、北周在河东的行政区域，可以划分为两大部分：一是泰（蒲）州。这是河东地区的主体，即今运城盆地，它土厚水深，有盐铁之饶，为河东地区经济、政治重心之所在。又西临黄河，北阻峨嵋台地，东、南两面为中条山脉所环绕，有天然屏障为其护卫。二是缘边州郡。西魏在泰州的北、东、南三面所设的龙门、高凉、正平、绛郡、邵郡、河北等郡，后改为勋州、绛州、邵州、虞州。这一地带北边自龙门上溯汾水，至汾浍之交、绛山折而向南，到王屋山南麓，再沿黄河北岸、中条山南麓的狭长河谷平原往西至风陵渡，呈马蹄形状将泰州拱卫起来。

　　由于两魏、周齐是割据混战之世，河东又属于边陲要地，宇文氏设置政区的指导思想，首先是考虑军事防御和国家的安全。因此，利用外围的山水丘陵来部署防务，保卫运城盆地，成为西魏、北周统治者的一贯政策。这一点，在他们的军事辖区划分上也能清楚地反映出来，即在河东分别设置了蒲州总管府和勋州总管府，前者统领盆地内部以及蒲津、潼关等邻近重镇的防务，后者则负责缘边州郡的武备事宜。

　　宇文氏占领河东后，随即建立了各级地方行政组织，遣官治理民政，部署防务。其诸州郡县的划分、命名，大体上继承了北魏时期的制度，仅做了少许调整。后来魏废帝、周明帝之世，改郡为州，又进行了较大的变动。关于西魏、北周河东各级行政区域的设立、沿革、改动迁徙情况，前人做过不少考证工作，著名的作品有：钱大昕的《廿二史考异》，杨守敬的《〈隋书·地理志〉考证》，尤其值得注意的是王仲荦先生的《北周地理志》。在二十四史中，《周书》无地理志，据《隋书·地理志》前序所言，北周静帝大象二年（580）时有州211、郡508、县1224，这是北周亡国前一年的州郡数目。王仲荦先生补著的《北周地理志》，以北周武帝宣政元年（578）、宣帝大象元年（579）为断限，共著录了北周的州215、郡552、县1056，与《隋书·地理志》所记的州郡数目相差无几。另外，1992年，山西人民出版社发行了张纪仲同志编写的《山西历史政区地理》一书，其中对两魏、周齐时代的河东诸州郡县情况亦有图表和简略的文字介绍，可以供读者参阅。笔者现汇集诸说，在这一章里对西魏、北周（平齐前）河东政区建置的演变与地位进行考述分析，凡涉及前贤与近世学者的研究成果，自在文中注明来源，以便读者查证。

一、泰州（蒲州）

西魏之泰州即北周之蒲州，《元和郡县图志》卷12《河东道一·河中府》曾叙述其历史沿革曰："《禹贡》冀州之域。按今州，本帝舜所都蒲坂也。春秋时，为魏、耿、杨、芮之地。《左传》曰：'晋献公灭魏以赐毕万。'服虔注曰：'魏在晋之蒲坂。'毕万之后，十代至文侯，列为诸侯，至惠王僭号称王，至王假为秦所灭，今州即秦河东郡地也。汉元年，项羽封魏豹为西魏王，王河东，都平阳。二年，豹降，从汉王在荥阳，请归侍亲疾，至则绝河津反为楚，尽有太原、上党地。九月，韩信虏豹，定魏地，置河东、上党、太原郡。文帝时，季布为河东守。文帝曰：'河东吾股肱郡，故特召君耳。'后魏太武帝于今州理置雍州，延和元年改雍州为秦〔泰〕州。周明帝改秦〔泰〕州为蒲州，因蒲坂以为名。……"

泰州（蒲州）下辖河东、北乡（汾阴）二郡，统治区域大致上包括今山西南部盐湖区、永济市及临猗、万荣二县。该州位处运城盆地的中心，土地平坦肥沃，易于垦殖，有涑水和姚暹渠穿过①，周武帝时又开凿了蒲州渠②，便于通航和水利灌溉，还有池盐之利。西陲的蒲坂（今山西永济西南）津渡则是涑水道、汾阴道两条干线汇集的终点，为联系关中、晋北和华北三大区域交通往来的水陆枢纽，具有极为重要的经济、军事价值。如顾祖禹在《读史方舆纪要》卷41中所言：

> （蒲）州控据关、河，山川要会。春秋时为秦、晋争衡之地。战国时魏不能保河东，三晋遂折而入于秦。汉以三河并属司隶，为畿辅重地。自古天下有事，争雄于河、山之会者，未有不以河东为噤喉者也。曹操曰："河东天下之要会。"晋永兴以后，刘渊据平阳，而蒲坂尚为晋守，关中得以息肩。及永嘉末，赵染以蒲坂降刘聪，而关中从此多故矣。晋亡关中，由于失蒲坂也。刘曜据关中，以蒲坂为重镇，其后苻、姚之徒，皆以重兵戍守，赫连氏因之。拓跋魏争关中，先夺其蒲坂；及赫连定复据长安，又急戍蒲坂以阨之，而夏不复振矣。孝昌末杨侃曰："河东治在蒲坂，西逼河湄，其封疆多在郡东"是也。西魏大统三年蒲坂来附，宇文泰遂进军蒲坂，略定汾、绛（汾谓今吉州），及东魏来争，未尝不藉蒲坂以挫其锋。

---

① 《读史方舆纪要》卷41《山西三·平阳府·蒲州》曰："涑水，在州东十里。有孟盟桥，其上流即绛水也，自绛县历闻喜、夏县、安邑、猗氏至临晋县界，合姚暹渠而西出流经此，又西南注于大河，俗名扬安涧。《水经注》：'涑水经雷首山北与蒲坂分山'是也。"

② 《隋书》卷24《食货志》："（周）武帝保定二年正月，初于蒲州开河渠，同州开龙首渠，以广溉灌。"《读史方舆纪要》卷41《山西三·平阳府·蒲州》"黄河"条曰："宇文周保定初，凿河渠于蒲州，盖导河入渠，以资灌溉。"

（一）北朝的"秦州"与"蒲州"

1. 北朝与唐代地志中的两"秦州"

在北朝及唐代的史籍与地志当中，往往提到北魏时期有两"秦州"并存的记载，一在陇西，一在晋南。《魏书》卷106下《地形志下》曰："秦州（注：治上封城），领郡三，县十二。天水郡，……略阳郡，……汉阳郡……"又同书同卷"秦州"（今中华书局本已改作"泰州"）条注："神䴥元年置雍州，延和元年改，太和中罢，天平初复，后陷。"领河东、北乡二郡。《隋书》卷29《地理志中》天水郡条注："旧秦州。后周置总管府，大业初府废。"同书卷30《地理志中》河东郡条注："后魏曰秦州，后周改曰蒲州。"《元和郡县图志》卷12《河东道一·河中府》曰："后魏太武帝于今州理置雍州，延和元年改雍州为秦州。周明帝改秦州为蒲州，因蒲坂以为名。"同书卷39《陇右道上》秦州条："（秦）始皇分天下为三十六郡，此为陇西地。汉武帝元鼎三年，分陇西置天水郡。……魏分陇右为秦州，因秦邑以为名，后省入雍州。"

由于当时朝廷对州郡重名者多加上方位（东南西北）以示区别，如东雍州、南汾州等，而上述史籍中所载之二"秦州"却没有这类附加的方位来表示，因此引起了后代学者的怀疑。清儒钱大昕在《廿二史考异》卷30中对此进行详细的考证，指出《魏书·地形志》中晋南之"秦州"，实际上是"泰州"，后人抄录史书时误写"泰"作"秦"，遂传讹至今。其考证如下：

> 此秦州不言治所，以《水经注》考之，盖治蒲坂也。考《志》中州名相同者，多加东西南北以别之。太和改洛为司，因以上洛为洛。天平以大梁为梁，其时南郑之梁已失。非同时有两洛州、两梁州也。惟光、义、谯、南郢系武定新附之州，沿萧梁旧名，未及更正，故有重复耳。独两秦州并置者六十余年，何以不议改易？且延和元年改雍州为秦州，其时赫连定甫平，秦州初入版图，岂有复置秦州之理？予积疑者数载。后读《食货志》称并、肆、汾、建、晋、泰、陕、东雍、南汾九州。《灵

征志》，天平四年，泰州井溢。太和二年，泰州献五色狗。《薛辩传》，赠都督冀定泰三州诸军事。《出帝纪》，泰州刺史万俟普拨。又《齐书·莫多娄贷文传》，仍为汾陕东雍晋泰五州大都督。《周书·薛端传》，高祖谨，泰州刺史。《侯植传》，父欣，泰州刺史。史言泰州者多矣，而《地形志》无之。乃悟蒲坂之秦州，当为泰州之讹，字形相涉，读史者不能是正，非一日矣。

他的观点后来得到了学术界的公认，如王仲荦先生所言："按自钱氏证《地形志》河东郡之秦州为泰州之讹，举世昭昭，遂不可易。"[1]

2. "泰州"或作"太州"

由于"泰"、"太"二字可以同音假借，而后者笔画简单，便于书写，"泰州"在古代碑刻和史书中有时也写作"太州"。《周故谯郡太守曹君之碑》曰："逢太祖皇帝亲总六戎，讨逆贼薛永宗、盖吴，驾幸太州。下诏乡俊，导以前驱。"《魏书》卷44《薛野猪传》："转太州刺史。"《北齐书》卷17《斛律金传》："元象中，周文帝复大举向河阳，高祖率众讨之，使金径往太州，为犄角之势。金到晋州，以军退不行。"《北齐书》卷20《薛修义传》："（天保）五年七月卒，时年七十七。赠晋太华三州诸军事、司空、晋州刺史。"《文馆词林》卷662《北齐文宣帝征长安诏》："贼帅宇文黑獭若敢率乌合之众东下，或由旧洛，或由太州，当亲统六军，决机两陈。"

另外，《资治通鉴》卷157梁武帝大同元年亦载东魏有"太州刺史韩轨"，胡三省注曰："按《韩轨传》为秦州刺史，又考魏收《志》，东魏置泰州刺史于河东，领河东、北乡二郡。史盖误以'秦'为'泰'，缘'泰'之误，又以'泰'为'太'。"王仲荦先生对此评论道："今据钱氏之说，则《通鉴》作'太'本不误，而《北齐书》作'秦'为误也。"[2]

---

① 王仲荦：《北周地理志》，第769页。

② 王仲荦：《北周地理志》，第770页。

3. 西魏都督泰州诸军事者

沙苑之战以后，史籍当中对"泰州"之称的使用发生了一些变化。如王仲荦先生所言，"又按西魏自大统三年取河东，以西魏相宇文泰之故，史遂不举泰州之名而代之以镇河东、镇蒲坂也"[①]。所谓"镇河东""镇蒲坂"者，即言其出任都督泰州诸军事、泰州刺史。史书记载有下列官员：

（1）杨腾　《北史》卷80《外戚杨腾传》："文帝即位，位开府仪同三司。出镇河东。薨。"

（2）王罴　《北史》卷62《王罴传》载其于孝武西迁后除华州刺史，沙苑之役，"神武不敢攻，后移镇河东"。河桥之战后，西魏军队败还关中，征拜王罴为雍州刺史。"未几，还镇河东"。后卒于官。

（3）元钦　《北史》卷5《魏文帝纪》载大统八年"冬十月，诏皇太子镇河东"。王仲荦评论道："按余人镇河东、镇蒲坂，或即为泰州刺史。皇太子以储贰之尊，镇河东，当无下兼刺史之理。盖时齐神武围玉壁，故令太子出镇河东以御之也。"[②]

（4）王盟　《周书》卷20《王盟传》载大统八年："东魏侵汾川，围玉壁。盟以左军大都督守蒲坂。"

（5）宇文护　《周书》卷11《晋荡公护传》："（大统）十五年，出镇河东，迁大将军。"

（6）杨忠　《周书》卷19《杨忠传》："孝闵帝践阼，入为小宗伯。齐人寇东境，忠出镇蒲坂。"

又《周书》卷36《司马裔传》载其于魏废帝二年（553）"以功赐爵龙门县子，行蒲州刺史"。而据《周书》卷4《明帝纪》所载，泰州之称于明帝二年（557）才被取消，代以"蒲州"之名。王仲荦先生认为《司马裔传》所言有误，"盖庾信《周司马裔神道碑》写成于周天和末，为宇文泰讳，自不得不

① 王仲荦：《北周地理志》，第770页。
② 同上。

追改泰州为蒲州也。及令狐德棻撰述周史，多取故家碑传。于庾信碑文司马裔为泰州事，又未及订正。遂使《周书》裔传与《周书》本纪，互相抵触，今当从纪为正"①。

4. 北周改"泰州"为"蒲州"

北周代魏之后，宇文氏初登大宝，即将"泰州"更名为"蒲州"，以表示对其父宇文泰的尊敬。《周书》卷4《明帝纪》二年（557）正月，"丁巳，雍州置十二郡，又于河东置蒲州……"如《元和郡县图志》卷12所言，"因蒲坂以为名"。此后，北周史籍中便以"蒲州"为正式记载。《周书》卷5《武帝纪》："（保定）二年春正月壬寅，初于蒲州开河渠，同州开龙首渠，以广灌溉。"保定三年九月，"己丑，蒲州献嘉禾，异亩同颖。"建德三年十月"庚子，诏蒲州民遭饥乏绝者，令向郿城以西，及荆州管内就食。"

5. 北周镇蒲州及任蒲州刺史者

计有以下官员：

（1）宇文邕 《周书》卷5《武帝纪》："世宗即位，迁柱国，授蒲州诸军事、蒲州刺史。武成元年，入为大司空、治御正，进封鲁国公，领宗师。"

（2）宇文直 《周书》卷4《明帝纪》武成元年三月，"秦郡公直镇蒲州"。《周书》卷13《卫剌王直传》："武成初，出镇蒲州，拜大将军，进卫国公，邑万户。保定初，为雍州牧。"

（3）长孙俭 庾信《周大将军长孙俭神道碑》："保定二年，治蒲州刺史，检校六防诸军事。四年，治襄州，仍授柱国大将军，余官如故。"②

（4）宇文广 《周书》卷10《邵惠公颢传》载宇文颢之孙宇文广，"保定初，入为小司寇。寻以本官镇蒲州，兼知潼关等六防诸军事。二年，除秦州总管、十三州诸军事、秦州刺史"。

庾信《周大将军赵公墓志铭》："（保定）二年，敕守蒲城，都督潼关等六

① 王仲荦：《北周地理志》，第771页。
②《庾子山集注》卷13，中华书局1980年版。

防诸军事。其年闰月，迁都督秦渭等十二州诸军事、秦州刺史。"[①]

（5）赫连迁　《周书》卷27《赫连达传》："子迁嗣，大象中位至大将军、蒲州刺史。"

（6）杨爽　《隋书》卷44《卫昭王爽传》："高祖执政，拜大将军、秦州总管。未之官，转授蒲州刺史。"

6. 蒲州总管府的兴废

蒲州因为其重要的军事地位，在北周时期建立了总管府。据《周书》卷4《明帝纪》所载，武成元年（559）春正月，"太师、晋公护上表归政，帝始亲览万机。军旅之事，护犹总焉。初改都督诸州军事为总管"。在此以前，并无"总管"一职。而《周书》卷39《韦瑱传》载："大统八年，齐神武侵汾、绛，瑱从太祖御之。军还，令瑱以本官镇蒲津关，带中潬城主。寻除蒲州总管府长史。顷之，征拜鸿胪卿，以望族兼领乡兵。"似乎在西魏大统年间已经设置了蒲州总管府。王仲荦先生认为是《周书》此处记载有误，或许是作者为了避讳，在史籍中用后来北周的制度取代了西魏的官制名称。

> 据《周书·文帝纪》："大统九年，以邙山失律，于是广募关陇豪右，以增军旅。"则瑱之以族望兼领乡兵，当亦为大统九年、十年间事。其为蒲州总管府长史，当在八年之后，十年之前。时蒲州尚称泰州，亦无总管之称，何来此蒲州总管府长史乎？或者时有都督泰州诸军事、泰州刺史，瑱以蒲津关镇将兼中潬城主又带泰州长史，周人避宇文泰名讳，以后之蒲州总管府长史追改称瑱之官邪？不然，则有讹夺也。[②]

北周任蒲州总管者，有以下官员：

（1）宇文会　《周书》卷5《武帝纪》保定二年，"六月己亥，以柱国蜀

①《庾子山集注》卷15。

② 王仲荦：《北周地理志》，第772页。

国公尉迟迥为大司马，邵国公会为蒲州总管"。又《周书》卷10《邵惠公颢传》载其孙宇文会，"（保定）二年，除蒲州潼关六防诸军事、蒲州刺史"。

（2）宇文训 《周书》卷11《晋荡公护传》载武帝杀宇文护，改天和七年为建德元年。"护世子训为蒲州刺史，其夜，遣柱国越国公盛乘传往蒲州，征训赴京师，至同州赐死。"

（3）窦毅 《周书》卷30《窦炽传》载炽兄子毅在保定五年（565）使突厥迎亲有功，"迁蒲州总管，徙金州总管"。

（4）陆通 见《大唐故韩王府兵曹参军延陵县开国公陆君墓志铭》：君讳绍。高祖通，周使持节、柱国大司马、蒲陕秦襄四州总管、绥德郡开国公。

公元577年，北周武帝灭掉北齐，统一了北方，蒲州所受的外来军事威胁基本上消除了，朝廷因此废除了当地的总管府，并在处于旧周齐边境的晋州（今山西临汾）设总管府以镇之，以准备弹压北齐境内可能发生的动乱。《周书》卷6《武帝纪下》："建德六年四月乙卯，废蒲、陕、泾、宁四州总管。"

次年又废掉了原来设在同州（今陕西大荔市）的行宫，将其东移到蒲州。《周书》卷6《武帝纪下》曰："（宣政元年）三月戊辰，于蒲州置宫。废同州及长春二宫。"

（二）西魏、北周之河东郡

1. 河东郡治的西移

北魏泰州属下原有河东、北乡（北周改为汾阴）两郡。其中河东郡是泰州（北周蒲州）的主体，郡治在蒲坂（今山西永济市西南），也是州治的所在地。秦汉时期，河东郡治在运城盆地中心靠近盐池的安邑（今山西夏县）。永嘉之乱以后，北方战乱不绝，郡境西陲的蒲坂由于处于水陆要冲，总绾几条通道，其政治、军事上的作用显著提升，因而在北魏时期取代了安邑的地位，被当作河东郡治。参见《隋书》卷30《地理志中》："河东，旧曰蒲坂县，置河东郡。

开皇初郡废。"杨守敬《〈隋书·地理志〉考证》："汉河东郡在夏县北,后魏徙此。《寰宇记》:河东县,本汉蒲坂县地,属河东郡。后魏移郡于县理。"

2. 西魏、北周所授河东郡守

大统三年(537)十一月,西魏攻占河东郡,此后至北周时期历任该郡太守或行河东郡事者,有以下官员:

(1)李远　《周书》卷25《李贤附弟远传》："时河东初复,民情未安,太祖谓远曰:'河东国之要镇,非卿无以抚之。'乃授河东郡守。远敦奖风俗,劝课农桑,肃遏奸非,兼修守御之备。曾未期月,百姓怀之。太祖嘉焉,降书劳问。"

(2)辛庆之　《周书》卷39《辛庆之传》："陇西狄道人也,世为陇右著姓。……时初复河东,以本官兼盐池都将。四年,东魏攻正平郡,陷之,遂欲经略盐池,庆之守御有备,乃引军退。河桥之役,大军不利,河北守令弃城走,庆之独因盐池,抗拒强敌。时论称其仁勇。六年,行河东郡事。九年,入为丞相府右长史。……复行河东郡事。"

(3)韩果　《周书》卷27《韩果传》:"(大统)九年,从战邙山,军还,除河东郡守。又从大军破稽胡于北山,胡地险阻,人迹罕至,果进兵穷讨,散其种落。稽胡惮果劲健,号为著翅人。"

(4)薛善　《周书》卷35《薛善传》:"除河东郡守,进骠骑大将军,开府仪同三司,赐姓宇文氏。六官建,拜工部中大夫。"

(5)柳敏　《周书》卷32《柳敏传》:"及文帝克复河东,见而器异之,乃谓之曰:'今日不喜得河东,喜得卿也。'即拜丞相府参军事。……孝闵帝践阼,进爵为公,又除河东郡守,寻复征拜礼部。"

(6)蒋昇　《周书》卷47《艺术·蒋昇传》:"保定二年,增邑三百户,除河东郡守。寻入为太史中大夫。"

(7)杜杲　《北史》卷70《杜杲传》:"(建德中)除河东郡守。"

(8)韦师　《周书》卷39《韦瑱附子师传》:"建德末,蒲州总管府中郎,行河东郡事。"

3. 河东郡属县情况

据记载，北魏河东郡有五县，为蒲坂、安定、南解、北解、猗氏，范围大致上包括今山西永济、盐湖区及临猗县南部分地区。《魏书》卷106下《地形志下》曰："河东郡（本注：秦置，治蒲坂），领县五。安定（本注：太和元年置）、蒲坂（本注：二汉、晋属，有华阳城、雷首山）、南解（本注：二汉、晋曰解，属，后改。有桑泉城）、北解（本注：太和十一年置。有张杨城）、猗氏（本注：二汉、晋属河东，后复属。有介山塘）。"关于上述南解县和北解县的记载，光绪《山西通志》卷26《府州厅县考四》认为有些失误，可能是将"南"、"北"二字相互错置了。

> 谨案：《地形志》南解、北解二事恐有误，当是"南"、"北"二字互讹。考张杨城即今之五姓湖，为涑水、姚渠之委。桑泉城在涑水之北，南解自无缘得有桑泉城，北解亦无缘得有张杨城也。幸《太平[寰宇]记》于故解城云后魏改为北解县，数语明确不误，证以地势，南、北可无疑矣。

西魏占领河东后，其郡县制度记载不详。关于泰州，史书中只提到河东郡的情况，不见有关旧北乡郡的记载。有些史籍还提到西魏将安定县并入南解县。而《周书》卷35《薛善附敬珍传》记载宇文泰进兵河东时，当地还有虞乡县，而并非像后代地志所言，至北周时才设置了虞乡县。

北周时，河东的郡县区域有了较大的变化。朝廷废南解县，别置绥化县；最终又将绥化、北解县并入虞乡县。另外，北周时还建立了汾阴郡，下属汾阴（治今山西万荣县西南）、猗氏（治今山西临猗县南）二县。河东郡仅设置蒲坂、虞乡二县。现分别叙述西魏、北周河东郡属县情况。

（1）蒲坂

县治在今山西省永济县西南蒲州镇东南二里，为河东郡治及泰州（蒲州）治所，也是秦汉蒲坂县城故址所在地，城西有著名的蒲津渡口和浮桥。《通典》卷179《州郡九·古冀州下》河东郡河东县："汉蒲坂县，春秋秦晋战于河曲，即其地也，有蒲津关，西魏大统四年，造浮桥；九年筑城为防。"

蒲坂是传说中部落联盟著名首领尧、舜活动的地方，当地有妫水、尧城以及舜劳作之陶城等遗迹。《水经注》卷4《河水》曰："河水南迳雷首山西，山临大河，北去蒲坂三十里，《尚书》所谓'壶口雷首'者也。俗亦谓之尧山，山上有故城，世又曰尧城。阚骃曰：'蒲坂，尧都。按《地理志》曰：县有尧山、首山祠，雷首山在南。'事有似而非，非而似，千载眇邈，非所详耳。"《元和郡县图志》卷12《河东道一·河中府河东县》："妫汭水，源出县南雷首山；《尚书》：厘降二女于妫汭。……故陶城，在县北四十里。《尚书大传》曰：舜陶于河滨。故尧城，在县南二十八里。"《史记》卷5《秦本纪》："（昭襄王）四年，取蒲坂。""《正义》：《括地志》云：'蒲坂故城在蒲州河东县南二里，即尧舜所都也。'"《读史方舆纪要》卷41《山西三·平阳府·蒲州》历山，"州东南百里，相传即舜所耕处。上有历观，汉成帝元延二年幸河东，祠后土，因游龙门，登历观是也。《郡国志》：'河东有三辂山，北曰大辂，西曰小辂，东有荀辂，三山各距城三十里。舜耕历山，谓此地云'。又九峰山在州东南百二十里，有九峰序列，形势秀拔"。又同书同卷载首阳山，"州东南三十里，与中条山连麓。山有夷齐墓，《诗》'采苓采苓，首阳之巅'是也。或以此为雷首山。有虞泽，即舜所渔处，其水南流入黄河"。

"蒲坂"之名，始出现于战国，见《史记》卷5《秦本纪》："（昭襄王）五年，魏王来朝应亭，复与魏蒲坂。……十七年，城阳君入朝，及东周君来朝。秦以垣为蒲坂、皮氏。王之宜阳。"《索隐》注曰："'为'当为'易'，盖字讹也。"《正义》注曰："蒲坂，今河东县也。皮氏故城在绛州龙门县西一里八十步。"而同书《魏世家》及《汉书》或称该地为"蒲反"。《史记》卷44

《魏世家》："（哀王）十六年，秦拔我蒲反、阳晋、封陵。十七年，与秦会临晋。秦予我蒲反。"《汉书》卷28上《地理志上》河东郡蒲反县自注："有尧山、首山祠。雷首山在南，故曰蒲，秦更名。莽曰蒲城。"

据上述《汉书·地理志》的解释，该地原名为"蒲"，后称为"蒲反"、"蒲坂"的原因，后人的注解有两说。第一，孟康认为是因为战国时秦返还蒲地于魏而更名，见《汉书》卷28上《地理志上》注引孟康曰："本蒲也，晋文公以略秦，后秦人还蒲，魏人喜曰：'蒲反矣。'谓秦名之，非也。"

第二，应劭认为，由于蒲地附近有长坂，故被称为"蒲坂"。见《汉书》卷28上《地理志上》注引应劭曰："秦始皇东巡见长坂，故加'反〔坂〕'云。"这种说法得到了颜师古等人的赞同，因为当地确有长原显著地形，为蒲地之坂，古称"蒲坂"，见《元和郡县图志》卷12《河东道一·河中府》："长原，一名蒲坂，在县东二里，其原出龙骨。"看来，有可能是以这个标志性地形的名称做了县名。不过，它的出现应该是在秦始皇即位之前。在这一点上，应劭的解释有些误差，臣瓒在《汉书》的注解中已经对其作了纠正。

据历史记载，东西魏分裂之际，高欢遣将韩轨领兵一万据守蒲坂。魏孝武帝自洛阳西迁时，高欢率大军尾随追击，宇文泰则从关中带兵救援，至于弘农。为了分散敌军的力量，宇文泰命令赵贵声言欲攻占蒲坂，北趋晋阳。孝武帝至长安后，河西的西魏军队为了迎击高欢，集中屯于霸上，并未在蒲津渡河。《周书》卷1《文帝纪上》永熙三年四月，宇文泰讨侯莫陈悦，"时齐神武已有异志，故魏帝深仗太祖，乃征二千骑移镇东雍州，助为声援，仍令太祖稍引军而东。太祖乃遣大都督梁御率步骑五千镇河、渭合口，为图河东之计。太祖之讨悦也，悦遣使请援于齐神武，神武使其都督韩轨将兵一万据蒲坂，而雍州刺史贾显送船与轨，请轨兵入关。太祖因梁御之东，乃逼召显赴军。御遂入雍州"。

秋七月，太祖帅众发自高平，前军至于弘农。而齐神武稍逼京邑，魏帝亲总六军，屯于河桥，令左卫元斌之、领军斛斯椿镇武牢，遣使告太祖。……（太祖）即以大都督赵贵为别道行台，自蒲坂济，趣并州。遣大都督李贤将精骑一千赴洛阳。……

八月，齐神武袭陷潼关，侵华阴。太祖率诸军屯霸上以待之。齐神武留其将薛瑾守关而退。

《周书》卷16《赵贵传》：

齐神武举兵向洛，使其都督韩轨进据蒲坂。太祖以贵为行台，与梁御等讨之。未济河而魏孝武已西入关。

据《周书》卷2《文帝纪下》记载，大统三年（537）正月，"东魏寇龙门，（高欢）屯军蒲坂，造三道浮桥度河。又遣将窦泰趣潼关，高敖曹围洛州"。宇文泰料高欢轻敌，出其不意，领兵潜出小关，先攻窦泰，"尽俘其众万余人。斩泰，传首长安。高敖曹适陷洛州，执刺史泉企，闻泰之殁，焚辎重弃城走。齐神武亦撤桥而退，企子元礼寻复洛州，斩东魏刺史杜密。太祖还军长安"。

弘农之战后，西魏攻占邵郡、河北及东雍州。"齐神武惧，率众十万出壶口，趋蒲坂，将自后土济。又遣其将高敖曹以三万人出河南。"[1]十月，高欢在沙苑战败，退还晋阳。宇文泰"遣左仆射、冯翊王元季海为行台，与开府独孤信率步骑二万向洛阳；洛州刺史李显趋荆州；贺拔胜、李弼渡河围蒲坂。牙门将高子信开门纳胜军，东魏将薛崇礼弃城走，胜等追获之。太祖进军蒲坂，略定汾、绛。"[2]从此蒲坂及河东郡即被宇文氏占据。

蒲坂县境内有许多形胜要地，分述如下：

---

[1]《周书》卷2《文帝纪下》。

[2] 同上。

甲、蒲坂城

在今永济市西南黄河之滨，因蒲津渡口为历来兵家必争之地，早在战国时期魏已在此筑城戍守。《读史方舆纪要》卷41《山西三·平阳府·蒲州》曾叙述该地的交战经历：

> 蒲坂城，州东南五里。杜佑曰：秦、晋战于河曲，即蒲坂也。战国时为魏地。《史记》："秦昭襄四年，取魏蒲坂。五年，魏朝临晋，复与魏蒲坂。十七年，秦以垣易蒲坂、皮氏。"汉曰蒲反县。应劭曰："故曰蒲，秦始皇东巡，见长坂，故加反云。"反与坂同也。后汉曰蒲坂县。建武十八年上幸蒲坂，祠后土。晋永嘉五年，时南阳王模镇关中，使牙门将赵染戍蒲坂，染叛降于刘聪，聪遣染与刘曜等攻模于长安。建兴初，刘聪遣刘曜屯蒲坂以窥关中。咸和三年，石勒将石虎攻蒲坂，刘曜自将驰救，虎引却。八年，后赵石生起兵长安讨石虎，使其将郭权为前锋，出潼关，自将大军军蒲坂。姚秦时置并、冀二州于此。义熙十二年姚懿以蒲坂叛，秦主泓遣姚绍击平之。十三年刘裕伐秦，檀道济渡河攻秦并州刺史尹昭于蒲坂，泓使姚驴救之，蒲坂降于裕。十四年置并州镇焉，明年没于赫连夏。后魏主焘始光三年遣将奚斤袭夏蒲坂，取之，斤遂西入长安。神䴥初夏主定复取长安，魏主命安颉军蒲坂以拒之。太和二十一年自龙门至蒲坂祀虞舜，遂至长安。永熙三年宇文泰讨侯莫陈悦于秦州，高欢遣将韩轨据蒲坂以救之，不克。……《志》云：今州城东南隅有虞都故城，与州城相连，周九里有奇，其相近有虞阪云。

蒲坂城既是该县的县城所在，也是西魏泰州、北周及唐代蒲州的州城。《元和郡县图志》卷12《河东道一·河中府蒲州》曰："州城，即蒲坂城也。城中有舜庙，城外有舜宅及二妃坛。"

乙、蒲津关

在蒲坂城西门外黄河浮桥的西端，有津渡码头。《太平寰宇记》卷46《河东道七·蒲州河东县》曰："蒲津关，在县西二里，亦子路问津之所。魏太祖西征马超、韩遂，夜渡蒲坂津，即此也。后魏大统四年造舟为梁，九年筑城。亦关河之巨防。"《读史方舆纪要》卷41《山西三·平阳府·蒲州》亦曰："蒲津关，在州西门外黄河西岸，今名大庆关，山、陕间之喉亢也。亦曰蒲渡。"

关于蒲津关的始立时间，严耕望先生在《唐代交通图考》第一卷篇三中曾有详考：

> 至于关名蒲津之始。《通鉴》一七二，陈太建八年，周伐齐，分军守要害，使凉城公辛韶守蒲津关。胡注："《汉书》，武帝元封六年，立蒲津关。"按《汉书》实无此文。又《元和志》一二《河中府·河东县》，"蒲坂关一名蒲津关，在县西四里。《魏志》曰：太祖西征马超、韩遂，夜渡蒲津关。即谓此也。"检《魏志》亦无蒲津关之名。不知关名蒲津究何始也。然观《通鉴》此条，不能迟于南北朝末期。又《周书》三九《韦瑱传》，"镇蒲津关，带中潬城主"，尤为强证。至唐通称蒲津关，见《通典》一七三《冯翊郡朝邑县》目及《史记·淮阴侯传·索隐》等处。

丙、中潬城

在蒲津黄河两岸之间的中潬（沙洲）上，既连接东西两段浮桥，又筑城置军以增强守卫。《读史方舆纪要》卷41《山西三·平阳府·蒲州》曰："中潬城，在蒲津河中渚上，隋置以守固河桥。桥西岸又有蒲津城，隋末李渊自河东济河，靳孝谟以蒲津、中潬二城降。又西关城，或曰蒲津城也。"其说有误，据前引《周书》卷39《韦瑱传》载："大统八年，齐神武侵汾、绛，瑱从太祖御之。军还，以瑱以本官镇蒲津关，带中潬城主。"是西魏大统年间已有中潬城。

丁、风陵关津

即今山西芮城县西南著名的风陵渡，在蒲坂城南五十余里黄河北岸，与潼关隔岸相对，并设有关津。其名称的由来，是因为当地有巨堆，传说为风后之陵，故曰风陵、封陵或风堆。《元和郡县图志》卷12《河东道一·河中府》曰："风陵堆山，在县南五十五里，与潼关相对。""风陵故关，一名风陵津，在县南五十里。魏太祖西征韩遂，自潼关北渡，即其处也。"《读史方舆纪要》卷41《山西三·平阳府·蒲州》曰："风陵堆，州南五十五里，相传风后冢也，亦曰封陵。《史记》：'魏襄王十六年，秦拔我蒲坂、阳晋、封陵。二十年，秦复与我河外及封陵以和'。亦谓之风谷。《正义》：'封陵在蒲坂南河曲中'。《水经注》：'函谷关直北隔河有层阜，巍然独秀，孤峙河阳，世谓之风陵，戴延之所谓风堆也。杜佑曰：风陵堆南岸与潼关相对，亦曰风陵山'。一名风陵津。曹操征韩遂自潼关北度，即其处也。后魏永熙末，魏主西入关，高欢克潼关而守之，使别将库狄温守封陵。又大统三年高欢遣窦泰攻潼关，宇文泰遣军袭之，自风陵渡至潼关，窦泰败死。""风陵关，州南六十里，路通潼关。唐圣历初于风陵堆南津口置关以讥行旅。《宋志》：'蒲州河西县有蒲津关，河东县南有风陵关。'是也。亦曰风陵津，亦曰风陵渡。"

两魏周齐交战时，风陵亦为兵家所重。北周时，当地与对岸的潼关皆为蒲州总管所辖。东魏西征时，亦数次遣兵控制该地。《北齐书》卷2《神武纪下》天平元年八月，"神武寻至恒农，遂西克潼关，执毛洪宾。进军长城，龙门都督薛崇礼降。神武退舍河东，命行台尚书长史薛瑜守潼关，大都督库狄温守封陵。于蒲津西岸筑城，守华州，以薛绍宗为刺史。"《北齐书》卷17《斛律金传》曰："天平初，迁邺，使金领步骑三万镇风陵以备西寇。"《北齐书》卷24《孙搴传》曰："会高祖西讨，登风陵，命中外府司马李义深、相府城局李士略共作檄文，二人皆辞，请以搴自代。高祖引搴入帐，自为吹火，催促之。搴援笔立就，其文甚美。"

戊、涑水城

在蒲坂城东北二十余里，涑水岸边。见《读史方舆纪要》卷41《山西三·平阳府·蒲州》："涑水城，州东北二十六里。《左传》成十三年，晋侯使吕相绝秦，所云'伐我涑川'者。又羁马城，在州南三十六里。《左传》文十二年'秦伐晋取羁马'，亦吕相所云'剪我羁马'者也。《史记》：'晋灵公六年，秦康公伐晋，取羁马，晋侯怒，使赵盾、赵穿、郤缺击秦，战于河曲'是矣。即今涉丘。"

（2）安定县

北魏安定县（治今运城市西南解州镇），原为秦汉解县辖区之一部分，西魏占据河东后，将其并入南解县。参见《隋书》卷30《地理志中》："虞乡，后魏曰安定，西魏改曰南解。"光绪《山西通志》卷54《古迹考五》言："南解城在虞乡县，又县西有安定城。"

王仲荦《北周地理志》第776页对此评论道："按据《地形志》：'安定，太和元年置。'又'南解，二汉、晋曰解，属河东郡，后改'。是后魏世二县并置，非如《隋志》所云改安定为南解也。盖西魏世，始并安定于南解耳。"

另见《读史方舆纪要》卷41《山西三·平阳府·解州》："废解县。今州治，汉解县地，后魏太和初析置安定县，属河东郡。西魏改曰南解，又改曰绥化，寻曰虞乡。隋因之，属蒲州。唐初改为解县，属虞州。"

（3）南解与绥化县

西魏南解县治今山西临猗县西南，北周明帝时改置为绥化县，治今山西永济市虞乡镇西北，旧时称绥化乡古城村。周武帝保定元年（561）又并入虞乡县。《隋书》卷30《地理志中》曰："虞乡，后魏曰安定。西魏改曰南解。又改曰绥化。又曰虞乡。"《元和郡县图志》卷12《河东道一·河中府蒲州》："虞乡县，本汉解县地也。后魏孝文帝改置南解县，属河东郡。周明帝武成二年废南解县，别置绥化县，武帝改绥化为虞乡。"《太平寰宇记》卷46《河东道七·蒲州虞乡县》："本汉解县地。……（后魏孝文帝改）置南解县，属河东郡。周明帝废南解县，别置绥化县，今县西北三十里绥化故城是也。至保定元年，改绥化为虞乡县，复属河东郡。周末置解县于虞乡城东，于解县五十里别置虞乡，即此邑也。""绥化故城，后魏绥化郡及绥化县所理也，在（虞乡）县西北三十里，周废。"《读史方舆纪要》卷41《山西三·平阳府·临晋县》曰：
"解城，县东南十八里，即春秋时晋之解梁城，解读曰蟹。僖十五年，晋惠公
许赂秦伯以河外列城五，内及解梁城。《战国策》'赧王二十一年秦败魏师于
解'，即解梁也。汉置解县，属河东郡，后汉及晋因之。后魏为南解县，西魏
时改废。杜预曰：'春秋解梁城在汉解县西。'"

王仲荦《北周地理志》第777—778页曰："按《寰宇记》之'后魏'，实
指西魏言之也。《寰宇记》之虞乡县，即今山西永济县东之虞乡镇。西魏于绥
化县置绥化郡，惟见《寰宇记》。"又云："按《寰宇记》谓西魏置绥化郡及绥
化县，及改绥化，并废绥化郡，故云复隶河东郡也。查西魏有虞乡县，盖废入
南解县；周废南解入绥化，又改绥化为虞乡。隋开皇中，别置解县，寻省。大
业九年，又移虞乡县于开皇中所置之解县理。唐武德初，又改虞乡县为解县，
而别置虞乡县。县名屡改，县治屡徙，今为分别言之。后魏南解县，在今山西
临猗县西南，《元和志》：'故解城，本春秋时解梁城。又为汉解县城也。在临
晋县东十八里'是也。周明帝武成二年废入绥化。隋唐解县，即今山西运城县
西南解州。《寰宇记》解县下云：'汉解县，周省。按此前解县，在今临晋县
界。隋文帝开皇十六年，于此置解县，大业二年省。九年，自绥化故城移虞乡
县于隋废解县理，即今解县理也。唐武德元年，改虞乡为解县。此即唐以后之
解州治也。其西魏之虞乡县，已废入绥化县，北周又改绥化县为虞乡县，即今
山西永济县东绥化乡古城村是也。隋虞乡县在今山西运城县西南解州。《寰宇
记》：'隋大业九年，自绥化故城移虞乡县于隋废解县是也。唐虞乡县在今山西
永济县东之虞乡镇。《通典·州郡典》虞乡下云：'后于虞乡城置解县，更于解
西五十里别置虞乡县。'《元和郡县志》：'唐武德元年，改虞乡县为解县，仍于
蒲州界别置虞乡县。'是也。"

西魏任南解令者见《周书》卷22《柳庆附兄子带韦传》："魏废帝元年，
出为解县令。二年，加授骠骑将军、左光禄大夫。明年，转汾阴令。"

（4）北解县

北魏北解县治今临猗县西南临晋镇南，亦秦汉时解县辖区。西魏占领河东后仍置北解县，至北周时废除，并入汾阴郡猗氏县。《元和郡县图志》卷12《河东道一·河中府》曰："临晋县，本汉解县地，后魏改为北解县。隋开皇十六年，分猗氏县于今理置桑泉县，因县东桑泉故城以为名也，天宝十二年改为临晋。……桑泉故城，在县东十三里。《左传》曰：'重耳围令狐，入桑泉'，谓此也。"《读史方舆纪要》卷41《山西三·平阳府·临晋县》曰："州东北九十里，东南至解州七十里。春秋时晋国桑泉地，汉为解县地，后魏为北解县地，隋开皇十六年置桑泉县，属蒲州，义宁初蒲州移治于此。唐还旧治，仍属蒲州。天宝十三载改曰临晋。""又北解城在今县西三十里。后魏太和十一年置北解县，属河东郡，即此，后周废。"又云："桑泉城，在县东北十三里，春秋时晋故邑也。《左传》僖二十四年：'晋公子重耳济河入桑泉'。杜预曰：'桑泉城在解县北二十里也'。隋因以名县。又有温泉废县，唐武德三年分桑泉地置。九年废。"

（5）虞乡县

治今山西永济市东虞乡镇西北。秦汉时为解县辖地，属河东郡。北魏孝文帝时分解县地置南解县。《通典》卷179《州郡九·古冀州下·河东郡》曰："解，隋曰虞乡，武德元年改之。"又云："虞乡，汉解县地。后于虞乡置解县，更于解西五十里别置虞乡县。"所谈县治变迁的情况不是很明确。而稍后的《元和郡县图志》卷12《河东道一·河中府》说得较为详细：

> 虞乡县，本汉解县地也，后魏孝文帝改置南解县，属河东郡。周明帝武成二年废南解县，别置绥化县，武帝改绥化为虞乡。

从《魏书》卷106《地形志下》河东郡的记载来看，并未提到北魏和东西魏分裂时当地设有虞乡县，但是从史料记载来看，西魏占领河东之际，当地已经有了虞乡县。王仲荦《北周地理志》第777页云："按《周书·薛善传敬珍附传》：'齐神武沙苑已败，珍等率猗氏、南解、北解、安邑、温泉、虞乡等六县户十余万归附。'是西魏大统初，已有虞乡县，唐武德元年于蒲州河东县东七十里别置虞乡，疑即置于西魏虞乡县旧城。"可以参见《读史方舆纪要》卷41《山西三·平阳府·临晋县》："虞乡城，县南六十里，汉解县地，后魏分置虞乡县。唐武德初改虞乡为解县，即今之解州，而于解县西五十里别置虞乡，即此城也。贞观二十二年省入解县。天授二年复置，属蒲州。"

西魏、北周别封虞乡县者见《隋书》卷46《张奫传》载其父张羡，"仕魏为荡难将军。从武帝入关，累迁银青光禄大夫。周太祖引为从事中郎，赐姓叱罗氏。……赐爵虞乡县公"。

后来西魏废虞乡县，并入南解，北周明帝时废南解县，别置绥化县；周武帝时又改绥化为虞乡县。北周虞乡县在绥化县旧治，参见《元和郡县图志》卷12《河东道一·河中府》：

> 解县，本汉旧县也，属河东郡。隋大业二年省解县，九年自绥化故城移虞乡县于废解县理，即今县理是也。武德元年改虞乡县为解县，属虞州，因汉旧名也，仍于蒲州界别置虞乡县。贞观十四年，废虞州，解县属河中府。

北周虞乡县境内有以下形胜要地：

甲、女盐池

在今山西运城市西南解州镇西北十五里，面积略小于东边安邑县的盐池，其食盐的产量、质量与后者相比均有不及。《水经注》卷6《涑水》："（盐）泽南面层山，天岩云秀，地谷渊深，左右壁立，间不容轨，谓之石门。路出其中，名之曰径，南通上阳，北暨盐泽。池西又有一池，谓之女盐泽，东西二十五里，南北二十里，在猗氏故城南。《春秋》成公六年，晋谋去故绛，大夫曰：

'郇、瑕，地沃饶近盬。'服虔曰：'土平有溉曰沃。盬，盐池也。'土俗裂水沃麻，分灌川野，畦水耗竭，土自成盐，即所谓咸鹾也。而味苦，号曰盐田。盐盬之名，始资是矣。"又见《元和郡县图志》卷12《河东道一·河中府·解县》："女盐池，在县西北三里，东西二十五里，南北二十里。盐味少苦，不及县东大池盐。俗言此池亢旱，盐即凝结；如逢霖雨，盐则不生。今大池与安邑县池总谓之雨［两］池，官置使以领之，每岁收利纳一百六十万贯。"

乙、阳晋城

在今山西永济市西南虞乡镇西南，又名晋城。《读史方舆纪要》卷41《山西三·平阳府·临晋县》"虞乡城"条下曰："阳晋城，在县西南。《括地志》：'虞乡县西有阳晋城，一名晋城。'《史记·魏世家》：'襄王十六年，秦拔我阳晋。'又西北有高安城。《赵世家》：'成侯四年，与秦战高安。'《正义》：'高安，在河东也。'又智城，亦在县西，《括地志》：'虞乡县北有智城，智伯所居。'"

丙、王官城

在今永济市虞乡镇东王官峪。见《元和郡县图志》卷12《河东道一·河中府·虞乡县》曰："王官故城，在县南二里。《左传》曰秦伯济河焚舟取王官。"

丁、檀道山（百梯山）

在今山西运城市西南解州镇南五里。《水经注》卷6《涑水》曰："涑水又西南属于陂。陂分为二，城南面两陂，左右泽渚。东陂世谓之晋兴泽，东西二十五里，南北八里，南对盐道山。其西则石壁千寻，东则磻溪万仞，方岭云回，奇峰霞举，孤标秀出，罩络群山之表，翠柏荫峰，清泉灌顶。郭景纯云：世谓之鸳浆也。发于上而潜于下矣。……路出北巘，势多悬绝，来去者咸援萝腾鋆，寻葛降深，于东则连木乃陟，百梯方降，岩侧靡锁之迹，仍今存焉，故亦曰百梯山也。"《元和郡县图志》卷12《河东道一·河中府·虞乡县》曰："檀道山，一名百梯山，在县西南十二里。山高万仞，跻攀者百梯方可升降，故曰百梯山。南有穴，莫测浅深，每有敕使投金龙于此，兼醮焉。"《读史方舆纪要》卷41《山西三·平阳府·废解县》曰："檀道山，州南五里，与中条山相连。山岭参天，左右壁立，间不容轨，谓之石门，凡百梯才可上，亦曰石梯山。东岭出泉，澄渟为池，谓之天池。上有益浆，俗名止渴泉。"

戊、白径岭

在今运城市解州镇东南十五里。参见《元和郡县图志》卷12《河东道一·河中府·解县》："通路自县东南逾中条山，出白径，趋陕州之道也。山岭参天，左右壁立，间不容轨，谓之石门，路出其中，名之曰白径岭焉。"

又见《读史方舆纪要》卷41《山西三·平阳府·废解县》："白径岭，在州东南十五里，中条山之别岭也。路通陕州大阳津渡。《志》云：由檀道山陡径出白径岭趋陕州，即石门百梯之险也。……"

（三）北周之汾阴郡

北魏时期的泰州有河东、北乡二郡，后者的管辖范围大致包括今山西省万荣、临猗两县。《魏书》卷106下《地形志下》泰州条载："北乡郡，领县二，北猗氏、汾阴。"西魏占领泰州后，史书中只提到河东郡的情况，不见有关旧北乡郡的记载。此外，《周书》卷35《薛善传》记载河东郡有六县，大统三年，"太祖嘉之，以善为汾阴令。善干用强明，一郡称最。太守王罴美之，令善兼督六县事"。并非北魏时河东郡所属之五县，而原属北乡郡的汾阴似乎也归属了河东郡，这引起了史家的注意。王仲荦先生便据此怀疑西魏进占河东后废除了北乡郡，而将其属县并入了河东郡。见《北周地理志》第780页：

> 按时王罴镇河东，或兼河东太守，故云太守王罴美之。《地形志》，河东郡领安定等五县，北乡郡领北猗氏、汾阴二县，此云兼督六县事，或西魏取汾、绛后，即废北乡郡，而以汾阴改隶河东郡耶？

另外，北魏北乡郡所辖有北猗氏县，《魏书》卷106下《地形志下》泰州北乡郡北猗氏县注："太和十一年置，有解城。"王仲荦先生考证其县治在今山西临猗县城关，并认为宇文氏占领河东后取消了北猗氏县，"盖废于西魏、北周之世"，只保留了汾阴县。[①]

北周武帝时，将汾阴县治由后土城移至殷汤古城，并设置了汾阴郡，有汾阴、猗氏二县。参见《太平寰宇记》卷46《河东道七·蒲州宝鼎县》："后魏太和十一年复置汾阴县于后土城，周武帝又移于殷汤古城，后置汾阴郡，以汾阴县属之。"

北周任汾阴郡守者见《周书》卷45《儒林·乐逊传》："（大象）二年，进位开府仪同大将军，出为汾阴郡守。逊以老疾固辞，诏许之。"下面分别介绍汾阴郡的属县情况。

1. 汾阴县

治殷汤城，在今山西万荣县西南。该县为传说中夏代的纶邑所在地，秦汉时设汾阴县，以其地在汾水之南而得名。《太平寰宇记》卷46《河东道七·蒲州》：

> 宝鼎县，古纶地，在夏为少康之邑。汉为汾阴县，属河东郡，汾水南流过县，故曰汾阴。高帝封周昌为侯，即此地也，今县北九里汾阴故城是也。后汉至晋不改。刘元海省汾阴入蒲坂县。后魏太和十一年复置汾阴县于后土城。

秦汉汾阴县治，在汾水南岸的汾阴故城。汉武帝元鼎四年（前113），立后土祠于汾阴城北。北魏孝文帝太和十一年（487）又在后土城（立于后土祠处）置汾阴县。《太平寰宇记》卷46《河东道七·蒲州》："万泉县，本汉汾阴

---

① 王仲荦:《北周地理志》，第780页。

县地。……后魏孝文帝又于后土城置汾阴县。今县北一里故后土城是也。"王仲荦按："遍翻旧志，乃悟《寰宇记》'万泉县'下所云'今县北一里故后土城'者，谓汉汾阴故城北一里之后土城，而非谓万泉县北一里别有后土城也。"①

汉汾阴县城与后土祠相邻，可以参见《水经注》卷4："（河水）又南过汾阴县西。"郦道元注曰："河水东际汾阴脽，县故城在脽侧。……魏《土地记》曰：'河东郡北八十里有汾阴城，北去汾水三里。城西北隅曰脽丘，上有后土祠。'《封禅书》曰：'元鼎四年始立后土祠于汾阴脽丘'是也。"

据前引《太平寰宇记》卷46所载，北周武帝时又北迁汾阴县治于殷汤古城，其地点在今山西万荣县西南荣河镇（古荣河县城）北九里。《读史方舆纪要》卷41《山西三·平阳府·荣河县》："汾阴城，县北九里，战国时魏邑也。……汉置汾阴县。……《图经》：'城北去汾水三里，西北隅有丘曰脽丘，上有后土祠。'……隋迁县于今治。……《志》云：故汾阴城俗名殷汤城，以城北四十三里有汤陵云。"

王仲荦在《北周地理志》第780页中曾对汾阴县治的迁徙地点加以考证后进行概述："按魏太和中复置汾阴县于后土城，当在今山西万荣县西南荣河镇北十一里脽丘侧。《水经注》所谓县故城在脽侧是矣。周武帝迁于殷汤古城，当在今山西万荣县西南荣河镇北九里。隋始迁县治于殷汤故城南九里。唐改县曰宝鼎，宋改宝鼎曰荣河，今又废入万泉县，并改县名为万荣县。其荣河旧治，今称荣河镇云。"

西魏任汾阴令者有薛善，见《周书》卷35《薛善传》："（大统三年）太祖嘉之，以善为汾阴令。善干用强明，一郡称最。太守王罴美之，令善兼督六县事。"

有柳庆，《周书》卷22《柳庆附兄子带韦传》曰："魏废帝元年，出为解

---

① 王仲荦：《北周地理志》，第780页。

县令。二年，加授骠骑将军、左光禄大夫。明年，转汾阴令。发摘奸伏，百姓畏而怀之。"

北周封汾阴县者见《隋书》卷48《杨素附杨文纪传》："高祖为丞相，改封汾阴县公。"

汾阴县之形胜要地有以下各处。

（1）汉汾阴城

在今山西万荣县荣河镇北，《读史方舆纪要》卷41《山西三·平阳府·荣河县》曰："汾阴城，县北九里，战国时魏邑也。《史记》：'周显王四十年，秦伐魏，取汾阴'。汉置汾阴县，高帝六年封周勃为汾阴侯。……宣帝神爵元年幸汾阴万岁宫。建武初，邓禹自汾阴渡河，入夏阳是也。晋大兴初，刘曜讨靳准于平阳，使其将刘雅屯汾阴。隋迁县于今治，唐开元十年改曰宝鼎。《唐史》云：'十一年祭后土于汾阴，二十年行幸北都，还至汾阴祀后土'，皆因故名也。宋大中祥符三年祀汾阴，有荣光溢河之瑞，因改宝鼎县曰荣河。《志》云：故汾阴城俗名殷汤城，以城北四十三里有汤陵云。"

（2）万岁宫

在汉汾阴城内，为汉武帝所筑行宫，后代帝王祭祀后土常居于此。参见《读史方舆纪要》卷41《山西三·平阳府·荣河县》："万岁宫，在汾阴故城内。城西北二里即后土祠也，汉武立祠并置宫于此，时临幸焉。又有大宁宫，在今城内东北隅。宋真宗祀汾阴，此其斋宫云。"

（3）脽丘、后土祠

脽丘在今山西万荣县西荣河镇北，为黄河东岸沿岸的一道长丘，汾水在丘北西流入河。西汉元狩六年（前117）得古鼎于汾水南岸，故改年号为元鼎以示纪念，并在元鼎四年（前113）于脽丘上立后土祠（后世俗称后土庙），后世帝王常来此处祭祀，以祈求丰年。《元和郡县图志》卷12《河东道一·河中府宝鼎县》："后土祠，在县西北一十一里。"王仲荦《北周地理志》第779页注曰："按宝鼎县即今山西万荣县西南之荣河镇。"《读史方舆纪要》卷41《山西三·平阳府·荣河县》汾阴城条："《图经》：'城北去汾水三里，西北隅有丘曰脽丘，上有后土祠'。文帝十六年，以辛垣平言周鼎将出汾阴，乃治庙汾阴南，临河，欲祠出周鼎。武帝元狩六年获宝鼎于汾阴，因改元曰元鼎，四年始立后土祠于脽丘。宣帝神爵元年幸汾阴万岁宫。"《读史方舆纪要》卷41《山西三·平阳府·荣河县》曰："脽丘，县北十里，亦名脽上，亦曰魏脽。如淳曰：'脽音谁'。脽者，河之东岸特堆崛起，长四五里，广二里，高十余丈，旧汾阴县亦在脽上。汉置后土祠即在县西，汾水经脽北而入河也。汉元狩四（笔者注：'四'应为'六'）年得大鼎于魏脽后土祠旁，其后数幸河东祠土，宣帝及元、成时亦数幸祠焉。……'汉家后土之宫，汾水合河、梁山对麓'是也。"

（4）后土渡

或称"汾阴渡"，在今万荣县荣河镇北后土城侧，亦黄河津济处。光绪《山西通志》卷49《关梁考六》曰："荣河县北九里后土祠前有汾阴渡"，注："今新渡口在庙前镇。"东汉建武初，邓禹自汾阴渡河入夏阳，即由此津涉渡。《周书》卷2《文帝纪下》记载：大统三年八月，宇文泰东伐弘农，取河北、邵郡。"齐神武惧，率众十万出壶口，趋蒲坂，将自后土济。"也是准备由此渡河进入关中。

后土渡之对岸为夏阳渡，即今陕西省韩城市东南，亦称龙门渡。见《周书》卷5《武帝纪上》天和六年春正月："诏柱国、齐国公宪率师御斛律明月。……三月己酉，齐国公宪自龙门渡河。"《资治通鉴》卷170陈宣帝太建三年三月："周齐国公宪自龙门渡河"，胡三省注曰："此自夏阳渡汾阴也。"王仲荦《北周地理志》第781页曰："按北周置龙门关于龙门县西北龙门山下，关下即禹门渡，亦称龙门渡，见后龙门县下。此龙门渡，当在其南，盖自今陕西韩城县渡至山西万荣县荣河镇之西北也。"

（5）北乡城

在今山西万荣县荣河镇北。《魏书》卷106下《地形志下》泰州北乡郡汾阴县注曰："二汉、晋属河东，后属。有北乡城、后土祠。"

另参见《太平寰宇记》卷46《河东道七·蒲州宝鼎县》："古北乡城在县北三十一步。汾阴北乡城，即采桑津也。"

2. 猗氏（桑泉）县

治今山西临猗县城关。原为秦汉猗氏旧县，因战国时鲁人猗顿居此经营畜牧业致富、闻名天下而得名。北魏北乡郡有北猗氏县，但猗氏县则属于河东郡。见《魏书》卷106下《地形志下》猗氏县注："二汉、晋属河东，后复属。有介山塘。"北猗氏县注："太和十一年置。有解城。"《周书》卷35《薛善附敬珍传》记载东西魏分裂之际河东仍有猗氏县，齐神武沙苑之败，"珍与小白等率猗氏、南解、北解、安邑、温泉、虞乡等六县户十余万归附"。

据光绪《山西通志》卷26《府州厅县考四》考证，前引《魏书·地形志》关于猗氏、北猗氏两县的记载有些错误，内容如下：

> 谨案：《地形志》猗氏、北猗氏亦有误。以地势考之，介山在东北，解城在西南，不得反为北也。况《元和》、《太平》二记皆言西魏改猗氏为桑泉，不言北猗氏所在，盖当时已省入猗氏矣。故后周又复桑泉为猗氏也，则以桑泉故城在北解，其时已省入猗氏，而故解城在桑泉城东五里之近，故因为名。若介山塘之猗氏，则远于桑泉矣。又考魏置北乡郡领北猗氏、汾阴二县，而猗氏仍隶河东，唐置万泉县即分汾阴东境，故介山在县南一里，是即猗氏在西南，北猗氏在东北之明证。则《地形志》介山塘系北猗氏下，解城系猗氏下乃合也。

西魏占领河东后，将北猗氏并入猗氏县，又于恭帝二年（555）改猗氏名曰桑泉。周明帝时又复猗氏县之名，改属汾阴郡。《元和郡县图志》卷12《河东道一·河中府》曰："猗氏县，本汉旧县，即猗顿之所居也。东（笔者注：'东'应为'西'）魏恭帝二年，改猗氏为桑泉县，周明帝复改桑泉为猗氏县，属汾阴郡。隋开皇三年罢郡，属蒲州。"《读史方舆纪要》卷41《山西三·平阳府·蒲州》曰："猗氏县，州东北百二十里，南至解州六十里，东南至夏县七十里，古郇国地。后为晋令狐地。汉置猗氏县，属河东郡，因猗顿所居而名。后汉及魏、晋因之，后魏仍属河东郡，西魏改曰桑泉，后周复旧。隋属蒲州，唐因之。"

猗氏县境内有下列古城遗址：

（1）猗氏城

今山西临猗县南。《读史方舆纪要》卷41《山西三·平阳府·猗氏县》："猗氏城，县南二十里。《孔丛子》：'鲁人猗顿适西河，大畜牛羊于猗氏之南。'此即其所居也。汉置县于此，高祖封功臣陈遬为侯邑。《水经注》：'猗氏县南对泽即猗顿故居'。丁度曰：'《左传》所云郇瑕之地，沃饶而近盐，即猗氏也。后猗顿居此，用盐盬起富，汉因以猗氏名县。'隋徙县于今治。……今故城俗名王寮村。"

（2）桑泉城

在今山西临猗县临晋镇东。见《元和郡县图志》卷12《河东道一·河中府临晋县》："桑泉故城，在县东十三里。《左传》曰：'重耳围令狐，入桑泉'；谓此也。"又《读史方舆纪要》卷41《山西三·平阳府·临晋县》解城条附："桑泉城，在县东北十三里，春秋时晋故邑也。《左传》僖二十四年：'晋公子重耳济河入桑泉'。杜预曰：'桑泉城在解县北二十里也'。隋因以名县。又有温泉废县，唐武德三年分桑泉地置，九年废。"

（3）令狐城

今山西临猗县西。见《读史方舆纪要》卷41《山西三·平阳府·猗氏县》："令狐城，县西十五里。晋邑也。《左传》僖公二十四年：'晋文公从秦反国，济河围令狐'。又文七年：'晋败秦于令狐，至于刳首。'阚骃曰：'令狐即猗氏地，今其处犹名狐村。'又县北有庐柳城，秦送重耳入晋，围令狐，晋军庐柳，即是城也。"

（4）神羌堡

在今山西临猗县东北。见《读史方舆纪要》卷41《山西三·平阳府·猗氏县》："神羌堡，县东北十五里峨眉坡上。《志》云：邓禹围安邑、定河东，尝驻师于此。"

（5）皂荚戍

在今山西临猗县临晋镇西南，为西魏时河东戍所。《周书》卷2《文帝纪下》曰："（大统八年）冬十月，齐神武侵汾、绛，围玉壁。太祖出军蒲坂，将击之。至皂荚，齐神武退，太祖度汾追之，遂遁去。"又见《读史方舆纪要》卷41《山西三·平阳府·临晋县》："皂荚戍，在县南。西魏大统中高欢围玉壁，宇文泰出军蒲坂，至皂荚闻欢退，渡汾追之，不及。胡氏曰：'皂荚在蒲坂东也'。"

3.温泉县

在今山西临猗县西南。前引《周书》卷35《薛善附敬珍传》曾提到大统三年十月贺拔胜、李弼占领泰州时，当地有温泉县。王仲荦先生在《北周地理志》第782页考证道："按敬珍以猗氏等六县附西魏，中有温泉。《地形志》无温泉县。《寰宇记》蒲州总叙下云：唐武德三年置温泉县，九年省温泉县。盖废入桑泉县也。唐桑泉县，即今山西临猗县西南之临晋镇。北周温泉县，当在今临晋镇附近。"并认为该县废除于北周时期。

二　河北郡（虞州）

西魏时期河东地区南部的行政区域是河北郡，包括大阳、河北、南安邑、北安邑四县。该郡跨越中条山脉两侧，其南境濒临黄河河曲东段，北括盐池东部而抵涑水中游河段。河北郡在北魏时期属于陕州，其历史演变情况如下：

（一）陕州的历史沿革

陕州的建制始于北魏孝文帝太和十一年（487），以古之陕地（今山西平陆县、河南三门峡市）而得名，包括黄河北岸的河北与南岸的恒（弘）农两郡。该地扼守豫西通道，又有联系黄河南北两岸的陕津（大阳津）渡口，依山傍水，形势险要，是商周及后代东西两大政治地域的分界之处，备受兵家重视。其行政地理沿革见《元和郡县图志》卷6《河南道二》陕州："《禹贡》豫州之域。周为二伯分陕之地，《公羊传》曰：'自陕以东，周公主之；自陕以西，召公主之。'又为古之虢国，今平陆县地是也。战国时为魏地，后属韩。秦并天下，属三川郡。汉为弘农郡之陕县，自汉至宋不改。后魏孝文帝太和十一年，置陕州，以显祖献文皇帝讳'弘'，改为恒农郡。十八年，罢陕州，孝武帝永熙中重置。西魏文帝大统三年，又罢州。周明帝复置，屯兵于此以备齐。"《太平寰宇记》卷6《河南道六》陕州曰："《禹贡》为冀、豫二州之域，郡夹河，河南诸县则豫州域，河北则冀州。在周即二伯分陕，是亦为虢国之地。春秋时为北虢上阳城，即今平陆县是也。又有焦国，故七国时为魏地。《史记》魏襄王六年，'秦取我焦'是也。后属韩。秦属三川。汉为弘农郡之陕县，自是至晋因之。后魏太和十一年置陕州及恒农郡于此，十八年又罢。孝武帝永熙中再置。大统三年又罢。后周明帝又置。武帝改弘农为崤郡，州如故，兼屯兵于此备北齐。"

（二）北魏、西魏时期的河北郡

北魏、西魏时期的河北郡境包括中条山南麓、黄河以北的河谷地带，即大阳（治今平陆旧城）、河北（治今芮城县）两县；以及中条山北麓、涑水东南一侧邻近盐池的地段，即南安邑（治今运城安邑镇）、北安邑（治今夏县北）两县。该地区在秦汉魏晋时期属于河东郡管辖[①]，至东晋十六国时，黄河以北

---

①《元和郡县图志》卷6《河南道三·陕州》。

多为五胡之人占据，曾分其地置河北郡，遣太守理之，治河北县。北魏孝文帝太和年间将郡治移到大阳。杨守敬《〈隋书·地理志〉考证》云："《晋书》载记，姚泓有河北太守薛帛；《北史薛辩传》，仕姚兴历河北太守。然则东晋时姚秦置也。"王仲荦《北周地理志·下》第579页虞州河北郡条注曰："《寰宇记》：今芮城县北五里有魏城，即毕万所封，汉以其地为河北县，属河东郡。姚秦于此置河北郡。后魏太和十一年，自此移郡于大阳城。按《水经·河水注》：'沙涧水乱流迳大阳城东，河北郡治也。'据是，则河北郡治大阳城也。"

东、西魏分裂之际，此郡归属东魏。大统三年（537）八月，宇文泰克弘农，东魏守将高干逃遁，由大阳津北渡黄河。宇文泰"令贺拔胜追擒之，并送长安"[①]；又乘势攻占了河北郡地。《周书》卷14《贺拔胜传》："又从太祖攻弘农，胜自陕津先渡河，东魏将高干遁，胜追获，囚之。下河北，擒郡守孙晏、崔义。"《周书》卷34《杨㩴传》亦载："时弘农为东魏守，㩴从太祖攻拔之。然自河以北，犹附东魏。……于是遣谍人诱说东魏城堡，旬月之间，正平、河北、南汾、二绛、建州、太宁等城，并有请为内应者，大军因攻而拔之。"

西魏占据河北郡后，高欢率大军反攻，在沙苑之战中遭到惨败，狼狈逃归晋阳。西魏方面又进据汾、绛等河东全境。次年八月，宇文泰败于邙山，东魏军队乘胜西进，一度占领邵郡，进逼盐池与中条山南麓各县，引起极大的恐慌；后被西魏盐池都将辛庆之击退，保住了这一地区。见《周书》卷39《辛庆之传》："河桥之役，大军不利，河北守令弃城走，庆之独因盐池，抗拒强敌。时论称其仁勇。"

（三）西魏时期的河北郡守

史籍所载西魏时任河北郡守者如下：

---

①《周书》卷2《文帝纪下》。

1. 裴果 《周书》卷36《裴果传》："裴果字戎昭，河东闻喜人也。祖思贤，魏青州刺史。父遵，齐州刺史。……永熙中，授河北郡守。及齐神武败于沙苑，果乃率其宗党归阙。"

2. 张轨 《周书》卷37《张轨传》："（大统）六年，出为河北郡守。在郡三年，声绩甚著。临人治术，有循吏之美。大统间，宰人者多推尚之。"

3. 裴侠 《周书》卷35《裴侠传》："裴侠字嵩和，河东解人也。……大统三年，领乡兵从战沙苑，先锋陷阵。……（八年）王思政镇玉壁，以侠为长史。……除河北郡守。……（大统）九年，入为大行台郎中。"

4. 厍狄昌 《周书》卷27《厍狄昌传》："（大统）四年，从战河桥，除冀州刺史。后与于谨破胡贼刘平伏于上郡，授冯翊郡守。久之，转河北郡守。十三年，录前后功，授大都督、通直散骑常侍。"

5. 元定 《周书》卷34《元定传》："（大统）十三年，授河北郡守，加大都督、通直散骑常侍。"

（四）西魏、北周时期河北郡行政区划的演变及其原因

1. 西魏罢陕州，河北郡独立

大统三年（537）宇文泰克弘农、定河北后，曾罢陕州，使河北与恒农二郡不再归属一州，这项措施和当地在各个历史阶段不同战略作用有关。

陕州河北郡四县原属河东郡，为什么到了北魏时把它与河南的恒（弘）农郡合为一州呢?笔者认为，这和当时首都洛阳的战略防御部署有密切联系。北魏定都洛阳，曾置四中郎将以御四方来寇，陕州恒（弘）农郡是西中郎将的驻所，起着防卫西方的重要作用。洛阳西边之敌若来入侵，可以经过黄河南岸的豫西通道与北岸的晋南豫北通道两条途径，陕县及对岸的大阳正是其冲要枢纽，如果依照汉晋的政区划分，它们分别为二郡（或州）所管辖，不利于统一的防务安排。合为一州，有利于黄河两岸的协防，可以在同一位军事长官的指挥下相互支援。西方之敌不论从哪条道路东犯，都会受到阻碍;若有一方形势

危急，陕州主将能够迅速作出反应，便于组织调拨兵力，及时封锁西来之敌的任何一条通路。

大统三年以后，陕县和大阳为西魏所据，但是防御作战的形势发生了很大变化。宇文氏敌手东魏军队的根据地有二，首先是高欢长驻的陪都晋阳（今山西太原），兵力最为强盛；其次是东魏的国都邺城（今河北省临漳县）。东魏与西魏接壤的前线要镇，也是其进攻的出发基地和防御的战略枢纽，亦有两座，一是西邻邵郡（今山西垣曲县）、恒农的河阳（今河南省孟县），二是南邻河东的晋州（今山西临汾）。东魏军队西侵关中，通常经过这两座重镇，走以下三条道路：

汾水道　晋阳之敌沿汾水河谷南下，经晋州抵达河东。

豫西通道　晋阳或邺城之敌经过河阳、洛阳后，沿黄河南岸穿过豫西丘陵山地，进至恒农、潼关。

晋南豫北通道　晋阳或邺城之敌汇集河阳后，沿黄河北岸西进齐子岭，进攻邵郡。

从北朝后期宇文氏与高氏的作战情况来看，无论东魏军队从哪条道路而来，西魏的应对部署都是先由当地驻军进行抵抗，等待关中主力前来救援，而不是由黄河对岸的地方驻军渡河支援；这显然是考虑到黄河天险的阻隔，部队来往调动不便。另外，若是削弱了对岸的防御兵力，也有可能露出破绽，遭到敌人袭击而导致防线的崩溃。因此，在西魏政权的战略防御部署中，河北郡与弘农郡分别担负着不同方向的守备任务，各有自己的防区，并不采取北魏时期两岸驻军密切协作、相互支援的做法，故实行分郡别州而治。

2. 北周明帝置虞州、河北郡境的缩小

北周明帝二年（558）于原河北郡辖境置虞州，治大阳；将其故土分为二郡：河北郡，治大阳，辖河北、芮城两县；安邑郡，治夏县，辖夏县、安邑二县。

北周政权对该地区行政建置的改动也反映了河北郡在这一时期军事地位、

作用的变化，看来此时中条山脉南北两侧的四县所担负的防御任务也各不相同，所以周明帝时将其分为二郡，置虞州而统之；河北、安邑二郡既可以通过峡谷通道相互支援，也能够独立承担各自的防御任务。

（五）西魏河北郡暨北周虞州的属县

下面分述西魏河北郡及北周所设虞州所辖四县的情况。

1. 大阳（河北）县

治今山西平陆县西南，为古虞国、虢国下阳邑所在地，后为晋献公所灭，战国时属魏。《读史方舆纪要》卷41《山西三·平阳府·平陆县》曰："春秋时虞国地，后为晋地，战国时魏。汉为大阳县地，属河东郡。""大阳"或称"太阳"，县治与州治陕城隔河相对，有大阳津渡（或称陕津、茅津）与集津供舟楫来往。《魏书》卷106下《地形志下》陕州河北郡太阳县条注："二汉、晋属河东。后属（陕州），有虞城、夏（下）阳城。"《元和郡县图志》卷6《河南道二》陕州平陆县："本汉大阳县地，属河东郡。后魏于此置河北郡，领河北县。……黄河，在县南二百步。"同书同卷陕州陕县："太阳故关，在县西北四里，后周大象元年置，即茅津也。春秋时秦伯伐晋，自茅津济，封崤尸而还。"《读史方舆纪要》卷41《山西三》蒲州平陆县："黄河，在县南，自芮城县而东，至是微折而南，至其东南三十五里傅岩前，有茅津渡，亦曰大阳渡。又流经县东五十里，经底柱峰，曰三门集津；又流经县东南百二十八里曰白浪渡，皆黄河津济处也。"

大阳为西魏河北郡治所驻地，河北郡旧治在其西边的芮城，北魏孝文帝时移至大阳。王仲荦《北周地理志》第580页河北县条对此考证道："按《寰宇记》：'平陆县本汉大阳县地。后魏太和十一年，自今芮城县界故魏城移河北郡于县理。'又云：'芮城县北五里有魏城，汉以其地为河北县，姚秦于此置河北郡，后魏太和十一年，自此移郡于大阳城。'《水经·河水注》'沙涧水乱流，迳大阳城东，河北郡治。'是河北郡后魏太和十一年，已自魏城移治大阳；至北周武成二年，又改河北县为永乐县，而改大阳县为河北县也。"

大阳县境因南有黄河津渡，北有颠軨坂（虞坂）、白陉道等通路穿越中条山而至运城盆地（详见第二章中"三、道路四达的交通枢纽"），地当冲扼，形势险要，三代时即有统治者于此筑城戍守，如故虞城和下（夏）阳城。《水经注》卷4《河水》曰："（軨）桥之东北有虞原，原上道东有虞城，尧妻舜以嫔于虞者也。"《元和郡县图志》卷6《河南道二》陕州平陆县曰："故虞城，在县东北五十里虞山之上。晋侯使荀息假道于虞以伐虢，即此城也。""下阳故城在县东北二十里。"《读史方舆纪要》卷41《山西三·平阳府·平陆县》："下阳城，在大阳故县东北三十里，春秋时虢邑也。僖二年，虞师、晋师灭夏阳。《穀梁传》：'虞、虢之塞邑，晋献公假道于虞以伐虢，取其下阳以归。'贾逵曰：'虞在晋南，虢在虞南也'。"

其险要与名胜之地还有吴（虞）山、吴（虞）坂、间原、傅岩、颠軨坂等，见《元和郡县图志》卷6《河南道二》陕州平陆县：

> 吴（虞）山，即吴（虞）坂也，伯乐遇骐骥驾盐车之地。其坂自上及下，七山相重。
>
> 傅岩，在县（笔者注：缺字）七里。即傅说版筑之处。
>
> 间原，在县西六十五里。即虞、芮争田，让为间田之所。
>
> 颠軨坂，今谓之軨桥，在县东北四十五里。《左传》曰："冀为不道，入自颠軨"，是也。

西魏大统年间，曾于此县境内侨置北徐州，后废除。王仲荦先生认为该州"当置于虞州河北郡界内，接怀州河内郡"[1]。北徐州的情况可以参见《周书》卷36《段永传》、《郑伟传》、《司马裔传》。

---

① 王仲荦：《北周地理志》，第580页。

大阳县东南黄河中有底柱山及三门，是航道当中的著名险阻。《水经注》卷4《河水》曰："砥柱，山名也。昔禹治洪水，山陵当水者凿之，故破山以通河。河水分流，包山而过，山见水中若柱然，故曰砥柱也。三穿既决，水流疏分，指状表目，亦谓之三门矣。山在虢城东北、大阳城东也。"但据杨守敬《水经注疏》引都穆云，砥柱在三门之东百五十步，别为一山。"砥柱在陕州东五十里黄河中。循河至三门，中曰神门，南曰鬼门，北曰人门。水行其间，声激如雷，而鬼门尤为险恶，舟筏一入，鲜有得脱。三门之广，约二十丈；其东百五十步即砥柱，崇约三丈，周数丈，以三门为砥柱者误也。"

西魏破江陵时，俘获名士颜之推，大将军李穆将他荐往弘农，为其兄李远掌管文书。颜之推不甘为敌国将官的僚属，乘机登舟入河逃脱，历三门而至北齐境界。《北齐书》卷45《文苑·颜之推传》曰："值河水暴长，具船将妻子来奔，经砥柱之险，时人称其勇决。显祖见而悦之，即除奉朝请，引入内馆中，侍从左右，颇被顾盼。"

2. 河北（芮城）

县治在今山西芮城县城关。"黄河，在县南二十里。"[①]此地古为芮伯所居，是商朝的一个小封国，东与虞国为邻。周族兴起，控制关中地区后，虞、芮两国转而属周，曾因边界纠纷请文王平讼。后移封国至河西，春秋初年芮伯万回到故地，在古芮城东北筑城而居，称为魏国，后被晋国所灭，封与大夫毕万，即战国时魏君之祖。两城遗址保存多年。《元和郡县图志》卷6《河南道二》陕州芮城县曰："故魏城，《春秋》'晋灭之，赐毕万'，是也，在县北五里。故芮城，在县西二十里。古芮伯国也。"《读史方舆纪要》卷41《山西三·平阳府·芮城县》："古芮城，县西三十里，商时芮伯封此，与虞为邻国。文王为西伯，虞、芮质成是也。周时芮为同姓国，其封地在今陕西同州。《春秋》桓三年：'芮伯万为母所逐，出居于魏，谓即此城云。今名郑村'。""河北

---

①《元和郡县图志》卷6《河南道二·陕州·芮城县》。

城，在县东北三十里，一名魏城，故魏国城也。晋献公灭之以封其大夫毕万。汉置河北县，魏、晋皆属河东郡。姚秦置河北郡于此，后魏因之。《地记》：'郡治大阳，河北县仍治此。后周改置河北郡于大阳，此城遂废'。《汉志》注：'河北县即古魏国'是矣。"

该县自汉朝至魏晋均称"河北"，属河东郡。十六国姚秦时于此立河北郡，北魏沿袭。西魏时曾改置安戎县，北周明帝二年（558）改称芮城县，属虞州。周武帝时又改称虞州为芮州。《读史方舆纪要》卷41《山西三·平阳府·芮城县》曰："古芮国，春秋时魏国地，后属晋。汉为河东郡河北县地。西魏置安戎县，后周改芮城，又置永乐郡（笔者注：'郡'应为'县'）于此。"《元和郡县图志》卷6《河南道二》陕州曰："芮城县，本汉河北县地，属河东郡，自汉至后魏因之。周明帝二年，改名芮城，属河北郡。其年，又于此置虞州。武帝建德二年，于县置芮州。"《太平寰宇记》卷6陕州芮城县："古魏国附庸邑。今县西二十里有芮城。按《史记》：芮国在冯翊界。鲁桓公三年，芮伯万为母姜氏所逐，遂居于魏，为晋所灭。今芮城是也。今县北五里有魏城，即毕万所封。汉以其地为河北，属河东郡。……后周明帝二年，自县东十里移安戎县于此置，寻改为芮城县，因古芮城而得名。"光绪《山西通志》卷54《古迹考五》曰："安戎城，在芮城县东。"

北周明帝武成二年（560）又于芮城县境分置永乐县，治今芮城县西南永乐镇，周武帝保定二年（562）废。《隋书》卷30《地理志中》河东郡曰："芮城，旧置，曰安戎，后周改焉，又置永乐郡，后省入焉。有关官。"《太平寰宇记》卷46蒲州永乐县曰："本汉河北县地，后周武成二年改河北县为永乐县，保定二年省，以地属芮城。"

杨守敬《〈隋书·地理志〉考证》云："据《寰宇记》，则《隋志》'永乐郡'当作'永乐县'。"又见《读史方舆纪要》卷41《山西三》蒲州条曰："永乐城，州东南百二十里，本蒲坂县地。后周置永乐县，为永乐郡治，寻省郡，后又省县入芮城。"

河北（芮城）县背依首阳山，此处为中条山脉最狭之处①，有道可以穿越，进入运城盆地。其地当河曲，东西有大阳、风陵两处要津，本县境内又有窦津可以航渡黄河②。故亦属要冲，素为兵家所重。

河北（芮城）县因形势险要，多有城堡故址。除前述古芮城、魏城外，据《读史方舆纪要》卷41《山西三·平阳府·芮城县》记载，还有万寿堡，在"县西北八里。《志》云：周显王时芮民西接于秦，葺此堡以自守，废址犹存"。

襄邑堡，"在县东。晋义熙十三年刘裕遣诸军伐姚秦，进抵潼关，檀道济、沈林子自陕北度河，拔襄邑堡。《括地志》：'襄邑堡在河北县'"。

3. 南安邑（夏县）

在中条山麓的北侧、涑水中游河段的东南，西魏南安邑县治所在今山西运城市安邑乡，北周改称夏县，移其治所到今夏县城关。南安邑在秦汉时为安邑县地，属河东郡。《魏书》卷106下《地形志下》载北魏孝文帝太和十一年（487）将原安邑县分为南安邑、北安邑二县③，置安邑郡以统之。后废安邑郡，改属河北郡。传说夏禹曾在此建都，今仍存有禹王城遗址，故北周时改称为夏县。王仲荦《北周地理志》第582页考述曰："按南安邑本在今安邑县界，建德七年，始移今治也。"

---

①《读史方舆纪要》卷41《山西三·平阳府·芮城县》："首阳山，县北十五里，北与蒲州接界。《郡国志》：薄山在县城北十里，以其南北狭薄，谓之薄山，即中条之异名也。"

②《读史方舆纪要》卷41《山西三·平阳府·芮城县》："大河，在县南；又县西亦距河，相去不过二十余里。县居河、山之间，最为迫狭，亦谓之河曲。……《旧志》云：河水自蒲坂南至潼关，激而东流，蒲坂、潼关之间，谓之河曲也。""涅泉，县东北三十五里，出中条山，南入大河，一名涅泽，其入河处谓之涅津渡，达河南灵宝县。《郡志》云：涅津一名窦津，亦名陌底渡，在芮城县东南四十里王村。"

③《元和郡县图志》卷6《河南道二·陕州》"夏县"条和《太平寰宇记》卷6《河南道二·陕州》"夏县"条均称北魏孝文帝时析安邑县地分置夏县，时间又有所不同，今从《魏书·地形志》所载。《元和郡县图志》卷6《河南道二·陕州》："夏县，本汉安邑县地，属河东郡。后魏孝文帝太和十一年，别置安邑县，十八年改为夏县，因夏禹所都为名。……"《太平寰宇记》卷6《河南道二·陕州》夏县："本汉安邑故地，魏孝文太和元年析安邑县置夏县，以夏禹所都之地为名，属河东郡。后周建德七年移于此地。"

县西有涑水流过，北魏时曾于此为渠首，开凿运河通航将池盐外运，名为永丰渠。唐朝都水监姚暹在此基础上疏通挖掘，以通运泻洪，后名为姚暹渠，自今夏县王峪口至永济市五姓湖，总长120公里。《元和郡县图志》卷6《河南道二》陕州夏县曰："涑川，在县北四十里。……按：川东西三十里，南北七里。"《太平寰宇记》卷6《河南道二》陕州夏县：'涑川，在县北四十里，从闻喜县界接河中猗氏县。东北有青原，南距安邑，沃野弥望一百余里'。《左传》成公十三年，晋侯使吕相绝秦，曰：'伐我涑川。'"《读史方舆纪要》卷41《山西三·平阳府·夏县》："姚暹渠，在城南，中条山北之水引流为渠。在县北十里有横洛渠，县东十里有李绰渠，皆中条山谷诸水所导流也，汇流而南入于安邑之苦池滩。"

该县境内还有几座古城遗址，例如：

（1）夏城（禹王城）

在今夏县西北。见《元和郡县图志》卷6《河南道二》陕州夏县："安邑故城，在县西北十五里。夏禹所都也。"又见《读史方舆纪要》卷41《山西三·平阳府·夏县》："夏城，县西北十五里，相传禹建都时筑，一名禹王城。城内有青台，高百尺，或谓之涂山氏台。"

《太平寰宇记》卷6《河南道二》陕州夏县，"夏禹台在县西北十五里，《土地十三州志》云：'禹娶涂山氏女，思本国，筑台以望。今城南门台基犹存。'夏静《与洛下人书》曰：'安邑涂山氏台，俗谓之青台，上有禹祠'"。

（2）巫咸城

在今夏县南。《读史方舆纪要》卷41《山西三·平阳府·夏县》："巫咸城，县南五里，相传殷巫咸隐此。"

4. 北安邑（安邑）

辖区在南安邑之北，治今山西夏县西北禹王乡。该地传说曾为夏禹故都，春秋时属晋国领土，大夫魏绛曾将封邑自魏城（今山西芮城）迁至此，战国前期是魏国的都城。秦汉魏晋为安邑县，属河东郡。北魏孝文帝太和十一年

（487）分安邑县为南安邑、北安邑二县，置安邑郡以统之；十八年（494）转属河北郡。西魏因之，北周时改北安邑为安邑，属虞州安邑郡。《魏书》卷106下《地形志下》河北郡北安邑条注曰："二汉、晋曰安邑，属河东，后改。太和十一年置为郡，十八年复属。"《元和郡县图志》卷6《河南道二》陕州："安邑县，本夏旧都，汉以为县，属河东郡。隋开皇十六年属虞州，贞观十七年属蒲州，乾元三年割属陕州。"《读史方舆纪要》卷41《山西三·平阳府·安邑县》："故夏都也，春秋时属晋，战国为魏都，后入于秦，秦为安邑县，河东郡治焉。两汉及魏、晋因之。后魏太和十一年置安邑郡，寻改县为北安邑县，又改郡为河北郡，县属焉。……安邑故城，县西二里，皇甫谧云：'舜、禹皆都于此。'春秋时魏绛徙安邑。又魏武侯二年城安邑。《战国策》城浑曰：'蒲坂、平阳相去百里，秦人一夜袭之，安邑不知。'《史记》：秦孝公八年，卫鞅将兵围安邑，降之。《魏世家》：惠王三十一年，秦地东至河，安邑近秦，于是徙都大梁。《秦纪》：昭襄二十一年左更错攻魏，魏献安邑，始置河东郡。"

王仲荦《北周地理志》第582页考述曰："按安邑之除北字，当与北周改南安邑为夏县同时。"

北安邑有以下名胜要地：

（1）盐池

在今山西运城市南。《元和郡县图志》卷6《河南道二》陕州安邑县条云："盐池，在县南五里，即《左传》'郇、瑕氏之地，沃饶近盬'是也。今按：池东西四十里，南北七里，西入解县界。"王仲荦先生考证北安邑盐池云："在今运城县东南，与解池盖一池而分为东西两池也。"

（2）司盐城

在今夏县西，为汉晋北朝盐池管理官员的治所。见《读史方舆纪要》卷41《山西三·平阳府·安邑县》："司盐城，城西二十里。《括地志》：'故盐氏城也。'《秦纪》：'昭襄王十一年齐、韩、魏、赵、宋、中山共攻秦，至盐氏而还。'汉有司盐都尉治此，因名司盐城。"北魏因之，设司盐都将。西魏辛庆之曾为盐池都将，治此，抗拒东魏北、东两路来敌，事见前引《周书》卷39《辛庆之传》。

（3）雷首山

在今夏县南，即中条山脉的一段，有银矿。《元和郡县图志》卷6《河南道二》陕州安邑县条云："雷首山，一名中条山，在县南二十里。其山有银谷，在县西南三十五里，隋及武德初并置银冶监，今废。"

（4）高堆原

在今夏县北，是传说中商汤伐桀的古战场——"鸣条"之所在地。《元和郡县图志》卷6《河南道二》陕州安邑县条："高堆原，在县北三十里。原南坂口，即古鸣条陌也，汤与桀战于此。"又见《读史方舆纪要》卷41《山西三·平阳府·安邑县》："鸣条冈，县北三十里。《括地志》：'高涯原在安邑县北，其南坂口即故鸣条陌。冈之北与夏县接界。'或云舜所葬也。"

三　邵郡（邵州）、王屋郡（西怀州）

（一）邵郡的由来

邵郡位于河东地区的东南部，辖境大致相当于现在山西省的垣曲县，秦汉魏晋时为河东郡垣县所治。据史籍所载，北魏献文帝皇兴四年（470），在旧垣县的辖区范围内建立了邵郡，治所在阳胡城（今山西垣曲县古城镇东南），属东雍州，下有白水、清廉、苌平、西太平四县。《魏书》卷106《地形志上》曰："东雍州（本注：世祖置，太和中罢，天平初复）领郡三，县八。邵郡，领县四，……白水（本注：有马头山）、清廉（本注：有清廉山、白马山）、苌平（本注：有王屋山）、西太平。"

因为垣县在周代曾作为召（邵）公姬奭的采邑，称为"邵（召）"、"召原"、"郫邵"，故命名为"邵郡"。《太平寰宇记》卷47《河东道八·绛州》垣县："本河东郡之县名，其地即周、召分陕之所。今县东北六十里有邵原祠庙于古棠树。《春秋》襄公二十三年，'齐侯伐晋，取朝歌，为二队，入孟门，登太行，张武军于荧庭，戍郫邵。'杜注云：'晋邑'。《晋书·地理志》云汉属河东郡。后魏献文帝皇兴四年置邵郡于阳壶（胡）旧城。"

又，《读史方舆纪要》卷41《山西三·平阳府·绛州》垣曲县邵城条亦言："在县东，亦曰郫邵。《博物记》：'垣县东九十里有郫邵之陌。'《春秋》文八年'晋贾季迎公子乐于陈，赵孟杀诸郫'，即郫邵也。又襄二十三年：'齐侯伐晋，取朝歌，入孟门，登太行，张武军于荧庭，戍郫邵'。孔颖达曰：'垣县有召亭'是也。宋白曰：'其地即周、召分陕之所'。今有邵原祠，在垣县东六十里古棠树下，魏邵郡盖因以名。"

邵郡枕带黄河，位于中条山、王屋山交汇地段，是河东地区通往中原的东方门户，郡内有三条通道，汇集于白水县，东有箕关道（古称轵道）通河阳，北有鼓钟道通闻喜含口，西有路途沿黄河北岸至河北郡大阳津渡及河北（芮城）县，战略地位十分重要，故受到统治者的重视。北魏孝文帝太和年间一度撤销了邵郡，将其地并入河内郡。肃宗正光年间，由于汾州少数民族暴动，威胁到首都洛阳的安全，朝廷派裴庆孙领兵由轵关进入河东平叛，认为该地形势紧要，随即在孝昌年间又恢复了邵郡的政区建制。《魏书》卷69《裴延俊附庆孙传》曰："正光末，汾州吐京群胡……聚党作逆……（庆孙）从轵关入讨，至齐子岭东，……乃深入二百余里，至阳胡城。朝廷以此地被山带河，衿要之所，肃宗末，遂立邵郡，因以庆孙为太守。"《魏书》卷106上《地形志上》东雍州邵郡条注："皇兴四年置邵上郡，太和中并河内，孝昌中改复。"

（二）西魏、东魏对邵郡的争夺

东、西魏分裂之后，邵郡在高欢政权的控制下。大统三年（537）八月，宇文泰出潼关、克弘农后，随军大臣、河东豪杰杨㯹诱说邵郡土豪王覆怜等起兵，擒杀东魏所置守令，归降宇文泰。详情可见《周书》卷34《杨㯹传》：

> 时弘农为东魏守，㯹从太祖攻拔之。然自河以北，犹附东魏。㯹父猛

先为邵郡白水令，摽与其豪右相知，请微行诣邵郡，举兵以应朝廷。太祖许之。摽遂行，与土豪王覆怜等阴谋举事，密相应会者三千人，内外俱发，遂拔邵郡。擒郡守程保及令四人，并斩之。众议推摽行郡事，摽以因覆怜成事，遂表覆怜为邵郡守。

又见《周书》卷2《文帝纪下》大统三年八月太祖东伐至弘农，"于是宜阳、邵郡皆来归附。"

大统四年（538）河桥之战后，东魏军队乘胜进击河东，收复了邵郡等失地，但杨摽又领兵反攻，再度夺下了这座战略重镇。事见《北齐书》卷17《斛律金传》："（元象中）因从高祖攻下南绛、邵郡等数城。"及《周书》卷34《杨摽传》："……既而邵郡民以邵东叛，郡守郭武安脱身走免，摽又率兵攻而复之。"

杨摽克复邵郡后，以此为基地，攻东魏建州（治今山西晋城东北），后因孤军深入，战事不利，又撤兵返回邵郡。见《周书》卷34《杨摽传》："太祖以摽有谋略，堪委边任，乃表行建州事。时建州远在敌境三百余里，然摽威恩凤著，所经之处，多并赢粮附之；比至建州，众已一万。东魏刺史车折于洛出兵逆战，摽击败之。又破其行台斛律俱步骑二万于州西，大获甲仗及军资，以给义士。由是威名大振。东魏遣太保侯景攻陷正平，复遣行台薛循义率兵与斛律俱相会，于是敌众渐盛。摽以孤军无援，且腹背受敌，谋欲拔还。恐义徒背叛，遂伪为太祖书，遣人若从外送来者，云已遣军四道赴援。因令人漏泄，使所在知之。又分土人义首，令领所部四出抄掠，拟供军费。摽分遣讫，遂于夜中拔还邵郡。朝廷嘉其权以全军，即授建州刺史。"

（三）北周置邵州

西魏克邵郡后，未立州以统之。北周明帝二年（558），置邵州，下属邵郡；武成元年（559）又改白水县为亳城县。事见《隋书》卷30《地理志中·

绛郡》："垣，后魏置邵郡及白水县，后周置邵州，改白水为亳城。开皇初郡废，大业初州废。"《元和郡县图志》卷6《河南道二》陕州亦云："垣县，本汉县，属河东郡，后魏献文帝皇兴四年，置邵州（笔者注：'州'应作'郡'）及白水县。周明帝武成元年，改白水为亳城县，隋大业三年改亳城为垣县，属绛郡。"

又，《太平寰宇记》卷47《河东道八·绛州》曰："垣县，……《晋书·地理志》云汉属河东郡。后魏献文帝皇兴四年，置邵郡于阳壶（胡）旧城。西魏大统三年置邵州，移于今所。隋大业三年废邵州。"王仲荦《北周地理志》第583页对此评论道："按置立邵州，在周明帝二年，《记》云大统三年，误。"

（四）西魏、北周的邵郡、邵州长官

1. 西魏任邵郡太守者

史籍所载西魏任邵郡太守者有三人，先后为：王覆怜，大统三年八月西魏克邵郡后任职。郭武安，大统四年任职，河桥之战后东魏兵进邵郡时弃官逃走。杨㩻，大统中领兵再克邵郡后被任命领郡守职。三人事见《周书》卷34《杨㩻传》：

> （大统三年拔邵郡，杨㩻等）遂表（王）覆怜为邵郡守。……既而邵郡民以邵东叛，郡守郭武安脱身走免，㩻又率兵攻而复之。……（大统十二年，加晋、建二州诸军事）复除建州、邵郡、河内、汲郡、黎阳诸军事，领邵郡。

2. 北周任邵州刺史者

史料所载有以下官员：

（1）杨㩻 《周书》卷34《杨㩻传》："（大统十六年，授大行台尚书）；又于邵郡置邵州，以㩻为刺史，率所部兵镇之。"

（2）梁昕　《周书》卷39《梁昕传》："安定乌氏人也，世为关中著姓。……（世宗）三年，除九曲城主。保定元年，迁中州刺史，增邑八百户，转邵州刺史。二年，以母丧去职。寻起复本任。天和初，征拜工部中大夫。"

（3）于义　《隋书》卷39《于义传》："明、武世，历西兖、瓜、邵三州刺史。数从征伐，进位开府。"又姚崇《兖州都督于知微碑》曰："高祖义，周瓜、潼、兖、邵四州刺史。"

（4）贺若谊　《隋书》；卷39《贺若谊传》："周闵帝受禅，除司射大夫，……后历灵、邵二州刺史，原、信二州总管，俱有能名。"

（5）豆卢勣　《隋书》卷39《豆卢勣传》："天和二年，授邵州刺史，袭爵楚国公。"

（6）韩德舆　《周书》卷34《杨㩴附韩盛传》："（兄）德舆……历官持节、车骑大将军、仪同三司、通洛慈涧防主、邵州刺史、任城县男。"

（7）郑诩　《周书》卷35《郑孝穆传》：子诩"后至开府仪同三司、大将军、邵州刺史"。

（8）寇峤　《周故邵州刺史寇峤妻襄城君薛夫人墓志》，载于赵超《汉魏南北朝墓志汇编》第490页，天津古籍出版社1992年出版。

（五）邵郡属县

据前引《魏书》卷106上《地形志上》所载，北魏邵郡属县有四：白水、清廉、苌平、西太平。西魏、北周时邵郡先后设立三县：白水（后改为亳城）、清廉、蒲原。分别详述如下：

1. 白水县

治阳胡城，在今山西垣曲县东南旧垣曲古城东南。白水县地即前述古之召原、郫邵，周代召公之采邑，春秋时为晋地。战国时称垣、王垣，属魏国，以该县境内有王屋山，其状如垣而得名。《读史方舆纪要》卷41《山西三·平阳府·垣曲县》：

垣县城，在县西北二十里，故魏邑也，一名王垣。《史记》："魏武侯二年，城安邑、王垣"。又秦昭襄十五年大梁（良）造白起攻魏，取垣，复与之。十八年复取垣。汉置垣县。后汉延平元年垣山崩，即垣县山也。徐广曰："县有王屋山，故曰王垣"，亦曰武垣。……《博物记》："山在县东，状如垣，故县亦有东垣之称。"建安十年，寇张白骑之众攻东垣。晋太元十一年符丕与慕容永战于襄陵，大败，南奔东垣，即此。

秦汉时该地为垣县，属河东郡。北魏、西魏称白水，为邵郡治所。北周改称亳城。见《元和郡县图志》卷6《河南道二·陕州》："垣县，本汉县，属河东郡。后魏献文帝皇兴四年，置邵州（郡）及白水县。周明帝武成元年，改白水为亳城县，隋大业三年改亳城为垣县，属绛郡。武德元年属邵州，九年属绛州，贞元三年割属陕州。县枕黄河。"

又见《读史方舆纪要》卷41《山西三·平阳府·垣曲县》条："汉河东郡垣县地。后魏皇兴四年置白水县，为邵郡治。后周兼置邵州，改县曰亳城。隋开皇初郡废，大业初州废，改县为垣县，属绛郡。"

另据《读史方舆纪要》卷41《山西三·平阳府·垣曲县》所载，北魏改县名为白水，是因为县城东面有白水河的缘故。"魏白水县即故垣县也。城东有白水，西南流合清水，故改为白水县，邵郡、邵州皆治焉。"

该县为邵郡的主体，县治暨郡治阳胡城披山带河，形势险要，又为箕关道（轵道）、鼓钟道、濒河道三途交汇之所，为中原人众自东方进入河东地区的通路枢纽，故历来备受兵家重视。县内的关隘城堡众多，历述如下：

（1）箕关

在县东，又称濩关。《读史方舆纪要》卷41《山西三·平阳府·垣曲县》条载箕关，"在县东北七十里，亦曰濩关。《水经注》：'濩水出王屋西山濩溪，夹山东南流经故城东，即濩关也。濩水西屈经关城南，又东流注于河'。《后汉书》：'建武三年遣邓禹入关，至箕关击河东都尉。二年遣司空王梁北守箕关，击赤眉别校，降之'。即此"。

箕关外即齐子岭，为两魏周齐分界之弃地。《读史方舆纪要》卷49《河南四·怀庆府·济源县》曰："齐子岭，县西六十里。杜佑曰：'在王屋县东二十里，周、齐分界处也'。西魏大统十二年高欢围玉壁，别使侯景将兵趣齐子岭。又周建德五年周主攻齐晋州，分遣韩明守齐子岭是也。"由邵郡东行，出箕关越齐子岭，即抵达轵关（今河南济源市西）①，距离东魏北齐的中原重镇河阳不远。其间道路山峦重复，林木丛生，崎岖难行。如武定四年（546）高欢南下河东，曾命令河南守将侯景西进齐子岭，进攻邵郡。宇文泰使杨㧑迎击，"（侯）景闻㧑至，斫木断路者六十余里，犹惊而不安，遂退还河阳"②。

（2）邵城

在县东。见《读史方舆纪要》卷41《山西三·平阳府·垣曲县》条："邵城，在县东，亦曰郫邵。《博物记》：'垣县东九十里有郫邵之陌。'《春秋》文八年'晋贾季迎公子乐于陈，赵孟杀诸郫'，即郫邵也。又襄二十三年：'齐侯伐晋，取朝歌，入孟门，登太行，张武军于荧庭，戍郫邵'。孔颖达曰：'垣县有召亭'是也。宋白曰：'其地即周、召分陕之所'。今有邵原祠，在垣县东六十里古棠树下，魏邵郡盖因以名。"

（3）亳城

在今垣曲县西北。见《读史方舆纪要》卷41《山西三·平阳府·垣曲县》条："亳城，在县西北十五里，相传汤克夏归亳，尝驻于此，因名。后周以此名县。隋义宁初复置亳城县，属邵原郡。"

---

①《读史方舆纪要》卷49《河南四·怀庆府·济源县》："轵关，在县西北十五里。关当轵道之险，因曰轵关。……又北齐主湛河清二年，遣斛律光筑勋掌城于轵关，仍筑长城二百里，置十二戍。宇文周保定四年杨㧑与齐战，出轵关，引兵深入，为齐所败。又建德四年韦孝宽陈伐齐之策曰：'大军出轵关，方轨而进'。盖自轵关出险趣邺，前无阻险，可以方轨横行云。"

②《周书》卷34《杨㧑传》。

（4）鼓钟城

在今垣曲县古城北鼓钟山，形势险峻，扼守由白水至闻喜进入运城盆地的要途——鼓钟道。王屋山与中条山在垣曲县交接，有路自河内（今河南济源市）沿黄河北岸西经轵关至白水，再北逾王屋山麓，经皋落镇至闻喜县含口镇（今绛县冷口），到达涑水上游，从而进入运城盆地。《读史方舆纪要》卷41《山西三·平阳府·垣曲县》条："鼓钟镇，县北六十里，亦曰鼓钟城。《水经注》：'教水出垣县北教山，其水南历鼓钟上峡，飞流注壑，夹岸深高，南流历鼓钟川。川西南有冶宫，世谓之鼓钟城。'后周建德五年攻晋州，分遣尹升守鼓钟镇，即是处矣。鼓钟川水至马头山东伏流，重出南入于河。"

（5）垣城

在今垣曲县西。见《元和郡县图志》卷6《河南道二》陕州垣县条："垣城，在县西二十里。"又见《读史方舆纪要》卷41《山西三·平阳府·垣曲县》："垣县城，在县西北二十里，故魏邑也，一名王垣。"

（6）皋落城

在今垣曲古城西北皋落镇。参见《元和郡县图志》卷6《河南道二》陕州垣县条："皋落城，在县西北六十里。《左传》曰：'晋侯使太子申生伐东山皋落氏'是也。"

又见《太平寰宇记》卷47《河东道八·绛州》垣县条："古皋落城，在县西北六十里。一名倚箚城。按《左传》闵公二年：'晋侯使太子申生伐东山皋落氏。'杜注云：'赤狄别种也'。《水经注》云：'清水东流经皋落城北'。"

《读史方舆纪要》卷41《山西三·平阳府·垣曲县》亦曰："皋落城，在县西北六十里。《水经注》：'清水东流经皋落城。即《春秋》闵二年晋侯伐东山皋落氏处。世谓之倚亳城，盖声相近。'今亦见前乐平县皋落山。"

（7）阳胡城

白水县治暨邵郡治所所在地，在今山西垣曲县东南旧垣曲古城东南东滩村，先秦时称壶（瓠）丘、阳壶，南濒黄河，北依中条山。参见《太平寰宇记》卷47《河东道八·绛州》垣县条："古阳壶城，南临大河。《左传》襄公元年春，'晋围宋彭城，晋人以宋五大夫在彭城者归，置诸瓠丘'。杜注云：'瓠丘，晋地，河东东垣县东南有壶丘'。《水经注》云：'清水又东南经阳壶城东，即垣县之壶丘亭也'。"

又见《读史方舆纪要》卷41《山西三·平阳府·垣曲县》：

> 阳胡城，在县东南二十里，近大河。亦曰阳壶，即崤谷之北岸。春秋时谓之壶丘。襄元年，晋人以宋五大夫在彭城者归，置之瓠丘。杜预曰："河东之垣县东南有壶丘亭"也，亦曰阳壶。战国周安王元年秦伐魏，至阳壶。后魏时曰阳胡。《魏书·裴庆孙传》："邵郡治阳胡城，去轵关二百余里。"魏主脩永熙三年与高欢有隙，将入关，使源子恭守阳胡，盖以防欢之邀截。西魏以邵郡为重镇，与高欢相持，亦即阳胡矣。

2. 清廉县

今山西垣曲县古城西。北魏置邵郡时，割闻喜、安邑二县东界之人于当地设清廉县治之，以当地有清廉山而得名。见《魏书》卷106上《地形志上》载邵郡领清廉县注，境内有清廉山。又见《太平寰宇记》卷47《河东道八·绛州》垣县条："古清廉县，在县西五十二里，后魏割闻喜、安邑东界之人，于清廉山北置县，隶邵郡。隋大业二年废。"

清廉山在白水县西北，地扼其通往绛县、闻喜而进入运城盆地的大道，故位置相当重要，如光绪《山西通志》卷31《山川考一》所称："清廉山，亦曰清襄山，横岭关所倚也。北为冷口峪，在绛县南涑水所出之黍葭谷也。南为风山口，在垣曲西北毫清水所出之西岭也。其山属绛者，北限乾河，西通含口，近接闻喜境。属垣者有转山、墨山、曦山、虎儿、鹰嘴、白马诸山。南则俯临黄河，西则环以清水，有壶丘焉，止于县城之右为中条尾。"

境内有清廉城，在县西。《读史方舆纪要》卷41《山西三·平阳府·垣曲县》曰："清廉城，县西五十二里，后魏置，以清廉山为名。隋义宁初复置，属邵原郡。……"

3. 蒲原县

在今垣曲县古城西。北周时曾分白水县界置蒲原县，在垣县之东，隋炀帝时并入垣县。参见《隋书》卷30《地理志中》绛郡垣县条注："后魏置邵郡及白水县。后周置邵州，改白水为亳城。开皇初郡废，大业初州废，县改为垣县，又省后魏所置清廉县及后周所置蒲原县入焉。有黑山。"

另见《读史方舆纪要》卷41《山西三·平阳府·垣曲县》："又蒲原废县，在县东，后周置，大业初省。唐武德二年改置长泉县，属怀州，寻废。"

（六）王屋郡、王屋县

北周明帝武成元年（559）置王屋郡，郡治王屋县，在今河南济源县西八十里王屋镇，以县北王屋山而命名①。周武帝天和六年（571），又于此地立西怀州，至建德六年（577）平齐后撤销该州建制。王屋县辖地即秦汉时河东郡垣县东部、北魏邵郡之苌（长）平县。《隋书》卷30《地理志中》河内郡王屋县条注："旧曰长（苌）平，后周改焉，后又置怀州。及平齐，废州置王屋郡。开皇初郡废。有王屋山、齐子岭。有轵关。"《元和郡县图志》卷5《河南道一·河南府王屋县》曰："本周时召康公之采邑，汉为垣县地，后魏献文帝分垣县置长（苌）平县，周明帝改为王屋县，因山为名，仍于县置王屋郡。天和元年，又为西怀州。隋开皇三年，改为邵州。大业三年，废邵州，以县属怀州。显庆二年，割属河南府。"《太平寰宇记》卷5《河南道五·西京三·河南府》曰："王屋县，本周畿内地召公之邑。平王东迁，亦为采地。今县西有康公祠。六国属魏，汉为河东郡垣县地。后魏皇兴四年于此分置长平县，属邵州（笔者注：'州'应为'郡'）。北齐置怀州，后周武成元年，州废，改为王屋

---

① 《太平寰宇记》卷5《河南道五·西京三·河南府王屋县》："王屋山在县北十五里……在河东垣县之地。《古今地名》云：'王屋山状如垣，故以名县'。"

县，因县北十里山为名。仍于县理置王屋郡。天和六年又于郡理立西怀州，建德六年州省，又为王屋郡。隋开皇三年郡罢，以县属邵州。大业三年省州，以县入河内郡。"

大统三年八月宇文泰克邵郡，与高欢几度争夺易手后，边界相对固定下来，西魏守白水县箕关，东魏守怀州之轵关，旧芟平县所在之齐子岭地区为两国边界之隙（弃）地[①]，无人镇守，故双方将领侯景、杨㯹等可以带兵自由进出[②]。

该县南临黄河，境内有邵原、邵康公庙等古迹。《太平寰宇记》卷5《河南道五·西京三·河南府王屋县》曰："黄河，在县南十五里。……邵原，在县西四十里，即康公之采地也。……邵康公庙，在县西十五里，《舆地志》云：'垣县，邵康公之邑'。《春秋》注云：'邵康公，周太保召公奭也'。"

四　南绛郡（绛郡）

西魏、北周（平齐前）在河东地区东北部的统治区域以原北魏之南绛郡辖地为主，魏恭帝时改南绛郡为绛郡。此外，宇文氏在原北魏晋州北绛郡北绛县、东雍州正平郡曲沃县亦有若干军事据点，多数维持到北齐天保年间。

（一）西魏之南绛郡——绛郡

大统三年八月，宇文泰克弘农，又渡河下邵郡后，河东诸郡豪杰纷纷倒戈投向西魏。《周书》卷34《杨㯹传》曰："……于是遣谍人诱说东魏城堡，旬

[①]《通典》卷177《州郡七·河南府王屋县》："古召公之邑，北齐置怀州，今县东二十里齐子岭，周齐分界处。"

《元和郡县图志》卷5《河南道一·河南府王屋县》："齐子岭，在县东十二里，即宇文周与高齐分据境之处也。"

[②]《周书》卷34《杨㯹传》："（大统八年）及齐神武围玉壁，别令侯景趣齐子岭。㯹恐入寇邵郡，率骑御之。景闻㯹至，斫木断路者六十余里，犹惊而不安，遂退还河阳，其见惮如此。"

月之间，正平、河北、南汾、二绛、建州、太宁等城，并有请为内应者，大军因攻而拔之。"引起了当地东魏统治的崩溃。这段记载中"二绛"指的是北魏设立的南绛郡、北绛郡，原属晋州。据《魏书》卷106上《地形志上》记载，南绛郡治会（浍）交川（今山西绛县东北大交镇），孝庄帝建义元年（528）置，领县二，南绛，"太和十八年置，属正平郡，建义初属"；小乡，"建义元年罢（笔者注，'罢'应为'置'，见中华书局本《魏书》第2516页注72校勘记）。有小乡城。"北绛郡治北绛县城（今山西翼城县东南北绛村），孝明帝孝昌三年（527）置，有新安、北绛二县。

光绪《山西通志》卷27《府州厅县考五》对此记述较详：

> 绛县，春秋晋曲沃东境地。战国为曲阳地。二汉、晋皆为河东郡闻喜县地。其绛县，后汉为绛邑，晋隶平阳郡，非今县地。晋末废。后魏太和十二年，复置绛县（本注云：此北绛，初尚未加"北"字）。十八年，始析南境浍南地置南绛县，治车厢城，同隶晋州之正平郡。建义元年，置南绛郡，治浍交川，改南绛并新置小乡县隶焉。

沙苑之战以后，高欢退还晋阳，西魏兵锋曾抵晋州（今山西临汾市）城下。但次年东魏大举反攻，先后收复北绛、南绛、邵郡等地。见《北齐书》卷17《斛律金传》："金到晋州，以军退不行，仍与行台薛修义共围乔山之寇。俄而高祖至，仍共讨平之，因从高祖攻下南绛、邵郡等数城。"双方在河东地区东北部经过拉锯争夺后，大致以浍水、绛山为界，各立南绛郡。西魏之南绛郡治车箱城，在今山西绛县东南。西魏恭帝在位时（554—556），改南绛郡（县）为绛郡（县）。见《太平寰宇记》卷47《河东道八·绛州》：

> 绛县，本汉闻喜县地，自汉迄晋同。后魏孝文帝置南绛县，其地属焉，因县北绛山为名，属正平郡。孝庄改属南绛郡。县理车箱城，今县

南十里车箱城是也。恭帝去"南"字，直为绛县。开皇三年罢郡，改属绛州。武德元年自车箱城移于浍州，四年废浍州，属绛州。

东魏亦立南绛郡，治所仍在浍交川。《周书》卷34《杨㩰传》曰："转正平郡守，又击破东魏南绛郡，虏其郡守屈僧珍。"王仲荦《北周地理志》第804页曰绛郡小乡县："旧置，有后魏置南绛郡"，自注曰："此后魏东魏北齐之南绛郡治浍交川者也。杨守敬《〈隋书·地理志〉考证》谓此南绛郡与绛郡复出，盖不知东西分峙时，一置南绛郡治浍交川，一置绛郡治车箱城，固非一地一事也。"

北周明帝二年（558）立绛州，绛郡并入其辖区。

（二）南绛郡（绛郡）属县

1. 南绛（绛）

西魏南绛县（绛县）治车箱城，在今绛县东南十里，大统五年（539）筑。参见《太平寰宇记》卷47《河东道八·绛州绛县》："古理车箱城，去县东南十里，在太阴山北，四面悬绝。西魏大统五年修其城，东西长，形似车箱，因名。"

《读史方舆纪要》卷41《山西三·平阳府·绛县》记载较为详备："车箱城，在县东南十里。《志》云：晋侯处群公子之所，城东西形长如车箱而名。西魏大统五年尝修此城为戍守处，又侨置建州于此。十二年高欢围玉壁，别使侯景将兵趋齐子岭。魏建州刺史杨㩰镇车箱，恐其寇邵郡，帅骑御之。十六年宇文泰伐齐，自弘农为桥济河，至建州，即此城也。宋白曰：'绛县古理车箱城，隋移今治'。"

南绛县在春秋时为晋国属地，称为"新田"。据《元和郡县图志》卷12和《太平寰宇记》卷47所载，该县在西汉时为闻喜县地，属河东郡。而《读史方舆纪要》卷41称其为西汉绛县辖地，汉高帝六年（前201）曾封于功臣华无害为侯国。可能因为该地在西汉位于闻喜、绛两县交界之处，当时舆书记载归属不详，故有争议①。其名"绛"，是由于县北的绛山而命名，绛山今称紫金山，因为含有铁矿而呈现绛红色。见《读史方舆纪要》卷41《山西三·平阳府·绛县》："绛山，县西北二十五里，山出铁，亦名紫金山，盖与曲沃县接界。《志》云：'绛山西入闻喜县，东距白马山，绛水出其谷内'。"

此外，该县产铁之处还有备穷山，见《元和郡县图志》卷12《河东道一·绛州绛县》："备穷山，在县东北二十五里。出铁矿，穴五所。"

南绛县（绛县）处于中条山西北麓，地形东部多山，中西部多丘陵，西部和西南较为平坦。境内的绛山是峨嵋台地的起点。此外另有多条河流，如绛水、浍水、教水等等，又是运城盆地主要河流——涑水的发源地。《读史方舆纪要》卷41《山西三·平阳府·绛县》对此记载较详：

太行山，县东二十里，山甚高险，西北诸山多其支委，或谓之南山，即元末察罕败贼处。

太阴山，在县东南十里。崖壁峭绝，阳景不到，接连太行，势极高峻。下有沸泉峡，悬流奔壑一十余丈，西北流注于浍水。

敧山，县东南八十五里，亦曰效山，又讹为罩山，即《山海经》所

①《元和郡县图志》卷12《河东道一·绛州》："绛县，本汉闻喜县地，后魏孝文帝置南绛县，其地属焉，因县北绛山为名也，属正平郡。恭帝去'南'字，直为绛县。隋开皇三年罢郡，改属绛州。义宁元年属翼城郡。武德元年属浍州，寻改属绛州。"

《太平寰宇记》卷47《河东道八·绛州》："绛县，本汉闻喜县地，自汉迄晋同。后魏孝文帝置南绛县，其地属焉，因县北绛山为名，属正平郡。孝庄帝改属南绛郡。县理车箱城，今县南十里车箱城是也。恭帝去'南'字，直为绛县。开皇三年罢郡，改属绛州。武德元年自车箱城移于浍州，四年废浍州，属绛州。"

《读史方舆纪要》卷41《山西三·平阳府·绛县》："绛县（注：州东南百里，北至曲沃县九十里），春秋时晋新田之地，汉为绛县，属河东郡。高帝六年封华无害为侯国。晋属平阳郡。后魏置南绛县，又置南绛郡治焉。后周废郡，改县为绛县，寻置晋州。建德五年州废，仍置绛郡。隋初郡废，县属绛州。"

云"教山，教水出焉"者也。孔颖达云：乾河之源出于此山之南，入垣曲县界。

绛水，在县西南二十五里。《括地志》：'绛水一名白水，今名沸泉，源出绛山。飞泉奋涌，注县积壑三十余丈，望之极为奇观，可接引以北灌平阳'。胡氏曰：'此正绛水利以灌平阳之说。然《括地志》亦因旧文强为附会耳'。《志》云，'绛水西流入闻喜县，为涑水之上源'。

浍河，在县东北四十里，地名大交镇。浍水别源出焉，西北流会山溪诸水，至曲沃会于翼城县之浍水。

2. 小乡县

治今山西翼城西。《读史方舆纪要》卷41《山西三·平阳府·翼城县》曰："小乡城，在县西南。后魏末置小乡县，属南绛郡。隋初县属绛州，又改为汾东县。大业初省，义宁初复置，属翼城郡。唐初属浍州，寻属绛州，武德九年省入翼城县。"

王仲荦《北周地理志》第804页曰："《隋书·地理志》：小乡县，开皇十八年，改曰汾东，大业初省入正平焉。按《清一统志》谓后魏小乡县属南绛郡，当在今绛州曲沃之间，隋所置县则在翼城县西二里。盖不知后魏之南绛郡治浍交川，即今绛县东北大交镇，当时之曲沃县治在浍水之南，故南绛郡南绛县并与正平接境也。周既废南绛郡南绛县入小乡，隋又改小乡曰汾东，旋又省汾东入正平也。"

前引《魏书》卷106上《地形志上》载晋州南绛郡，建义初年置，治浍交川。领县二：南绛、小乡。《隋书》卷30《地理志中》绛郡正平县注："又有后魏南绛郡，后周废郡，又并南绛县入小乡县。开皇十八年改曰汾东，大业初省入焉。"

大统三年（537）八月后，南北二绛被宇文泰占领，小乡县亦归属西魏；次年高欢率斛律金等反攻，夺回北绛郡及南绛之小乡县，该地转属东魏、北齐之南绛郡①。但是西魏及北周还在小乡县境内保留了若干军事据点，至北齐天保九年（558）才被齐将斛律光攻克。参见《北齐书》卷17《斛律光传》："（天保三年）除晋州刺史。……九年，又率众取周绛川、白马、浍交、翼城等四戍。除朔州刺史。"此条史料中绛川、白马、浍交三戍皆在小乡县境，分述如下：

（1）绛川戍

王仲荦《北周地理志》第805页云："按绛川戍，当在绛水流域之附近。"绛水发源于绛山之东，流向西北，与浍水汇合。《水经注》卷6《浍水》曰："浍水又西南与绛水合，俗谓之白水，非也。水出绛山东，寒泉奋涌，扬波北注，悬流奔壑，一十许丈，青崖若点黛，素湍如委练，望之极为奇观矣。其水西北流注于浍。应劭曰：绛水出绛县西南，盖以故绛为言也。"《元和郡县图志》卷12《河东道一·绛州绛县》曰："绛水，一名沸泉水，出绛山谷东，悬流奔壑，一十许丈，西北注于浍。……水在绛县北十四里。"

（2）白马戍

在今绛县东北白马山附近。光绪《山西通志》卷49《关梁考六》曰："白马山，在翼城县东南八十里。"王仲荦《北周地理志》第805页云："《水经·浍水注》：紫谷水东出白马山白马川。《遁甲开山图》曰：'绛山东距白马山，谓是山也。'西迳荧庭城南，而西出紫谷，与乾河合，即教水之枝川也。其水西与田川水合。水出东溪西北，至浍交入浍。按《寰宇记》'绛山在绛县西一十八里，西入闻喜县界，东距白马山。'白马戍盖在绛县东北白马山附近。"

（3）浍交戍

王仲荦《北周地理志》第805页注"浍交戍"曰："今山西绛县东北大交

---

① 《周书》卷34《杨㧑传》："于是遣谍人诱说东魏城堡，旬月之间，正平、河北、南汾、二绛、建州、大宁等城，并有请为内应者，大军因攻而拔之。……转正平郡守，又击破东魏南绛郡。虏其郡守屈僧珍。"《北齐书》卷17《斛律金传》："金到晋州以军退不行，仍与行台薛修义共围乔山之寇。俄而高祖至，仍共讨平之，因从高祖攻下南绛、邵郡等数城。"

镇。按《地形志》南绛郡治会交川，即浍交川也。《水经·浍水注》：浍水东出绛高山，又曰浍山。西迳翼城南。又西南与诸水合，谓之浍交。……按浍文即浍交之讹也。"

（三）西魏、北周（平齐前）在绛的侨置州郡长官

由绛县东行，穿越中条山麓即至建州（治今山西晋城市东北），到达晋东南的长治盆地；从绛县北渡浍水后、溯汾河而上可赴东魏、北齐重镇平阳（今山西临汾市）；绛县西沿涑水而行，至闻喜则进入运城盆地；由绛县经鼓钟道南过横岭关、皋落城抵达河东地区的东大门——邵郡治所白水，是道路四通的交汇之所，故此受到统治者的重视①。光绪《山西通志》卷49《关梁考六》曾概述道："横岭关，在绛县南五十里。其北为含口，即冷口峪也，通闻喜。东南为风山口。在垣曲有皋落镇，今设厘卡。其在绛县东者有沙峪口，在垣曲东者有鼓钟川，皆入泽隘道也。"该书又引旧《山西通志》曰："横岭关，在垣曲县西八十里，绛县东南界，中条山之要隘也。风山口，县西六十里，为横岭关入口处。……沙峪口，在绛县东三十里，壁峰峭绝。"

西魏、北周政府对河东防务的部署上，是把东部（邵郡）和东北部（绛郡）作为一个作战区域。由于绛郡军事地位的重要性，它所在的建州、晋州刺史治所，实际上是这一战区最高军事长官驻地。统率驻军北拒晋州、正平来敌，南驱河阳入侵邵郡之寇。如杨㯹"授建州刺史，镇车箱。……进授大都督，加晋、建二州诸军事。……寻迁开府，复除建州邵郡、河内、汲郡、黎阳

---

① 光绪《山西通志》卷27《府州厅县考五》载绛县四至四到曰："东至垣曲县白杨村六十里，至泽州府沁水县治一百四十里。西至闻喜县界横水镇二十五里，闻喜县治七十里。南至垣曲县界横岭关五十里。北至平阳府曲沃县界白水村二十里。东南到垣曲县界横岭关五十里，垣曲县治一百三十里，到河南怀庆府济源县治三百里。西南到闻喜县界乔寺村三十里，到解州夏县治一百二十五里。东北到平阳府翼城县界大交镇四十里，翼城县治七十里。西北到曲沃县界任庄铺二十五里，曲沃县治五十里。"

等诸军事"①。

1. 西魏、北周任建州刺史者

绛县治暨郡治车箱城,有西魏侨置建州。据史籍所载,西魏、北周先后任建州刺史者有以下官员:

(1)杨摽 《周书》卷34《杨摽传》:"复授建州刺史,镇车箱。"

(2)元景山 《隋书》卷39《元景山传》:"后与齐人战于北邙,斩级居多,加开府,迁建州刺史。……从武帝平齐,每战有功。"

(3)魏冲 《隋书》卷73《循吏·魏德深传》:"祖冲,仕周为刑部大夫、建州刺史,因家弘农。"

2. 西魏、北周任晋州刺史者

另外,因为南绛郡濒临东魏、北齐南境,宇文氏又在此侨置晋州及平阳郡。《隋书》卷30《地理志中》曰:"绛,后周置晋州,建德五年废。"史籍所载西魏、北周任晋州刺史者有:

(1)韦孝宽 《周书》卷31《韦孝宽传》:"(大统)八年,转晋州刺史。寻移镇玉壁,兼摄南汾州事。"

(2)王长述 《隋书》卷54《王长述传》:"周受禅,……拜宾部大夫,出为晋州刺史,转玉壁总管长史。"

(3)裴藻 《北史》卷54《司马子如传附裴藻传》:"密令所亲人河东裴藻间行入关,请降。……入周,封闻喜县男,除晋州刺史。"

西魏在绛任平阳郡守者有敬珍,见《周书》卷35《薛善附敬珍传》:"及李弼军至河东,珍与(张)小白等率猗氏、南解、北解、安邑、温泉、虞乡等六县户十余万归附。太祖嘉之,即拜珍平阳太守,领永宁防主;(敬)祥龙骧将军、行台郎中,领相里防主。并赐鼓吹以宠异之。"

---

① 《周书》卷34《杨摽传》。

（四）绛郡之北的西魏、北周戍所

1. 翼城戍

在北绛郡北绛县，该郡在北魏时期属晋州，郡治暨县治在今山西翼城县东南三十五里北绛村（古障壁城）。《魏书》卷106上《地形志上》晋州："北绛郡（本注：孝昌三年置。治绛）领县二，户一千七百四十，口六千二百九十二。新安、北绛（本注：二汉属河东，晋属平阳。二汉、晋曰绛，后罢。太和十二年复，改属）。"《隋书》卷30《地理志中·绛郡》曰："翼城，后魏置，曰北绛县，并置北绛郡。后齐废新安县，并南绛郡入焉。开皇初郡废。"《太平寰宇记》卷47《河东道八·绛州》曰："翼城县，本汉绛县地，属河东郡。……后魏明帝置北绛县于曲沃县东，属北绛郡。周、齐不改。隋开皇三年罢郡，改属晋州。十六年，改为翼城县，属绛州。……障壁城，后魏北绛郡及北绛县也。"

北绛县境内有西魏、北周之翼城戍，见前引《北齐书》卷17《斛律光传》："（天保）九年，又率众取周绛川、白马、浍交、翼城等四戍。"按翼城戍之名，其地当在该县治所东南的古翼城，这是春秋时期晋国的绛都城址。《元和郡县图志》卷12《河东道一·绛州》曰："翼城县，本汉绛县地也，属河东郡。后魏明帝置北绛县，隋开皇末改为翼城县，属绛州，因县东古翼城为名也。武德元年于此置浍州，四年废浍州，县属绛州。……故翼城，在县东南十五里。晋故绛都也。"《读史方舆纪要》卷41《山西三·平阳府·翼城县》曰："春秋时晋之绛邑，后更曰翼。汉为绛县地，后魏太和十二年置北绛县。孝昌二年兼置北绛郡治焉。隋开皇初郡废，县属绛州。十八年改曰翼城县，义宁初于县置翼城郡。……""故翼城，县东南十五里，晋故绛也，城方二里。《春秋》隐五年：'曲沃庄伯以郑人、邢人伐翼'。《诗谱》曰：'穆侯迁都于绛，曾孙孝侯改绛为翼'。庄二十六年，'献公使士蒍城绛，以深其宫，自曲沃徙都之'，即此。或以为唐城，误也。后魏北绛郡置于此，隋、唐为翼城县治。五代唐徙治于王逢寨，即今县云。"

北齐名将斛律光在天保九年（558）攻占翼城戍。周武帝建德五年（576）十二月，北周在晋州会战中大败齐军，附近的北齐城戍纷纷归降，其中也包括翼城。《隋书》卷60《崔仲方传》："又令仲方说翼城等四城，下之。"

2. 新安戍、天柱戍、牛头戍

《北齐书》卷17《斛律光传》曰："（天保三年）除晋州刺史。东有周天柱、新安、牛头三戍，招引亡叛，屡为寇窃。七年，光率步骑五千袭破之，又大破周仪同王敬俊等，获口五百余人，杂畜千余头而还。"文中所言"新安戍"在原北绛郡新安县境内，其县北魏、东魏时存在，北齐时废除，并入南绛郡。其建置沿革可见《魏书》卷106上《地形志上》北绛郡新安县注云："二汉属恒（弘）农，晋属河南，后罢。孝昌二年复，后属（北绛郡）。"《隋书》卷30《地理志中》绛郡翼城县注："后魏置，曰北绛县，并置北绛郡。后齐废新安县，并南绛郡入焉。"

王仲荦《北周地理志》第814页曰："按新安戍当置于废新安县城。"天柱、牛头二戍，王仲荦认为亦应在北绛郡境内，具体地点待考。

五 正平郡（绛州）

（一）正平郡的起源

西魏、北周（平齐前）在河东正北部的统治区域是正平郡（绛州），范围大致上包括今山西新绛县汾河以南地区以及闻喜、曲沃县的一部分。北魏太武帝时在汉晋临汾、闻喜、曲沃三县的辖境建立了正平郡，属东雍州，郡治暨州治在柏壁。孝文帝时迁都洛阳，州郡改置，废东雍州。《元和郡县图志》卷12《河东道一·绛州》曾记述其沿革情况：

> 《禹贡》冀州之域。春秋时属晋，《左传》曰：'晋人谋去故绛，欲居郇、瑕氏之地。韩献子曰：郇、瑕氏土薄水浅，不如新田。遂居新田。'注曰：'新田，今平阳绛邑县是也。'三卿灭晋，其地属魏，战国时亦为

魏地。秦为河东郡地。今州，即汉河东郡之临汾县地也。魏正始八年，分河东汾北置平阳郡，又为平阳郡地。后魏太武帝于今理西南二十里正平县界柏壁置东雍州及正平郡，其地属焉。孝文帝废东雍州，东魏静帝复置，周明帝武成二年改东雍州为绛州。

如上所述，太武帝时正平郡治柏壁城的位置在今山西新绛县西南20里，处于汾河之南。然而郦道元《水经注》卷6《汾水》则曰：“汾水又迳绛县故城北，……又西迳魏正平郡南，故东雍州治。太和中，皇都徙洛，罢州立郡矣。又西迳王泽沦水入焉。”由此看来，北魏孝文帝废东雍州后，又将正平郡城迁徙到汾河之北的汉临汾县旧治了，所以《水经注》中会有汾河流经正平郡城之南的记载。不过，也有些学者认为存在着这样的可能性，即北魏时期正平郡城及东雍州治始终是在汾北的临汾城，并没有设置在汾南的柏壁。[①]

《魏书》卷106《地形志上》东雍州条曰：“正平郡（本注：故南太平，神䴥元年改为征平，太和十八年复），领县二，户一千七百四十四，口八千三百八十九。闻喜（本注：二汉、晋属河东，后属。有周阳城）、曲沃（本注：太和十一年置）。”按这段记载，北魏正平郡属下只有闻喜、曲沃二县，而无郡治所在的正平（临汾）县。这是由于北朝时期有一些郡治所在地往往不置县衙，直接以郡府机构统辖各乡。王仲荦《北周地理志》第795页曰：“《魏书·地形志》：‘正平郡领闻喜、曲沃二县’，据《水经·汾水注》，正平郡治在汾水之

---

① 王仲荦：《北周地理志》第791—792页：“按《元和郡县志》、《寰宇记》绛州总序，并谓后魏太武帝于今绛州理西南二十里正平县界柏壁置东雍州及正平。柏壁在汾水南，则似魏太武帝世，置东雍州及正平郡，并在汾水之南也。然据《水经》汾水又南过临汾县东、又屈从县南西流注：‘汾水又迳绛县故城北。又西，迳魏正平郡南，故东雍州治。太和中，皇都徙洛，罢州立郡矣。又西，迳王泽，沦水会焉。’则郦道元注《水经》时，正平郡城固在汾水之北也。或者后魏太武帝世，东雍州及正平郡曾治汾水南之柏壁镇城，至郦道元时，正平郡已移治汾北正平郡城久矣。道元遂亦就其新治言之。或者正平郡太武帝时本无置于柏壁事，以西魏、北周世，曾置绛州及正平郡于柏壁，遂以为后魏、东魏之正平郡及东雍州亦治柏壁也。”

北，而闻喜县在汾水之南，曲沃县在汾水东南。盖正平郡治正平郡城，郡治下无附郭之县，此在北朝固极常见事也。"

（二）两魏、周齐对峙下的正平郡

正平郡是河东地区的北方门户和交通枢纽，古代运城盆地通往临汾、太原盆地的两条干线——涑水道、汾阴道汇集于当地后，再溯汾河而上，可以水陆并行，直达晋阳。该地背依峨嵋岭，面阻汾河，具有地理上的防御优势。河东守军如果控制了正平，就能够御敌于国门之外。而北方的晋阳之师沿汾河南下占领该郡后，既能穿过在今闻喜县礼元一带的峡谷进入运城盆地，再沿涑水道至蒲津入关中；也可以由汾曲折而向西，经高凉、龙门渡河入关中；或从龙门走汾阴道沿黄河东岸南下，至蒲津入关中。鉴于以上原因，正平在古代属于名副其实的兵家必争之地，对于河东地区的安全来说，有着极为重要的军事意义。正如顾祖禹所言：

> 州控带关、河，翼辅汾、晋，据河东之肘腋，为战守之要区。马燧拔此而怀光危，朱温扼此而王珂陷，五代周备此而河东却，金人屯此而关中倾，所系非浅矣。[1]

东西魏分裂之后，宇文泰保孝武帝入长安，河东地区为东魏所统治。如前所述，由于正平位置极为重要，高欢为了加强对该郡的控制，命傀儡孝静帝复置东雍州。但是自宇文泰占领陕州，又将势力扩张到河东地区之后，随即与高欢对正平郡展开了激烈的争夺，前后易手达6次之多。

1. 西魏初占正平

《周书》卷34《杨㯹传》记载，大统三年（537）八月，宇文泰克弘农、

---

[1]《读史方舆纪要》卷41《山西三·绛州》。

得邵郡后，又听从杨㯹的建议，"于是遣谍人诱说东魏城堡，旬月之间，正平、河北、南汾、二绛、建州、太宁等城，并有请为内应者，大军因攻而拔之"。并任命杨㯹暂领正平郡事。这是西魏统治该郡的开始。

2. 东魏夺回正平

当年闰九月，高欢率二十万众自晋阳南下，经汾曲过高凉、龙门至蒲津。西魏守将杨㯹见其势大，遂放弃正平，引兵撤往汾南据守，阻止敌人经闻喜县境进入河东腹地。东魏夺回正平后，任命司马恭为东雍州刺史，镇守该地，并派遣间谍至闻喜刺探军情，煽动叛乱。事见《周书》卷37《裴文举传》："河东闻喜人也。……大统三年，东魏来寇，（父）邃乃纠合乡人，分据险要以自固。时东魏以正平为东雍州，遣其将司马恭镇之。每遣间人，扇动百姓。……"

3. 西魏再占正平

当年十月，沙苑战役之后，高欢因兵败狼狈撤回晋阳，杨㯹则拉拢当地豪强，乘机分兵拦截杀伤；又与正平城内谋叛的东魏将士联络，准备里应外合，夺回该地。东魏守将司马恭闻讯后仓皇逃走，杨㯹遂再次占领正平。西魏大军进入河东后，宇文泰嘉奖了与之配合作战的闻喜豪族裴邃，并任命他为正平郡太守。其事可参见《周书》卷34《杨㯹传》："齐神武败于沙苑，其将韩轨、潘洛、可朱浑元为殿，㯹分兵要截，杀伤甚众。东雍州刺史［司］马恭惧㯹威声，弃城遁走。㯹遂移据东雍州。"《周书》卷37《裴文举传》亦云："（沙苑战后，裴）邃密遣都督韩僧明入（正平）城，喻其将士，即有五百余人，诈为内应。期日未至，恭知之，乃弃城夜走。因是东雍遂内属。及李弼略地东境，邃为之乡导，多所降下。太祖嘉之，特赏衣物，……除正平郡守。寻卒官。"

4. 东魏再夺正平

大统四年（538）二月，东魏又在河东地区发动反攻，先收复了治在定阳（今山西吉县）的南汾州，随后又派遣太保尉景领兵攻克了正平，擒获西魏守将晋州刺史金祚。这次战役的具体时间不详，但是据下列史料记载来看，应该在当年八月河桥之战以前。《北史》卷53《金祚传》曰："后随魏孝武西入，周文帝以祚为兖州刺史。……寻除东北道大都督、晋州刺史，入据东雍州。神武遣尉景攻降之。芒山之战，以大都督从破西军，除华州刺史。"《北史》卷69《杨㭴传》曰："东魏遣太保尉景攻陷正平，复遣行台薛修义与斛律俱相会，于是敌众渐盛。……"① 《北齐书》卷17《斛律金传》曰："从高祖战于沙苑，不利班师，因此东雍诸城复为西军所据，遣金与尉景、库狄干等讨复之。"《北齐书》卷19《莫多娄贷文传》曰："天平中，除晋州刺史。汾州胡贼为寇窃，高祖亲讨焉，以贷文为先锋，每有战功。还，赉奴婢三十人、牛马各五十匹、布一千匹，仍为汾、陕、东雍、晋、泰五州大都督。后与太保尉景攻东雍、南汾二州，克之。"

东魏此番夺回正平后，任命了薛荣祖为东雍州刺史，镇守该地。又将旧临汾县南徙至正平郡城。王仲荦《北周地理志》第795页："按西魏初临汾县尚治汉临汾县旧治，属平阳郡也（旧治在平阳郡界，今新绛县东北二十里）。"

关于这一阶段正平郡的争夺情况，还可以参见《北齐书》卷20《薛修义传》，该传记载沙苑战役之后，薛修义镇守晋州有功，"高祖甚嘉之，就拜晋州刺史、南汾、东雍、陕四州行台，赏帛千匹。修义在州，擒西魏所署正平太守段荣显，招降胡酋胡垂黎等部落数千口，表置五城郡以安处之"。其事在大统九年（543）邙山之战以前。

王仲荦《北周地理志》第794页曰："按东雍州治正平郡城，盖自薛修义擒段荣显，而汾北之地，遂入东魏也。"

5. 西魏三占正平

杨㭴在日前占领正平之后，被宇文泰派往建州（治今山西晋城市北），因形势不利，撤回邵郡，此时正平已被东魏军队收复，因为该地位处要冲，杨㭴使用分兵诱敌之计再次夺回，并攻占了正平以东的南绛郡，保障了它侧翼的安

---

① 《周书》卷34《杨㭴传》载："东魏遣太保侯景攻陷正平。"按前引《北史》、《北齐书》等记载来看，"侯景"误，应为"尉景"。

全。《周书》卷34《杨㯹传》曰："时东魏以正平为东雍州，遣薛荣祖镇之。㯹将谋取之，乃先遣奇兵，急攻汾桥。荣祖果尽出城中战士，于汾桥拒守。其夜，㯹率步骑二千，从他道济，遂袭克之。进骠骑将军。既而邵郡民以郡东叛，郡守郭武安亦脱身走免。㯹又率兵攻而复之。转正平郡守。又击破东魏南绛郡，虏其郡守屈僧珍。"

王仲荦《北周地理志》第792页曰："（杨）㯹先行正平郡事，郡治在汾南。后袭克东雍州，转正平郡守，此正平郡，即东魏汾北之正平郡也。"

此次战役的时间，史籍未有明确记载。从《周书》卷34《杨㯹传》的前后文字来看，事在河桥战后（538）至邙山之战（543）以前，具体日期不详。

6. 西魏兵撤汾南、东魏三复正平

河桥之战以后，西魏改变了河东的战略防御部署，将北境的主要兵力收缩到汾水以南，集中到玉壁（今山西稷山县西南）和柏壁（今山西新绛县西南），分别设置了勋州总管府和绛州刺史治所，而汾北的正平郡城及临汾县均予以放弃了。因此，高欢在大统八年（542）和大统十二年（546）两次围攻玉壁，都是从晋阳沿汾水南下，经过汾曲后西行至高凉郡，在正平没有受到任何抵抗。即使是在其退兵后，西魏人马进行追击，也未曾再次占领汾北的正平。东魏守临汾（治今新绛东北）、即正平郡城，在汾北。西魏退往汾南后，正平郡治龙头城（今山西闻喜），仅辖闻喜、曲沃二县。北周明帝二年（558）立绛州，正平为其辖郡，郡治暨州治初在龙头城，后移柏壁（今山西新绛县西南）。北齐、北周之世，双方仍然是隔汾河而治，进入了相对稳定的割据阶段。《周书》卷37《裴文举传》载绛州刺史裴文举叔母坟墓葬在正平，属齐境，而叔父葬于闻喜，属周境。

初，文举叔父季和为曲沃令，卒于闻喜川，而叔母韦氏卒于正平县。属东西分隔，韦氏坟垅在齐境。及文举在本州，每加赏募。齐人感其孝义，潜相要结，以韦氏枢西归，竟得合葬。

王仲荦先生在《北周地理志》第794—795页曾详论此段时期正平郡之分裂情况:"《读史方舆纪要》:'正平废县,今绛州治,汉为河东郡临汾县地。后周改置临汾县,亦为正平郡治。'按后周改置临汾县,当云后齐改置临汾县。《隋书·地理志》:'太平,后魏置。后齐省临汾县入焉。''正平,旧曰临汾,置正平郡,开皇初郡废。十八年,县改名焉。'盖临汾汉县,本在今新绛东北二十五里。北齐移置于今新绛县城关。而其旧治则省入太平也。《魏书·地形志》:'正平郡领闻喜、曲沃二县',据《水经·汾水注》,正平郡治在汾水之北,而闻喜县在汾水之南,曲沃县在汾水东南。盖正平郡治正平郡城,郡治下无附郭之县,此在北朝固极常见事也。既而东西分峙,大统四年之后,汾水以北,初属东魏,后属北齐,汾水以南,初属西魏,后属北周。如此,则东魏北齐有正平郡而无属县,西魏北周有闻喜、曲沃二县而无郡以统之。故周明帝武成二年,于闻喜之龙头城别置绛州及正平郡,北齐亦移平阳郡之临汾县于汾北之正平郡治也。"

北周灭齐之役,尽管在建德五年(576)克晋州,击败后主高纬的援军,并顺势陷晋阳,下邺城,但是由东雍州刺史傅伏镇守的正平郡城临汾却始终未被攻克。直到建德六年(577)三月,傅伏得知后主被擒,北齐亡国之后,才归降了周武帝。其事可见《北齐书》卷41《傅伏传》:

> 武平六年,除东雍州刺史,会周兵来逼,伏出战,却之。周克晋州,执获行台尉相贵,以之招伏,伏不从。后主亲救晋州,以伏为行台右仆射。周军来掠,伏击走之。……周帝自邺还至晋州,遣高阿那肱等百余人临汾召伏。伏出军隔水相见,问至尊今在何处。阿那肱曰:"已被捉获,别路入关。"伏仰天大哭,率众入城,于厅事前北面哀号良久,然后降。

西魏又于闻喜县界置东徐州，寻废。《周书》卷43《韩雄传》载其邙山战役立功，"除东徐州刺史。太祖以雄勋劳积年，乃征入朝，屡加赏劳。复遣还州。东魏东雍州刺史郭叔略与雄接境，颇为边患"。钱大昕考证曰："此西魏所置之东徐州，非《地形志》之东徐治下邳者也。据下文云，东魏东雍州刺史郭叔略与雄接境。则其地去东雍不远。东魏之东雍治正平，则东徐盖在洛阳之西北，正平之南矣。"①

（三）两魏周齐任正平郡、东雍州长官者

史书中所记两魏周齐任正平郡及东雍州行政长官甚众，分列如下：

1. 西魏任正平郡守者

据史籍所载，西魏任正平郡太守者先后有：

（1）杨㯹　大统三年八月西魏初占正平郡时，"以㯹行正平郡事，左丞如故"。参见《周书》卷34《杨㯹传》。

（2）裴邃　同年十月沙苑战役后，西魏再占正平，裴邃助战有功，"太祖嘉之，特赏衣物，……除正平郡守。寻卒官"。参见《周书》卷37《裴文举传》。

（3）段荣显　裴邃去世后，接任此职，后被东魏冀州刺史薛修义所擒。事见前引《北齐书》卷20《薛修义传》。

（4）杨㯹　邙山之战前（具体时间不详），杨㯹用计打败东魏守将薛荣祖，收复正平；既而又收复邵郡，以功被任命为正平太守。参见《周书》卷34《杨㯹传》。

（5）高琳　大统九年（543）三月邙山战役之后，以功任正平太守。见《周书》卷29《高琳传》："（大统）四年，从擒莫多娄贷文，仍战河桥，琳先驱奋击，勇冠诸军。太祖嘉之，谓之曰：'公即我之韩、白也。'拜太子左庶子。寻以本官镇玉壁。复从太祖战邙山，除正平郡守，加大都督。"

---

① 《廿二史考异》卷32，商务印书馆1958年版，第619页。

2. 西魏任东雍州刺史者

（1）王德 《周书》卷17《王德传》："及孝武西迁，以奉迎功，进封下博县伯，邑五百户。行东雍州事。在州未几，百姓怀之。赐姓乌丸氏。大统元年，拜卫将军，右光禄大夫，进爵为公，增邑一千户。"

（2）唐永 《北史》卷67《唐永传》："大统元年，拜东雍州刺史，寻加卫将军，封平寿伯。卒，赠司空。"

（3）梁御 《周书》卷17《梁御传》："从太祖复弘农，破沙苑，加侍中、开府仪同三司，进爵广平郡公，增邑一千五百户，出为东雍州刺史。为政举大纲而已，民庶称焉。四年，薨于州。"

（4）寇洛 《北史》卷59《寇洛传》："（大统）四年，镇东雍州。五年，卒于镇。"

（5）杨宽 《周书》卷22《杨宽传》："（大统）五年，除骠骑大将军、开府仪同三司、都督东雍州诸军事、东雍州刺史，即本州也。十年，转河州刺史。"

（6）刘亮 《周书》卷17《刘亮传》："（大统）十年，出为东雍州刺史。为政清净，百姓安之。在职三岁，卒于州，时年四十。"

（7）宇文深 《周书》卷27《宇文深传》："（大统）六年，别监李弼军讨白额稽胡，并有战功。俄进爵为侯，历通直散骑常侍、东雍州别驾、使持节大都督、东雍州刺史。深为政严明，……吏民怀之。十七年，入为雍州别驾。"

另，大统三年（537）末至四年（538）初，金祚曾以晋州刺史镇东雍州，后被东魏尉景、斛律金等所攻，战败而降。见《北史》卷53《金祚传》："（沙苑战后）寻除东北道大都督、晋州刺史，入据东雍州。神武遣尉景攻降之。"

3. 北周（平齐前）任绛州刺史者

北周明帝武成二年（560）立绛州，辖绛郡、正平、高凉、龙门等郡。其刺史治所初在龙头城（今山西闻喜县东北），后移柏壁（今山西新绛县西南），平齐后再至移玉壁（今山西稷山县西南）。史籍所载历任绛州刺史者有：

（1）敬珍 河东蒲坂大族，大统三年（537）十月西魏兵进泰州，见《周书》卷35《薛善附敬珍传》："珍与小白等率猗氏、南解、北解、安邑、温泉、虞乡等六县户十余万归附。太祖嘉之，即拜珍平阳太守，领永宁防主。……久之，迁绛州刺史。以疾免，卒于家"。

（2）宇文贞 见周保定二年九月廿七日立《檀泉寺造像记》，有绛州刺史龙头城开府仪同三司宇文贞。

（3）裴文举 周武帝保定三年（563）就任，见《周书》卷37《裴文举传》："保定三年，迁绛州刺史。邃之往正平也，以廉约自守，每行春省俗，单车而已。及文举临州，一遵其法。百姓美而化之。总管韦孝宽特相钦重，每与谈论，不觉膝前于席。……"

（4）长孙兕 周武帝天和元年（566）就任。见《周书》卷26《长孙绍远附兄子兕传》："天和初，累迁骠骑大将军、开府，迁绛州刺史。"

4. 东魏、北齐任东雍州刺史者

大统三年（537）十月，高欢在沙苑之战失败后撤回晋阳时，将河东北部的百姓迁徙到自己统治的区域，被迁区域中也有正平郡所在的东雍州。事见《北史》卷53《薛修义传》："及沙苑之败，徙秦、南汾、东雍三州人于并州。"东魏、北齐在汾北正平镇守之长官为东雍州刺史（包括临时代理者），据史书记载，先后有：

（1）慕容俨 东魏天平初年（534）就任，后调往荆州。《北齐书》卷20《慕容俨传》："尔朱败，与豫州刺史李恩归高祖。以勋累迁安东将军、高凉太守，转五城太守、东雍州刺史。"

（2）卢文伟 就任于东魏静帝天平末年（536—537），后调往青州。见《北齐书》卷22《卢文伟传》："天平末，高祖以文伟行东雍州事，转行青州事。"

（3）司马恭 大统三年（537）十月沙苑战役前后就任，高欢兵败撤回晋阳时，司马恭亦弃城逃走。事见前引《周书》卷34《杨攦传》、卷37《裴文举传》。

（4）薛荣祖 大统四年（538）东魏收复正平后就任，后败于西魏杨攦，丢失州城。见前引《周书》卷34《杨攦传》。

（5）潘乐 高欢在位时曾任东雍州刺史，具体时间不详。见《北齐书》卷15《潘乐传》："累以军功拜东雍州刺史。神武尝议欲废州，乐以东雍地带山河，境连胡、蜀，形胜之会，不可弃也。遂如故。"

（6）郭叔略 大统末年被西魏东徐州刺史韩雄所杀。事见《周书》卷43《韩雄传》："（邙山之战后）除东徐州刺史，……东魏东雍州刺史郭叔略与雄接境，颇为边患。雄密图之，乃轻将十骑，夜入其境，伏于道侧。遣都督韩仕于略城东，服东魏人衣服，诈若自河阳叛投关西者。略出驰之，雄自后射之，再发咸中，遂斩略首。"

（7）范舍乐 从高欢起兵，多有战功。任东雍州刺史的年代不详。见《北史》卷53《万俟普传附范舍乐传》："范舍乐，代人，有武艺，筋力绝人。任东雍州刺史、开府仪同三司，封平舒侯。"

（8）傅伏 北齐后主武平六年（575）就任，至幼主承光元年（577）齐亡，降周。事见前引《北齐书》卷41《傅伏传》。

（四）正平郡属县

1. 正平县

在今山西新绛县及闻喜县北部。该地在两汉至北魏前期属临汾县，县城在今新绛县东北，两汉属河东郡，魏晋属平阳郡。北魏立正平郡及东雍州后，初置郡城暨州治于柏壁（今山西新绛县西南），孝文帝时迁往旧临汾县南境，治今山西新绛县城关。《元和郡县图志》卷12《河东道一·绛州》：

正平县，本汉临汾县地，属河东郡。隋开皇三年罢郡，改属绛州。

十八年改临汾县为正平县，因正平故郡城为名也。……

　　柏壁，在县西南二十里。后魏明帝元年，于此置柏壁镇，太武帝废镇，置东雍州及正平郡。周武帝于此改置绛州，建德六年又自此移绛州于今稷山县西南二十里玉壁。按柏壁高二丈五尺，周回八里。

《太平寰宇记》卷47《河东道八·绛州正平县》曰：

　　州城，本后魏东雍州及正平郡城也。太和中，皇都徙洛，罢州立郡，即谓此也。

　　临汾故城，即汉临汾县。在今理东北二十五里。

　　如前所述，东西魏分裂后，双方对正平进行了激烈的争夺，郡城所在的汾北之地频频易手。大统四年（538）以后，两国在此地的边界稳定下来，基本上划汾水而治。东魏、北齐占据汾北的郡城，与西魏、北周南以家雀关（今新绛县南）为界，西以武平关（今新绛县西）为界。《通典》卷179《州郡九·绛州正平县》曰："有高齐故武平关，在今县西三十里；故家雀关在县南七里，并是镇处。"《元和郡县图志》卷12《河东道一·绛州正平县》："武平故关，在县西三十里，高齐时置，周灭齐废。"《太平寰宇记》卷47《河东道八·绛州正平县》曰："故家雀关，在县南七里。"《读史方舆纪要》卷41《山西三·平阳府·绛州》曰："武平关，州西二十里，北齐时屯兵于此以防周。《通典》：州南七里有故家雀关，亦周、齐时戍守处。"

　　正平境内两魏周齐的军事据点有：

　　（1）稷王城 在今新绛县西。见《读史方舆纪要》卷41《山西三·平阳府·绛州》"龙门城"条："又县西三里有稷王城，亦周、齐时戍守处，以稷王庙而名。"

　　（2）高欢城 在稷王城西。见前引《读史方舆纪要》同卷同条，"又高欢城在县西五里，高欢攻围玉壁时所筑也。"

（3）华谷城 在今山西新绛县西北化峪村。《读史方舆纪要》卷41《山西三·平阳府·绛州》曰："华谷城，在县西北二十里。……今名华谷村。"华谷是因汇入汾水的华水而得名。《水经注》卷6《汾水》曰："汾水又西与华水合，水出北山华谷，西南流迳一故城西，俗谓之梗阳城，非也。梗阳在榆次，非在此。按《故汉上谷长史侯相碑》云：'……晋卿士蒍，斯其裔也，食采华阳。'今蒲坂北亭也，即是城也。其水西南流注于汾。"

北齐后主武平元年（570），遣军与周师争夺崤函重镇宜阳，双方久战不决。北周名将韦孝宽建议在正平以北的华谷和长秋筑城，防止敌人突袭汾北，未得到执政的宇文护采纳，结果被北齐斛律光抢得先机，筑起华谷、龙门二城。其事可见《周书》卷5《武帝纪上》："（天和五年）是冬，齐将斛律明月寇边，于汾北筑城，自华谷至于龙门。""（六年）三月己酉，齐国公宪自龙门度河，斛律明月退保华谷，宪攻拔其新筑五城。"又见《周书》卷31《韦孝宽传》："后孔城遂陷，宜阳被围。孝宽乃谓其将帅曰：'宜阳一城之地，未能损益。然两国争之，劳师数载。彼多君子，宁乏谋猷？若弃崤东，来图汾北，我之疆界，必见侵扰。今宜于华谷及长秋速筑城，以杜贼志。脱其先我，图之实难。'于是画地形，具陈其状。晋公护令长史叱罗协谓使人曰：'韦公子孙虽多，数不满百。汾北筑城，遣谁固守？'事遂不行。……是岁，齐人果解宜阳之围，经略汾北，遂筑城守之。其丞相斛律明月至汾东，请与孝宽相见。明月曰：'宜阳小城，久劳战争。今既入彼，欲于汾北取偿，幸勿怪也。'"

《资治通鉴》卷170陈宣帝太建二年（570）十二月："齐斛律光果出晋州道，于汾北筑华谷、龙门二城。"太建三年正月，"齐斛律光筑十三城于西境，马上以鞭指画而成，拓地五百里，而未尝伐功。又与孝宽战于汾北，破之。齐王宪督诸将东拒齐师。……（三月）周齐公宪自龙门渡河，斛律光退保华谷，宪拔其新筑五城。齐太宰段韶、兰陵王长恭将兵御周师，攻柏谷城，拔之而还。"胡三省注："此齐遣段韶等出伊、洛以牵制汾北也。"

华谷等城筑成后，斛律光以此作为攻掠汾北的基地，西趋龙门津渡，北逼汾州，并迫使敌将韦孝宽渡过汾水前来求战，将其打败，获得了军事上的主动权。其事可见《北齐书》卷17《斛律光传》：

> 其冬，光又率步骑五万于玉壁筑华谷、龙门二城，与宪、显敬等相持，宪等不敢动。光乃进围定阳，仍筑南汾城，置州以逼之，夷夏万余户并来内附。
>
> （武平）二年，率众筑平陇、卫壁、统戎等镇戍十有三所。周柱国枹罕公普屯威、柱国韦孝宽等，步骑万余，来逼平陇，与光战于汾水之北，光大破之，俘斩千计。

北周建德五年（576）冬出兵伐齐，由韦孝宽攻陷华谷城，并以此作为屯军据点，准备接应北取汾州之周师。见《周书》卷6《武帝纪下》："（建德五年冬十月东征）柱国、赵王招步骑一万自华谷攻齐汾州诸城。"《周书》卷31《韦孝宽传》："（建德五年冬十月东征）及赵王招率兵出稽胡，与大军犄角，乃敕孝宽为行军总管，围守华谷以应接之。孝宽克其四城，武帝平晋州，复令孝宽还旧镇。"

（4）龙门城

在今新绛县北，亦北齐斛律光所筑，引证史料见前述"华谷城"条所引《北齐书》卷17、《周书》卷6与《贤治通鉴》卷170等。又见《读史方舆纪要》卷41《山西三·平阳府·绛州》："龙门城，在县北，即高齐斛律光所筑以争汾北者。"

（5）长秋城

今新绛县西北三十里泉掌镇。西汉其地曾为长修侯国，以附近之修水为名，原有长修故城。见《太平寰宇记》卷47《河东道八·绛州正平县》："长修故城，《郡国县道记》云：'绛西北三十里长修故城'，是。汉高帝二年封杜恬为侯国，后汉省。故城南有修水流入。"后"长修"讹为"长秋"。参见《资治通鉴》卷170胡三省注："《水经》：'涑水出河东闻喜县黍葭谷。'《注》云：'涑水所出，俗谓之华谷。'又云：'汾水过临汾县东，又屈从县南西流，又西过长修县南，又西与华水合，水出北山华谷。此所谓长秋，盖即汉长修县故墟也。俗语讹以"修"为"长秋"耳。'"

由于该地具有较为重要的军事价值，周将韦孝宽曾建议在此筑城，以防止齐军攻掠汾北："今宜于华谷及长秋速筑城以杜贼志"[1]。

（6）文侯城

又称"文侯镇"，传说为晋文侯所立。它所在的地点，顾祖禹认为是位于稷山县，见《读史方舆纪要》卷41《山西三·平阳府·稷山县》曰："文侯镇，在县西北。"而光绪《山西通志》则认为是在今吉县一带，见该书卷53《古迹考四》。王仲荦先生经过考证后认为，应在汾水南岸柏壁城（今新绛县西南）附近。见《北周地理志》第800页："（文侯城）当在汾水之南，柏壁城附近。"《读史方舆纪要》、《山西通志》曰在稷山、吉县皆误。

该城原为西魏、北周要塞，北齐于天保十年（559）将其占领。《北齐书》卷17《斛律光传》载该年二月，斛律光"率骑一万讨周开府曹回公，斩之。柏谷城主仪同薛禹生弃城奔遁，遂取文侯镇，立戍置栅而还"。此后该地被齐军占领。北周武帝在建德五年（576）冬东征，于晋州会战中打败齐军主力，是时文侯城仍在北齐手里。见《北史》卷92《高阿那肱传》："（后主兵败北逃）有军士雷相，告称：'阿那肱遣臣招引西军，行到文侯城，恐事不果，故还闻奏。'后主召侍中斛律孝卿，令其检校。孝卿固执云：'此人自欲投贼，行至文侯城，迷不得去，畏死妄语耳。'事遂寝。"

周军在晋州战役获胜后，乘势攻占附近地区，文侯城也被收复。《隋书》卷60《段文振传》载其随武帝攻克晋州，"进拔文侯、华谷、高壁三城，皆有

---

① 《周书》卷31《韦孝宽传》。

力焉"。

（7）汾桥

在今新绛县城关之南汾水上，为当时南北往来的主要通道。《周书》卷34《杨㩲传》载："时东魏以正平为东雍州，遣薛荣祖镇之。㩲将谋取之，乃先遣奇兵，急攻汾桥。荣祖果尽出城中战士，于汾桥拒守。其夜，㩲率步骑二千，从他道济，遂袭克之。"

2. 闻喜

闻喜县境在春秋时为晋国之曲沃，秦及西汉前期为左邑县，属河东郡。汉武帝在元鼎六年（前111）巡幸河东时路过这里，闻汉军征服南越之讯而大喜，故在当地立县以示纪念，名为"闻喜"，治桐乡（今山西闻喜县西南），仍属河东郡。东汉时又撤销了左邑县，将其地并入闻喜县。北魏时闻喜县改属正平郡，西魏、北周仍之。《元和郡县图志》卷12《河东道一·绛州》曰：

> 闻喜县，本汉左邑县之桐乡也，武帝元鼎六年，将幸缑氏，至此闻南越破，大喜，因立闻喜县，属河东郡。后魏改属正平郡，隋开皇三年罢郡，属绛州。……
>
> 桐乡故城，汉闻喜县也，在县西南八里。俗以此城为伊尹放太甲于桐宫之所。孔注《尚书》曰：桐，汤葬地也。……

《读史方舆纪要》卷41《山西三·平阳府·闻喜县》曰：

> 春秋时晋之曲沃地，秦改为左邑，属河东郡。汉武帝经此闻破南粤，因置闻喜县，仍属河东郡，后汉及魏、晋因之。后魏置太平郡于此，后属正平郡。隋初郡废，县属绛州。唐因之。……
>
> 左邑城，在县东，春秋时之曲沃也。杜预曰："曲沃，晋别封成师之邑，在闻喜县"是也。桓八年，曲沃灭翼。庄二十六年，献公自曲沃徙

都绛。二十八年，使大子申生居曲沃，亦谓之新城，又谓之下国。僖十年狐突适下国，遇太子，又太子谓狐突曰："请七日见我于新城西偏"，即曲沃也。又襄二十三年，齐纳晋栾盈于曲沃。《战国策》周显王四十六年，秦伐魏，取曲沃。又赧王六年，秦复伐魏，取曲沃而归其人。秦谓之左邑。《水经注》：左邑，故曲沃，《诗》所谓从子于鹄者也。汉元鼎六年，分左邑县地置闻喜县。东汉罢左邑，移闻喜县治焉。建安初车驾还洛阳，自安邑幸闻喜。后周移县治于今绛州之柏壁。隋移治甘谷。

西魏占领正平后，曾将闻喜作为正平郡治所在地。据《周书》卷4《明帝纪》记载，北周明帝二年（558）正月改置州郡，于"正平置绛州"，将闻喜县治及正平郡治移到东北的龙头城（又称"龙头壁"）。周武帝时又将郡及州治迁至柏壁（今山西新绛县西南）。《太平寰宇记》卷46《河东道七·解州闻喜县》曰："闻喜县，本汉左邑县之桐乡也。武帝元鼎六年，……立闻喜县，属河东郡。"周明帝武成（笔者注：'武成'二字衍）二年，改东雍州为绛州[①]，仍移于闻喜县东北二十八里龙头城。正平郡亦与州俱迁，武帝又移于今正平县西南二十里柏壁。又云："龙头壁，后周绛州及正平郡所理也。在县东北二十八里。武帝又移于柏壁。"《读史方舆纪要》卷41《山西三·平阳府·闻喜县》龙头堡条："县东北二十八里。《寰宇记》：'后周正平郡及闻喜县尝理于此'。"

闻喜县是涑水道流经之地，西南经过盐池通往蒲津、风陵两大渡口，可西去关中，南至潼关，是贯穿运城盆地的水陆干线必经之所，起着联系并州、平阳与河东地区交通往来的重要作用。此外，闻喜东南的含口隘道，可以通往邵郡，逾齐子岭而抵达河阳，也是河东腹地与中原联络的一条道路，具有不可忽视的经济、军事价值。《读史方舆纪要》卷41《山西三·平阳府·闻喜县》：

---

① 王仲荦：《北周地理志》，第798页："北齐东雍州在汾北正平郡城，周平齐后，始废。周置绛州及正平郡，在闻喜县东北龙头城，不当云周改东雍州为绛州，《寰宇记》误。"

含口，在县东南，亦曰含山路。《水经注》："洮水源出闻喜县青野山，世以为青襄山，其水东径大岭下，西流出山，谓之含口。又西合于涑水"。唐大顺初张浚攻河东，为李克用所败，走保晋州，复自含口遁去，逾王屋，从河阳渡河还长安。天复中朱全忠谋取河中，遣张存敬将兵自氾水渡河，出含山路，袭绛州，绛州出不意，遂降于全忠。

闻喜县由于位置重要，境内历代的城堡很多，列述如下：

（1）柏壁城

在今山西新绛县西南柏壁村，北魏太武帝曾于此处置镇，并作为东雍州、正平郡的治所。西魏大统四年筑玉壁城，放弃汾北的正平郡城之后，柏壁成为边界上要塞。据《周书》卷19《达奚武传》记载，该城在周明帝武成初年（559）重筑，并留权严、薛羽生二将戍守。"武成初，转大宗伯，进封郑国公，邑万户。齐将斛律敦侵汾绛，武以万骑御之，敦退。武筑柏壁城，留开府权严、薛羽生守之。"王仲荦《北周地理志》第799页曰："按斛律金字阿六敦，此斛律敦，即斛律金也。然据《北齐书》，北齐天保末，略地汾绛者，乃斛律金子斛律光，非斛律金也。"

北齐武平元年（570），斛律光领兵筑华谷、龙门二城后，掠地汾北；又在次年（571）三月与段韶、高长恭围攻北周柏谷（壁）城，获胜而还。其事可见《北齐书》卷16《段韶传》："（武平二年）二月，周师来寇，遣韶与右丞相斛律光、太尉兰陵王长恭同往捍御。以三月暮行达西境。有柏谷城者，乃敌之绝险，石城千仞，诸将莫肯攻围。韶曰：'汾北、河东，势为国家之有，若不去柏谷，势为痼疾。计彼援兵，会在南道，今断其要路，救不能来。且城势虽高，其中甚狭，火弩射之，一旦可尽。'诸将称善，遂鸣鼓而攻之，城溃，获仪同薛敬礼，大斩获首虏，仍城华谷，置戍而还。"《北齐书》卷17《斛律光传》："（天保十年）二月，率骑一万讨周开府曹回公，斩之；柏谷城主薛禹生弃城奔遁。"

上述史料所言之柏谷城，据王仲荦考证，即是柏壁城。见《北周地理志》第800页："按《读史方舆纪要》谓：'此柏谷城亦在稷山县境，非河南偃师之柏谷也。'唐长孺同志《周书·达奚武传》校勘记谓此柏壁城，即《北齐书·斛律光传》、《段韶传》之柏谷城。柏谷、柏壁，当是一地，薛羽生、薛禹生，当是一人，其说甚是。盖此柏壁城，自在汾水之南，不在汾水之北也。据元陈璲《柏壁记》：'正平地多崇冈峻岭，西南逶迤二十里，有巨坂，尤高峻，古柏壁关也。上有秦王堡，深沟高堑，绝崖陡险，南北断壁，截然千仞。中有旧途，相去百余步，下而复上，其巅实古关门遗址，广仅一轨，骑不可并，车不可施。'与《北齐书·段韶传》石城千仞语正相合。"

后来周武帝又把它当作正平郡和绛州的治所，平齐之后，才将绛州治所迁移到玉壁。见《元和郡县图志》卷12《河东道一·绛州正平县》："柏壁，在县西南二十里。后魏明帝元年，于此置柏壁镇，太武帝废镇，置东雍州及正平郡。周武帝于此改置绛州，建德六年又自此移绛州于今稷山县西南二十里玉壁。按柏壁高二丈五尺，周回八里。"

（2）王（官）城

在县南，为春秋晋国城堡遗址。见《元和郡县图志》卷12《河东道一·绛州闻喜县》："王官故城，今名王城，在县南十五里。《左传》曰：'伐我王官。'"

（3）周阳城

在县东，为西汉侯国城邑。见《读史方舆纪要》卷41《山西三·平阳府·闻喜县》："周阳城，县东二十九里，汉文帝元年封淮南王舅父赵兼为侯邑。又景帝三年，封田蚡弟胜为周阳侯，邑于此。……"

（4）燕熙城

在县北，为十六国时遗址。见《读史方舆纪要》卷41《山西三·平阳府·闻喜县》："燕熙城，在县北，晋太元十一年西燕慕容忠等引军自临晋而东，至闻喜，闻慕容垂已称尊号，不敢进，筑燕熙城居之，即此。"

3．曲沃

治今山西曲沃县东北。该地在春秋时为晋国国都新田，秦及西汉于此设县，称"绛"，东汉称"绛邑"，均属河东郡。魏晋属平阳郡。北魏孝文帝太和十一年（487），在其东南十里绛山之北置曲沃县，属正平郡。西魏占领河东后，沿袭其制。北周明帝时，又将曲沃县治移到乐昌堡（今曲沃县南）。隋文帝开皇十年（590），又移于绛邑故城北，即今曲沃县城。《元和郡县图志》卷12《河东道一·绛州曲沃县》曰：

> 本晋旧都绛县地也，汉以为绛县，属河东郡。后汉加"邑"字，属郡不改。晋改属平阳郡。后魏孝文帝于今县东南十里置曲沃县，属正平郡。因晋曲沃为名。隋开皇三年罢正平郡，改属绛州。……
>
> 汉绛县，本春秋晋都新田也，在县南二里。周勃为绛侯，即其地也，今号绛邑故城。

《太平寰宇记》卷47《河东道八·绛州曲沃县》曰：

> 本晋旧都绛县地，汉以为绛县，属河东郡。今县南二里绛邑故城是也。后汉加"邑"字，属郡不改。晋改属平阳郡。后魏孝文帝于今县东南十里绛山北置曲沃县，属正平郡。因晋曲沃为名。周明帝移乐昌城，今县南七里乐昌堡。隋开皇三年罢正平郡，改属绛州。十年又移于绛邑故城北，即今治也。……
>
> 绛邑故城，汉绛县，本春秋晋都新田也，在县南二里。《左传》："晋人谋去故绛，欲居郇、瑕之地。韩献子曰：'土薄水浅，不如新田，有汾、浍以流其恶'。遂居新田。"汉以为县，属河东郡。周勃封为绛侯，即其地也。

《读史方舆纪要》卷41《山西三·平阳府·曲沃县》曰：

> 晋新田之地，汉为河东郡绛县地，后汉为绛邑县地。晋属平阳郡。
> 后魏太和十一年改置曲沃县于此，属正平郡。隋属绛州，唐、宋因之。
>
> 绛城，县西南二里，一名新田城。《左传》成六年："晋人谋去故绛，
> 徙居新田"是也。汉于南境置绛县，此仍谓之绛城，俗又讹为王城。后
> 魏为曲沃县地。《志》云：魏初置县于绛山北，后周移至乐昌堡，在今县
> 南七里，亦曰乐昌城。隋又移治绛邑故城北，即今县也。

王仲荦《北周地理志》第801页曰："按旧曲沃县，即隋县绛邑故城。近
年蒲太铁路通车，曲沃县移治于旧县之南三十里侯马镇。"

据《元和郡县图志》卷12《河东道一·绛州曲沃县》记载，该县境内有
绛山、汾水、浍水、绛水。另外，曲沃县境还有下列军事重地：

（1）乔山

在县西北，形势险要，常有土寇盘踞。《读史方舆纪要》卷41《山西三·
平阳府·曲沃县》："乔山，县西北四十五里，山高五里，长二十余里，接襄陵
县界，形势险峻，其西麓有梦感泉。齐主高纬围平阳，恐周师猝至城下，于城
南穿堑，自乔山属于汾水。纬大出兵陈于堑北，即此也。"

（2）乐昌防、胡营防、新城防

西魏、北周政权曾在曲沃境内设置若干戍所，如《周书》卷19《达奚武
传》载魏废帝二年（553）立乐昌防、胡营防、新城防。"以大将军出镇玉壁。
（达奚）武乃量地形胜，立乐昌、胡营、新城三防。齐将高苟子以千骑攻新城，
武邀击之，悉虏其众。"

王仲荦《北周地理志》第801页，言正平郡曲沃县，"旧置，有胡营防、
新城防、乐昌防"。自注曰："按乐昌防，盖即旧曲沃县城南七里之乐昌城。"
又云："……北周曲沃县乐昌城，在旧曲沃县南七里，当在今新县治侯马镇之

东北也。"

（3）高显戍

在县东北，为东魏、北齐所控制。《周书》卷12《齐炀王宪传》曰："……寻而高祖东辕，次于高显，宪率所部，先向晋州。"《周书》卷13《越野王盛传》曰："（天和）五年，大军又东讨，盛率所领，拔齐高显等数城。"

王仲荦《北周地理志》第801页曰："按胡三省《通鉴》注：'高显盖近涑川。'《读史方舆纪要》：'高显戍在夏县北'，并误。据《山西通志》，高显镇在曲沃县东北二十里。今山西曲沃县东北有高显。近年蒲太铁路通车，设立车站，即北齐之高显戍矣。"

（4）蒙坑

同在县东北，亦为兵家要地。《读史方舆纪要》卷41《山西三·平阳府·曲沃县》曰："蒙坑，在县东北五十里。西与乔山相接。晋元兴初魏主珪围柴壁，安同曰：'汾东有蒙坑，东西三百余里，蹊径不通，姚兴来必从汾水西直临柴壁，如此便声势相接。不如为浮梁渡汾西筑围以拒之，兴无所施其智力矣。'珪从之，大败后秦主兴于蒙坑之南。……周广顺元年，北汉主引契丹兵围晋州，周将王峻自绛州驰救。晋州南有蒙坑，最险要，峻忧北汉兵据之，闻前锋已度，喜曰：'吾事济矣。'北汉主闻峻至蒙坑，遁去。今乔山以北，自西而东，山蹊纠结，即蒙坑矣。"

建德五年（576）冬北周克齐重镇晋州，北齐后主领大军来战，围攻平阳城，周军统帅宇文宪曾进兵蒙坑，以观其变。《周书》卷12《齐炀王宪传》曰："高祖又令宪率兵六万，还援晋州。宪遂进军，营于涑水。齐主攻围晋州，昼夜不息。间谍还者，或云已陷。宪乃遣柱国越王盛、大将军尉迟迥、开府宇文神举等轻骑一万夜至晋州。宪进军据蒙坑，为其后援，知城未陷，乃归涑川。"

六 高凉郡（勋州）

西魏、北周在河东地区西北部的统治区域以高凉郡——勋州为主，即今山西稷山、河津两县在汾河以南的辖境，另在汾河北岸的一些地点建立戍所，与东魏、北齐对峙，时有得丧。其历史演变情况如下。

（一）北魏之高凉郡县

1. 高凉县、郡的建立

西魏、北周的高凉郡是从北魏继承发展而来的，据光绪《山西通志》卷27《府州厅县考五》记载，稷山县曾是商周的冀国，"春秋属晋，为郤氏食邑，南境为晋稷邑。汉为河东郡闻喜县地，兼得皮氏县地"。北魏孝文帝太和十一年（487）置高凉郡，下属高凉、龙门二县，郡治在高凉县城，即今山西稷山县东南三十里。后来周文帝又将县治暨郡治移到玉壁城，在今稷山县西南十二里。《魏书》卷106上《地形志上》载东雍州，"高凉郡，领县二，户四千四百四十五，口二万一千八百五十三。高凉（本注：太和十一年分龙门置。有高凉城、闇阁、丽姬冢）、龙门（本注：故皮氏，二汉属河东，晋属平阳，真君七年改属。有临汾城"。《太平寰宇记》卷47《河东道八·绛州》曰："稷山县，本汉闻喜县地，属河东郡。自汉迄晋不改。后魏孝文帝于今县东南三十里置高凉县，属高凉郡。周文帝移高凉县于玉壁，……在县西南一十二里。隋开皇三年罢郡，以县属绛州。十八年改为稷山，因县南稷山为名。"

《周书》卷34《杨㯻传》曰："杨㯻字显进，正平高凉人也。祖贵，父猛，并为县令。"文中提到北魏高凉县曾归属于正平郡。中华书局本《周书》校勘记云："按《魏书》卷106上《地形志上》高凉县属高凉郡，不属正平郡。《元和郡县志》卷14绛州稷山县条又以为北魏孝文帝置高凉县属龙门郡。这里说'正平高凉'，不知何时改属。"

王仲荦先生则认为，高凉县始置时隶属于正平郡，后来独立为高凉郡。"盖高凉［县在］后魏未置高凉郡前，曾属正平郡也。"[①]

---

① 王仲荦：《北周地理志》，第786页。

2. 北魏高凉县是否属龙门郡

值得注意的是，唐代三种舆地书籍皆称北魏置高凉县属龙门郡，而没有提到高凉郡，与前引《魏书·地形志》和《太平寰宇记》的记载不合。《隋书》卷30《地理志中》绛郡稷山县注："后魏曰高凉，开皇十八年改焉。有后魏龙门郡，开皇初废。又有后周勋州，置总管，后改曰绛州，开皇初移。"《通典》卷179《州郡九》稷山县注："汉闻喜县地，后魏龙门郡。"《元和郡县图志》卷12《河东道一·绛州稷山县》："稷山县，本汉闻喜县地，属河东郡。后魏孝文帝于今县东南三十里置高凉县，属龙门郡。隋开皇三年罢郡，县属绛州。十八年改为稷山县，因县南稷山以为名也。"

清儒杨守敬已然发现了这个问题，指出《隋书》及《元和郡县图志》等记载有误。他在《〈隋书·地理志〉考证》中说："按龙门郡已见龙门县西，此不当复。考《地形志》高凉县属高凉郡。今稷山县有周保定元年大将军延寿公碑阴，龙门、高凉二郡并载。又有隋开皇九年觉城寺碑阴，屡称高凉郡。则《寰宇记》谓高凉郡罢于开皇三年至确。此龙门郡的为高凉郡之误。"

王仲荦先生则提出龙门郡的建立应在东、西魏分裂之后，双方在沙苑战后大致上划汾水而对峙，原北魏龙门县主要在汾水北岸，为高欢所控制，故设龙门郡而治。西魏、北周可能在高凉县侨置过龙门郡，而不是由后魏（北魏）建立，前引《隋书》卷30《地理志中》所言是不准确的。见《北周地理志》第785页：

> 按东西分立之际，东魏、北齐之龙门郡在汾北，即《隋志》龙门县之龙门郡。西魏、北周或亦别立龙门郡在汾南，盖即寄治于高凉郡之稷山县界者也。以杨氏之说甚辩，故不取《隋志》之说也。

（二）西魏占领高凉郡与侨置南汾州

高凉郡高凉县在大统三年（537）十月沙苑之战前，为东魏所有。高欢率大军西征关中时，曾由汾河河谷南下，至正平（今山西新绛）向西折行，过高凉至龙门后，再沿黄河东岸南下，抵蒲津后渡河进入关中。沙苑之战失利后，高欢狼狈逃归晋阳，西魏兵锋直抵晋州（今山西临汾市）城下，高凉郡地亦为宇文氏占领。如前所述，大统四年（538）八月河桥之战失败后，宇文泰被迫对河东地区的防御部署进行调整，接受了王思政的建议，放弃汾河以北的领土，在汾南的玉壁筑城，作为南汾州（侨置）的治所，即当作河东西北部区域的军事基地与防御核心。《周书》卷18《王思政传》曰："（河桥战后）仍镇弘农。思政以玉壁地在险要，请筑城。即自营度，移镇之。迁并州刺史，仍镇玉壁。（大统）八年，东魏来寇，思政守御有备，敌人昼夜攻围，卒不能克，乃收军还。以全城功，受骠骑大将军。"

西魏未得河东以前，曾于河西夏阳（今陕西韩城市东南）之杨氏壁侨置南汾州。沙苑战后，西魏既获得汾南诸郡，又进占汾北的定阳（今山西吉县），遂将南汾州治迁移到那里。至次年（538）二月，定阳被东魏攻陷，刺史韦子粲被俘，宇文泰只得将南汾州治侨置于汾南高凉县的玉壁。王仲荦对此考证甚详，见《北周地理志》第782—783页，文字如下：

> 按《魏书·地形志》有南汾州，领北吐京等九郡。《隋志》谓南汾州治定阳，即今山西吉县治。《寰宇记》慈州下云，东魏天平元年，以州南界，汾水所经，故置南汾州。今考《地形志》，南汾州九郡中，如北乡郡领龙门、汾阴二县，龙门郡领西太平、汾阳二县，并在汾河下游，今山西河津、稷山二县之界，故东魏于此置南汾州也。西魏大统初元，亦尝侨置南汾州于河西夏阳县东北之杨氏壁，事见《周书·薛端传》。西魏大统三年六月，夏阳人王游浪举兵杨氏壁，宇文泰命于谨率兵讨平之。自此之后，此侨置于河西之夏阳杨氏壁之南汾州，即已废省。又据《周书·杨㯹传》：㯹从宇文泰攻拔宏农之后，即遣谍人诱说东魏城堡，旬月之间，正平、河北、南汾、二绛、建州、大宁等城，并有请为内应者。

大军因攻而拔之。此事在沙苑合战前后。宇文泰取宏农，在大统三年七月，沙苑合战在其年十月。至明年二月，而南汾复失，刺史韦子粲被虏，此南汾州者则即东魏治于定阳之南汾州也。盖定阳之南汾州既失，而西魏乃又侨置南汾于玉壁也。

据史籍所载，西魏所任治玉壁之南汾州刺史者有：

（1）段永　大统四年（538）八月河桥之战后就任。见《周书》卷36《段永传》："河桥之役，永力战先登，授南汾州刺史。"

（2）韦孝宽　大统八年（542）后就任。见《周书》卷31《韦孝宽传》："（大统）八年，转晋州刺史，寻移镇玉壁，兼摄南汾州事。先是山胡负险，屡为劫盗，孝宽示以威信，州境肃然。进授大都督。"

此外，玉壁还作过并州刺史的侨置治所，见前引《周书》卷18《王思政传》。

西魏名将达奚武曾在魏废帝元年（554）以大将军的职务镇守过玉壁，而他担任其他行政兼职的情况不详。事见《周书》卷19《达奚武传》："（魏废帝元年）以大将军出镇玉壁。武乃量地形胜，立乐昌、胡营、新城三防。齐将高苟子以千骑攻新城，武邀击之，悉虏其众。"

（三）西魏、北周的勋州及刺史、总管

西魏末年，政区的划分又有变化。大统十二年冬（546），高欢引倾国之师围攻玉壁，被韦孝宽所阻，损兵折将，败归晋阳。西魏乘机反攻，再次占领了汾北的定阳（详述见后文），故在当地设置汾州刺史治所，而取消了侨置的南汾州。为纪念韦孝宽的殊勋，立勋州于玉壁，并设总管府，长官即勋州总管。因其设在玉壁，所以当世亦称作玉壁总管，辖勋、绛、晋、建四州军事，相当于河东地区边防的最高军事长官。王仲荦《北周地理志》第784页考证过它的辖区："勋州总管所管四州，绛州时移治于闻喜县东北二十八里龙头城，见

《寰宇记》。晋州系西魏侨置于南绛县之晋州，非北齐治于临汾之晋州也。建州亦系西魏侨置于南绛县车箱城之建州，非《地形志》治高都城之建州也。"

1. 勋州建立的时间

关于勋州建立的时间，《周书》卷31《韦孝宽传》记载为北周武帝保定元年（561）。"保定初，以孝宽立勋玉壁，遂于玉壁置勋州，仍授勋州刺史。"实际上，这段文字记载有误，勋州的设置应在西魏废帝三年（553）改置州郡之时，参见《周书》卷2《文帝纪下》："（魏废帝三年正月）又改置州郡及县，……南汾改勋州，汾州为丹州。"

另外，《隋书》卷54《元亨传》记载："大统末，袭爵冯翊王，邑千户。……俄迁通直散骑常侍，历武卫将军、勋州刺史，改封平凉王。周闵帝受禅，例降为公。"也说明勋州的建立是在北周代魏之前。《山西通志》卷27《府州厅县考五·稷山县》经过考证亦说明："西魏以韦孝宽守玉壁功，置勋州总管。"

2. 西魏、北周任勋州刺史者

西魏、北周曾任勋州刺史的官员有：

（1）韦孝宽　事迹见《周书》卷31《韦孝宽传》。

（2）元亨　其事见前引《隋书》卷54《元亨传》。

（3）郭贤　《周书》卷28《权景宣附郭贤传》："世宗初，除匠师中大夫。寻出为勋州刺史，镇玉壁。武成二年，迁安、应等十二州诸军事、安州刺史。"

（4）于寔　《周书》卷15《于谨传附子寔传》："孝闵帝践祚，授民部中大夫。……又进位大将军，除勋州刺史，入为小司寇。天和二年，延州蒲川贼郝三郎等反，攻逼丹州。遣寔率众讨平之，斩三郎首，获杂畜万余头。乃除延州刺史。"

其事又见《金石录》所著周保定二年勋州刺史延寿郡开国公万纽于寔碑。

（5）长孙兕　《周书》卷26《长孙绍远传》载兄子兕："天和初，累迁骠骑大将军、开府，迁绛州刺史。"而《唐通事舍人长孙府君暨夫人陆氏墓志铭》

追述其祖觊，曾任北周勋、熊、绛三州刺史。

3. 玉壁长史

出任过玉壁长史者，有裴侠，见《周书》卷35《裴侠传》："王思政镇玉壁，以侠为长史。未几为齐神武所攻。……"

皇甫璠 《周书》卷39《皇甫璠传》："孝闵帝践阼，……出为玉壁总管府长史。"

4. 勋州总管

西魏、北周任勋州总管者，初有韦孝宽，次有长孙澄。参见《周书》卷26《长孙绍远附弟澄传》："后从太祖援玉壁，又从战邙山，进位骠骑大将军、开府。孝闵践阼，拜大将军，封义门公，为玉壁总管。卒，自丧初至及葬，世宗三临之。"《北史》卷22《长孙道生传》附玄孙澄："周孝闵帝践阼，拜大将军，进爵义门郡公。出为玉壁总管，颇有威信。卒于镇，赠柱国，谥曰简。自丧初及葬，明帝三临之。"

又有姬肇，见《隋故持节金紫光禄大夫太子右卫率右备身将军司农卿龙泉敦煌二郡太守汾源良公姬府君之墓志铭》："公讳威。父肇，勋晋绛建四州诸军事、勋州总管，神水郡开国公。"王仲荦《北周地理志》第784页曰，"按姬肇《周书》无传。……姬肇之为勋州总管，当在明帝初年，长孙澄卒而肇继之也。肇去而韦孝宽始继之。"

在勋州的历任军事行政长官当中，韦孝宽以其杰出的才能曾经三镇玉壁。王仲荦《北周地理志》第784页对此考证道："《周书·韦孝宽传》：保定初，以孝宽立功勋于玉壁，遂于玉壁置勋州，仍授勋州刺史。按改南汾州为勋州，实在西魏废帝三年，见《周书·文帝纪》。据《韦孝宽传》，是年孝宽迁雍州刺史，恭帝元年，又与于谨伐江陵，三年，曾还镇玉壁，孝闵帝践阼，拜小司徒。明帝初，参麟趾殿考校图籍，则又去玉壁矣。至保定初，复授勋州总管，盖三镇玉壁也。长孙澄、姬肇之为勋州总管，元亨、郭贤、于寔之为勋州刺史，盖皆在孝宽迁雍州刺史之后，保定初年任玉壁总管以前。以保定初，孝宽重镇玉壁，《周书》岁连言孝宽立勋玉壁，并追叙于玉壁置勋州事，非谓勋州之置在保定初也。又《孝宽传》但言授孝宽刺史，不言为总管。据《周书·裴文举传》：'保定元年，迁绛州刺史，总管韦孝宽特相钦重'云云，则孝宽为勋州总管至确。自保定初，孝宽为勋州总管，至建德元年齐平，孝宽随武帝还京，即拜大司空，盖在玉壁总管任者有十四、五年之久云。"

北周武帝建德六年（577）灭亡北齐，统一中原，河东地区的军事形势大为缓和，故废除了玉壁总管府，又取消了勋州，将绛州的治所由柏壁城（今山西新绛县西南）移到玉壁。《隋书》卷30《地理志中》绛郡："稷山（县），后魏曰高凉。又有后周勋州，置总管，后改为绛州。"《元和郡县图志》卷12《河东道一·绛州正平县》曰："柏壁，在县西南二十里。后魏明帝元年，于此置柏壁镇，太武帝废镇，置东雍州及正平郡。周武帝于此改置绛州，建德六年又自此移绛州于今稷山县西南二十里（笔者注：应为'十二里'）玉壁。"同书同卷《绛州稷山县》曰："玉壁故城，在县南十二里。……周初于此置玉壁总管，武帝建德六年废总管。"

历史上勋州的名称和它作为军事区域所发挥过的重要作用，至此也就全部结束了。

（四）高凉郡属县

北魏高凉郡有高凉、龙门二县，而两魏、周齐交战时，双方大致上隔汾水对峙，宇文氏的领土基本上是在汾南，故仅设高凉一县。据前引《元和郡县图志》卷12所载，北魏高凉县治在今稷山县东南三十里。至清代还有高凉城的遗址，见《山西通志》卷54《古迹考五》："高凉城，在稷山南。"西魏大统四年（538），王思政请筑玉壁城，以并州刺史往镇之，随后高凉县治及郡治即移到玉壁，后该地又成为勋州刺史治所。

高凉县背依稷山、介山，面临汾河，是运城盆地的西北屏障。《山西通志》卷40《山川考十·汾河》引旧《通志》曰："稷山县南二里，汾河由绛州周村界入县境王村，向西环流。河北经杨赵、管村、羊牧头，又经南关、吴城。河南经武城、费村、苑曲、靳平、李村、玉壁。共袤七十二里，至西薛村入河津县境。"

汾河流经该县境内，其间多有津渡，玉壁即是其中最为著名的渡口，北魏时曾在此设关稽查。《读史方舆纪要》卷41《山西三·平阳府·稷山县》"汾水"条称："《志》云：今县西南十二里有玉壁渡，元魏时于汾水北置关，后为渡。其南又有景村渡，后徙而西北为李村渡。夏秋以舟，冬为木桥以济。"光绪《山西通志》卷49引《稷山县志》亦曰："玉壁渡，县西南二十里，汾水之阴，元魏置关，后为渡。荆平渡，县南三里。薛村渡，县西南二十里；苑曲渡，县东南五里。费村渡，县东南十里。崔村渡，县东南二十里。"

高凉县治转移到玉壁，是有其深刻原因的。玉壁古城遗址在今稷山县城西南5公里处柳沟坡上白家庄西，雄踞于峨嵋台地之上，其东、西、北三面皆为深沟巨堑，峭壁突兀，无法攀登，仅东南一隅有狭窄通道与峨嵋坡顶相连，利于守兵的防御。古城地势险要，脚下是汾河渡口，北岸即是由晋州（今临汾市）、正平（今新绛）通往黄河龙门津渡的大道；城池东侧又有道路向南穿越峨嵋坡、稷神山而进入运城盆地，因此属于极为重要的交通枢纽。于此置镇，便于阻击晋阳之敌南犯河东。大统八年、十五年，高欢率领重兵两次围攻玉壁不克，西魏的河东及关中遂安然无恙。

随着岁月的流逝和人为破坏，玉壁古城今已残破不堪，城中土地多被耕种，或成为盗炼原油的坑池，当年"周回八里"的坚城大都坍圮，仅在其北、西、南三面尚有残垣断壁。在南墙入口的西侧有两处地形高、墙基厚、平面呈凸形的地方，据当地群众传说，是昔日韦孝宽建造高楼、抵御高欢筑土山以攻之处。玉壁城内有一条南北大道，将城区分为东西两部，至今被称为"东城""西城"。古城的东北角，有一条羊肠小道，蜿蜒而下，可以到达汾河之畔，传说为玉壁城的"饮马道"，即守军取水之途。城之西、北尚存碉堡、暗道遗迹，城东沟里半坡地方，有一地道可直通玉壁城下，据说为高欢攻城时所凿。城西沟沿处还发现一座埋有累累白骨的万人冢，据《北齐书》卷1《神武帝纪》所载，高欢攻玉壁城时，"死者七万人，聚为一冢"；故有可能是东魏军队埋葬死者尸骨的大坑。①

西魏任高凉县令者，见于大统六年（540）七月十五日立《巨始光造像记》，有像主前平阳令高凉令青州安平县开国侯巨始光、前高凉令安丘县开国子杨清。

（五）两魏、周齐对峙时的龙门郡县

北魏高凉郡的西境是龙门县，即秦汉河东郡之皮氏县，县治在今山西河津市西。公元534年，东西魏分裂，宇文泰护送魏孝武帝自洛阳入关，高欢领兵追击，"寻至弘农，遂西克潼关，执毛洪宾。进军长城，龙门都督薛崇礼降"②。这一地区开始归东魏统属。大统三年（537）十月沙苑战役之后，高欢败归晋阳，西魏占领了高凉郡全境以及龙门以北的定阳（今山西吉县）。参见《北齐书》卷20《薛修义传》："（从弟嘉族）子震，字文雄。天平初，受旨镇守龙门，陷于西魏。元象中，方得逃还。高祖嘉其至诚，除广州刺史。"

次年二月，东魏遣莫多娄贷文等攻陷定阳，后又在河桥之战中获胜，迫使宇文泰领兵撤回关中。此后西魏改变河东地区的防御部署，将兵力收缩至汾河以南，高凉郡的情况亦然。大统四年末，王思政筑玉壁城后，西魏仅在高凉县的汾南领土设官治民，而龙门县的大部分辖区在汾北，基本上归属东魏、北齐统治。如北周保定三年（563），勋州总管韦孝宽调遣河西役徒在汾北筑城，为了阻止北齐军队的破坏，采取了疑兵之计。"其夜，又令汾水以南，傍介山、稷山诸村，所在纵火。齐人谓是军营，遂收兵自固。版筑克就，卒如其言。"③由此可见高凉郡县的居民点散布在汾南。

---

① 《稷山县志》，新华出版社1994年版，第499页。
② 《北齐书》卷2《神武帝纪下》永熙三年八月。
③ 《周书》卷31《韦孝宽传》。

从史书的记载来看，西魏、北周官员有封爵食邑在龙门郡县者。例如：

（1）薛善　西魏时封龙门县子。《周书》卷35《薛善传》："（太祖）时欲广置屯田以供军费，乃除司农少卿，领同州夏阳县二十屯监。……追论屯田功，赐爵龙门县子。"

（2）司马裔　西魏时封龙门县子。《周书》卷36《司马裔传》："（魏废帝二年）以功赐爵龙门县子，行蒲州刺史。"

（3）郭彦　西魏时封龙门县子。《周书》卷37《郭彦传》："（大统十二年）以居郎官著称，封龙门县子，邑三百户。"

（4）辛彦之　北周时封龙门县公。《隋书》卷75《儒林·辛彦之传》："（武帝时）奉使迎突厥皇后还，赍马二百匹，赐爵龙门县公，邑千户。"

（5）王长述　北周时封龙门郡公。《隋书》卷54《王长述传》："修起居注，改封龙门郡公。"

但是古籍与碑刻中少见当时任龙门郡县守令者。上述史料所反映的龙门郡县，有可能只是在高凉县侨置的，故有封邑而无实职。①

《魏书》卷106上《地形志上》载南汾州北乡郡领县二：龙门、汾阴。又南汾州龙门郡领县二：西太平、汾阳；其龙门郡县不在一处。王仲荦先生经过考证认为，东魏收复汾北之地后，曾重置龙门郡。而汾水南岸原泰州北乡郡汾阴县被西魏占领后，有部分居民徙逃至汾北，故东魏又侨置汾阴县于龙门县境，而将龙门县隶属于北乡郡，因此在龙门郡辖区的剩余部分设置了西太平和

---

① 王仲荦：《北周地理志》，第789页："北周任龙门郡守者见欧阳修《集古录·跋尾》：隋恒山郡九门县令钳耳君清德之颂：父康，周安陆、龙门二郡守。"而这个例子通常被认为是北周灭齐后设置的龙门郡。

汾阳二县。①直到北齐文宣帝时，才将北乡、龙门两郡合并。"盖至北齐天保之世，又废北乡郡及汾阴县入龙门县而以龙门县改属龙门郡也。其龙门郡所统之西太平、汾阳二县，亦省入龙门县矣。"②

（六）西魏、北周在汾北旧龙门县境的戍所

西魏在大统四年调整河东边境兵力部署之后，于汾河北岸旧龙门县境内还保留了一些军事据点，如龙门城等。北齐后主在武平初年（570—571），遣名将斛律光、段韶等在汾北发动攻势，拓地五百余里，与北周宇文宪率领的援兵展开激战，当地的城堡屡屡易手。现将西魏、北周（平齐前）在旧龙门县境设置、占领过的戍所考述如下：

1. 龙门镇

或曰龙门城，在今山西河津市西，北魏时曾置龙门镇于此。见《北齐书》卷20《薛修义传》："（北魏正光时）拜修义龙门镇将。"又见《读史方舆纪要》卷41《山西三·平阳府·河津县》龙门城条："今县治，战国魏皮氏邑也。《志》云：皮氏城在今县西一里。……后魏始改皮氏县为龙门，盖因山以

---

① 王仲荦：《北周地理志》，第789页，对此考证甚详，文字如下："《魏书·地形志》：'龙门，故皮氏，二汉属河东。晋属平阳。真君七年改龙门，属高凉郡。按《地形志》龙门县有二，一属东雍州高凉郡，一属南汾州北乡郡。'《元和郡县志》：'龙门县，古耿国，晋献公灭之，以赐赵夙。秦置以为皮氏县。汉属河东郡，后魏太武帝改皮氏为龙门县，因龙门山为名，属北乡郡。'《寰宇记》并同《元和志》。窃以为《地形志》东雍州高凉郡之龙门县，亦即《地形志》南汾州北乡郡之龙门县。《地形志》于高凉郡之龙门县下云：'故皮氏，真君七年改龙门。'《元和志》于北乡郡之龙门县亦云：'后魏太武改皮氏为龙门县。'两龙门县皆以汉皮氏县改，显即一县复出两处之证。盖后魏孝文帝分龙门置高凉县，后又置高凉郡，领高凉、龙门二县。此高凉县在汾水南岸，今山西稷山县东南。大统四年，西魏略定汾绛，高凉郡高凉县皆为西魏之境。而高凉郡之龙门县，在汾水北岸，则在东魏界内。时泰州北乡郡及汾阴县，本在汾水南岸者，亦沦没于西魏，而其民户或有北渡汾水北岸者，东魏乃侨置北乡郡汾阴县于龙门县界，而以龙门县隶北乡郡。故知《地形志》高凉之龙门县亦即北乡之龙门县，非周时有二龙门县也。"

② 王仲荦：《北周地理志》，第788—789页。

名。陆澄曰：'河东龙门城西对夏阳之龙门山，后魏置龙门镇于此'。孝昌三年以薛修义为龙门镇将。永熙末高欢破潼关屯华阴，龙门都督薛崇礼以城降欢，即是城也。……"

在武平元年（570）斛律光发动汾北攻势之前，龙门及附近数座城戍归属西魏、北周，后投降北齐。见《北史》卷55《冯子琮传》："斛律光将兵度玉壁，至龙门。周有移书，别须筹议。诏子琮乘传赴军，与周将韦孝宽面相要结。龙门等五城，因此内附。后主以为子琮之功，封昌黎郡公。"

次年三月，周武帝遣宇文宪渡河反攻，北齐军队东撤，又丧失了龙门城等戍。见《周书》卷5《武帝纪上》天和六年，"三月己酉，齐国公宪自龙门度河，斛律明月退保华谷"。又见《周书》卷12《齐炀王宪传》："（天和）六年，乃遣宪率众二万，出自龙门。齐将新蔡王王康德以宪兵至，潜军宵遁。……"该年冬，斛律光领兵在玉壁对岸修筑了两座城堡，命名为"华谷""龙门"，和宇文宪所率周军对峙；此"龙门城"与旧龙门城有别。见《北齐书》卷17《斛律金附子光传》："其冬，光又率步骑五万于玉壁筑华谷、龙门二城，与宪、显敬等相持，宪等不敢动。光乃进围定阳，仍筑南汾城，置州以逼之，夷夏万余户并来内附。"

2. 龙门关

在今河津市西北龙门山下，黄河禹门渡口处，为北周所置。参见《元和郡县图志》卷12《河东道一·绛州·龙门县》："龙门关，在县西北二十二里。"又《读史方舆纪要》卷41《山西三·平阳府·河津县》亦载："龙门关，在县西北龙门山下。后周所置，唐因之。关下即禹门渡也。"

3. 万春城

在今山西河津市东北，为北周与北齐交界最北端之戍所。见《读史方舆纪要》卷41《山西三·平阳府·河津县》："万春城，县东北四十里，宇文周建德四年，韦孝宽陈伐齐之策，请于三鸦以北万春以南广事屯田，预为积贮。时盖置镇于此，自此南至河南鲁山县之三鸦镇，皆与齐分界处也。"

另，《资治通鉴》卷172陈太建七年（575）二月胡三省注"三鸦以北、万春以南"句曰："万春，地名。《新唐志》：武德五年，析龙门置万春县。盖以旧地名县也。三鸦以北、万春以南，韦孝宽囊括周东、北之境，举两端而言。"

4. 伏龙、5. 张壁、6. 临秦、7. 统戎、8. 威远

斛律光进攻河东得胜后，曾在武平二年（571）于旧高凉、龙门县境汾北区域"率众筑平陇、卫壁、统戎等镇戍十有三所"[①]。后来宇文宪引兵渡河反攻时，曾挖掘沟渠，造成汾河北移改道，使原在汾河北岸的北齐伏龙、张壁、临秦、统戎、威远五城移位于南岸。周军随即南渡汾河，攻克了这五座城戍，而在华谷的北齐军队主力由于被汾河隔绝，未能及时赶来救援。此次战役的经过可见《周书》卷5《武帝纪上》："（天和六年）三月己酉，齐国公宪自龙门度河，斛律明月退保华谷，宪攻拔其新筑五城。"《周书》卷12《齐炀王宪传》："（天和）六年，乃遣宪率众二万，出自龙门。齐将新蔡王王康德以宪兵至，潜军宵遁。宪乃西归，仍掘移汾水，水南堡壁，复入于齐。齐人谓略不及远，遂弛边备。宪乃渡河，攻其伏龙等四城，二日尽拔。又进攻张壁，克之，获其军实，夷其城垒。斛律明月时在华谷，弗能救也。"《隋书》卷74《酷吏·赵仲卿传》："仲卿性粗暴，有膂力，周齐王宪甚礼之。从击齐，攻临秦、统戎、威远、伏龙、张壁五城，尽平之。"《周书》卷27《辛威传》："（天和）六年，从齐王宪东伐，拔伏龙等五城。"《周书》卷29《刘雄传》："齐人又于姚襄筑伏龙等五城，以处戍卒。雄从齐公宪攻之，五城皆拔。"《周书》卷40《尉迟运传》："（天和六年），齐将斛律明月寇汾北，运从齐公宪御之，攻拔其伏龙城。"《隋书》卷65《权武传》："从王谦破齐服龙等五城，增邑八百户。"

据《山西通志》卷49《关梁考六》所载，伏龙城和张壁在今河津市，华谷城在今稷山县西。又《元和郡县图志》卷12《河东道一·绛州·龙门县》：

①《北齐书》卷17《斛律光传》。

"伏龙原，在县西南十八里。"王仲荦先生据此认为，"齐伏龙城，盖置于伏龙原上"①。

又，前引《北齐书》卷17《斛律光传》所言的"平陇城"，在今山西稷山县西。见《山西通志》卷49《关梁考六》："稷山县平陇城，在县西五里。斛律光筑，今为平陇镇。齐武平二年，斛律光率众筑平陇、卫壁、统戎等镇戍十有三所。周柱国普屯威、韦孝宽等步骑万余来逼平陇，与光战于汾水之北，光大破之。"

七　南汾州（汾州）

这是宇文氏在汾水以北、黄河东岸以定阳（治今山西吉县）为中心的一块领土，初称南汾州，后称汾州。定阳西北为孟门山，是黄河流进龙门峡谷的入口；河水经壶口下淌，两岸山岭夹峙，浪峰激荡，南过禹门口（或称龙门）后，即流出峡谷，平泻千里。②《元和郡县图志》卷12《河东道一·慈州·文城县》曰："孟门山，俗名石槽，在县西南三十六里。《淮南子》曰：'龙门未辟，吕梁未凿，河出孟门之上，名曰洪水，大禹疏通，谓之孟门。'《水经注》曰：'风山西四十里河水南出孟门，与龙门相对，即龙门之上口也，实为黄河之巨阸。'今按河中有山，凿中如槽，束流悬注，七十余尺。"《读史方舆纪要》卷41《山西三·平阳府·吉州》曰："壶口山，州西七十里。《禹贡》'既载壶口'是也。东魏初，高欢自壶口趋蒲津击宇文泰。隋末李渊自龙门进军壶口，河滨之民献州者以百数，即此处也。壶口之北即孟门山。""孟门山在州西[北]七十里。《山海经》：'孟门之山，上多金玉。'《淮南子》：'龙门未辟，吕梁未凿，河出孟门之上'。大禹疏通，谓之孟门，故《穆天子传》曰：'北登孟

---

① 王仲荦：《北周地理志》，第791页。

②《读史方舆纪要》卷41《山西三·平阳府·吉州》："黄河，州西七十里，自隰州大宁县流入境。《通释》：河至文城县孟门山是为入龙门，至汾阴县合河之上是为出龙门，从古津要之所也。"

门九河之蹬。'孟门，即龙门之上口也。此为黄河巨阨，夹岸崇深，奔浪悬流，倾崖触石，诚天设之险。又南至龙门山，谓之下口云。"

汾州附近居民多有少数民族，属于胡汉杂居之地，不易统治。[①]州内遍布丘陵、山谷，地形复杂，易守难攻。如果占领该地，向东能够胁迫晋阳（今山西太原）通往晋州（今山西临汾市）沿汾河而下的水陆干道。其西濒临龙门峡谷，可以控扼黄河天险及南边的龙门渡口，涉汾河而南则经汾阴道进入运城盆地。州西又有古渡采桑津，亦是出晋入陕的门户之一。可见《读史方舆纪要》卷41《山西三·平阳府·吉州》："采桑津，在州西，大河津济处也。《春秋》僖八年：'晋里克败狄于采桑'。《史记》谓之啮桑。《晋世家》：'献公二十五年晋伐翟，以重耳故，翟亦击晋于啮桑'。《水经注》：'河水又南为采桑津，又南经北屈故城西'。"

综上所述，汾州在军事、交通上具有重要的位置，如顾祖禹所言，该地"控带黄河，有龙门、孟门之险，为河东之巨防、关内之津要"[②]。因此历来受到兵家的关注。两魏周齐时期，双方都认识到这一点，所以对它展开了激烈的争夺。东魏初有南汾州，大统三年（537）八月西魏克弘农后又占领定阳，即设官以治之，后又改称汾州。至北齐后期又被斛律光、段韶领兵攻克，数年后齐亡，再被北周收复。

（一）南汾州的由来

西魏之南汾州（后称汾州）治定阳（今山西吉县城关），春秋时为晋国屈邑，秦汉于此置北屈县，属河东郡；魏晋改属平阳郡。北魏孝文帝时于此设定阳县，治旧北屈县南，为定阳郡治所。其历史沿革参见《元和郡县图志》卷

---

① 《北齐书》卷17《斛律光传》："光乃进围定阳城，仍筑南汾城，置州以逼之，夷夏万余户并来内附。"《周书》卷31《韦孝宽传》："汾州以北，离石以南，悉是生胡，抄掠居人，阻断河路，孝宽深患之。"

② 《读史方舆纪要》卷41《山西三·平阳府·吉州》。

12《河东道一·慈州》：“《禹贡》冀州之域。春秋时晋之屈邑，献公子夷吾所居也。《左传》曰：'骊姬赂外嬖梁五与东关嬖五，使言于公曰："蒲与二屈，君之疆也，不可无主。"乃使重耳居蒲，夷吾居屈。'注曰：'二屈，今平阳郡北屈县'是也。《左传》'屈产之乘'，亦此地。秦兼天下，县属河东郡。汉北屈县，属河东郡。后魏孝文帝于北屈县南二十一里置定阳郡，即今州理是也。隋开皇元年改定阳郡为文城郡。贞观八年改为慈州，州内有慈乌戍，因以为名。”“吉昌县，本汉北屈县地也，属河东郡。后魏孝文帝于今州置定阳郡，并置定阳县，会有河西定阳胡人渡河居于此，因以为名。十八年，改定阳县为吉昌县。贞观八年改置慈州，县依旧属焉。”《太平寰宇记》卷48《河东道九·慈州》：“《禹贡》冀州之域。赤狄廧咎如之国。在春秋时晋之屈邑，献公子夷吾所居，晋里克败狄于采桑是也。六国魏之封域。汉为北屈县，属河东郡。汲冢古文：'翟章救郑，次于南屈。'应劭曰：'有南，故称北也。'魏、晋属平阳郡。东（笔者注：据《元和郡县图志》，'东'应为'北'）魏初置定阳郡，并置定阳县。值河西定阳胡人渡河居于此，立为郡，因以名之。至天平元年以州南界汾水所经，故置南汾州。后周建德六年又改南汾州为西汾州。”

王仲荦《北周地理志》第836页曰：“定阳郡，治定阳。旧置。《魏书·地形志》：'定阳郡，旧属东雍州，延兴四年，分属汾州焉。'按延兴四年初置定阳时，属东雍州。及太和十二年置汾州，定阳郡又废属汾州。永安中，分汾州置南汾州，定阳为南汾州治。……西魏得定阳城，仍置汾州定阳郡，周仍而不改，齐亦因之，即此定阳郡矣。”

该郡另有五（文）城具，治今山西吉县西北。“五城”，史籍或作“斤城”、“伍城”、“仵城”，其详说见后文。

南汾州在北魏孝文帝延兴四年（474）建立，事见《读史方舆纪要》卷41《山西三·平阳府·吉州》曰：“吉乡废县，今州治。汉北屈县地，后魏延兴四年置定阳县，为定阳郡治。”另外，《魏书》卷106上《地形志上》曰：“南汾州，领郡九，县十八。”其中定阳郡仅领永宁一县，有户五十四，口一百九十。

王仲荦先生认为此处记载的是东魏的情况，"盖武定之世，西魏已取定阳城，故《魏书·地形志》定阳郡无定阳县也。"①

另外，《魏书·地形志》未载该州的建置年代。清儒钱大昕根据《魏书》卷7《孝庄帝纪》的史料判断，南汾州可能始置于永安初年（528—529）。见《廿二史考异》卷29："按南汾州，领北吐京、西五城、南吐京、西定阳、定阳、北乡、五城、中阳、龙门九郡，《志》不言何时置，又不言治何城。考《隋志》：文城郡，东魏置南汾州，其首县曰吉昌，后魏曰定阳县，并置定阳郡，则南汾州当治定阳城矣。此志有定阳郡，而无定阳县，所未详也。《孝庄纪》：永安三年，以元显恭都督晋、建、南汾三州诸军事、晋州刺史，则南汾之置，当亦在永安初矣。"

《魏书》卷106上《地形志上》还记载定阳郡在北魏时期最初归属东雍州，后来划归汾州管辖。孝明帝孝昌年间（525—526）山胡刘蠡升叛乱，曾占据此地，被宗正珍孙领兵讨平（事见《魏书》卷9《肃宗纪》）；后在孝庄帝永安初年（529）归属南汾州。

（二）两魏周齐时期南汾州（汾州）的归属

1. 南汾州始归东魏

公元534年，北魏政权分裂之际，定阳所属的南汾州归东魏统治。西魏将领薛崇礼曾领兵进攻该地，结果失败被俘，事在《北齐书》卷20《尧雄传》："（弟尧奋）从高祖平邺，破尔朱兆等，进爵为伯。出为南汾州刺史，胡夷畏惮之。西魏行台薛崇礼举众攻奋，与战，大破之，崇礼兄弟乞降，送于相府。"

王仲荦《北周地理志》第833页考证曰："按薛崇礼降在永熙三年八月，见《北齐书·神武纪》，是年九月，东魏改元天平，是东西魏分立之初，南汾州固为东魏所有也。"

---

① 王仲荦：《北周地理志》，第836页。

2. 西魏初占南汾州

西魏初年，曾侨置南汾州于河西夏阳（今陕西韩城市东南）之杨氏壁，事见《周书》卷35《薛端传》，刺史为苏景恕。大统三年（537）八月，宇文泰克弘农后，南汾州归降西魏。见《周书》卷34《杨摽传》："（宇文泰）于是遣谍人诱说东魏城堡，旬月之间，正平、河北、南汾、二绛、建州、大宁等城，并有请为内应者，大军因攻而拔之。"

3. 东魏始复南汾州

当年九月，高欢自晋阳引兵南下，走汾水道至龙门，再经汾阴道抵蒲津渡河，进入关中。据《周书》卷2《文帝纪下》记载，在这次军事行动中，东魏大军曾到过定阳，"齐神武惧，率众十万出壶口，趋蒲坂，将自后土济"。看来，南汾州应是被其收复了。

4. 西魏再占南汾州

是年十月，高欢在沙苑战役中惨败，狼狈北撤，逃回晋阳，南汾州再次丢失，为西魏所占领。

5. 东魏又复南汾州

次年（538）二月，高欢经过休养生息，遣将善无贺拔仁、莫多娄贷文等攻拔定阳，擒获西魏所置刺史韦子粲。此后，南汾州复归东魏所有。《魏书》卷12《孝静帝纪》元象元年正月丁卯，"大都督贺拔仁攻宝炬南汾州，己卯，拔之，擒其刺史韦子粲"。《北齐书》卷27《韦子粲传》曰："孝武入关，以为南汾州刺史，神武命将出讨，城陷，子弟俱破获，送晋阳，蒙放免。……初，子粲兄弟十二人，子侄亲属，阖门百口悉在西魏。以子粲陷城不能死难，多致诛灭，归国获存，唯与弟道谐二人而已。"《资治通鉴》卷158梁武帝大同四年（538）二月，"东魏大都督善无贺拔仁攻魏南汾州，刺史韦子粲降之，丞相泰灭子粲之族"。

6. 西魏三夺南汾州

大统十二年（546）九至十一月，东魏出动倾国之师围攻河东重镇玉壁，结果损兵折将，失利而归，高欢积郁生疾而死。西魏军队乘势第三次夺取了南汾州。王仲荦《北周地理志》第834页对此考证曰："按自大统三年冬，西魏取东魏南汾州，至大统四年正二月间，又失南汾州。《北齐书》《魏书》称南汾州，而《周书》称汾州者，盖西魏初侨置南汾州于杨氏壁，后又侨置于玉壁，故称东魏之南汾州为汾州也。……按东魏再失南汾，《魏书》《北齐书》《周书》《北史》均不书年月，疑在东魏武定四年后，即西魏大统十二年后，是年高欢围玉壁，六旬不能下，死者数万人，明年，欢病死，西魏迨以此之际取定阳也。"

7. 西魏改南汾为汾州

《周书》卷2《文帝纪下》载魏废帝三年（554）正月改置州郡及县，"阳都为汾州，南汾为勋州，汾州为丹州"。王仲荦先生认为，此处的"阳都"，应是"定阳"，为史籍传抄中的讹字。见《北周地理志》第834页"西魏改曰汾州"条：

> 《周书·文帝纪》，魏废帝三年春正月，改置州郡，改阳都（郡）为汾州。按阳都未详，岂定阳之讹夺耶？……又《周书·韦孝宽传》："保定初，齐人遣使至玉壁，求通互市。时又有汾州胡抄得关东人，孝宽复放东还。"又云："汾州以北，离石以南，悉是生胡，抄掠居人，阻断河路，而地入于齐，无方诛焉。"是此汾州定阳城，在保定初确为周境矣。

8. 北齐又克汾州

武平元年（570）冬，北齐将领斛律光、段韶等人领兵在汾北地区展开攻势，连连获胜。次年（571）六月，段韶经过长期的围城战斗，攻克了定阳与姚襄城，生擒周汾州刺史杨敷，该地又为高氏所统治，并恢复了南汾州的名称，直到北周建德五年（576）冬，武帝发动平齐之役，派宇文招领兵马拿下了定阳。事见《周书》卷5《武帝纪下》："（建德五年冬十月东征）柱国、赵王招步骑一万自华谷攻齐汾州诸城。"

（三）西魏、北周所置地方长官

宇文氏先设南汾州，后改汾州，据史籍所载，历任州刺史者有下列官员：

1. 苏景恕　据《周书》卷35《薛端传》所载，沙苑之战以前，东魏遣薛循义、乙干贵等率众西渡黄河，据夏阳之杨氏壁，又命南汾州刺史薛琰达等守之。后薛琰达等撤回河东，"（薛）端收其器械，复还杨氏壁。太祖遣南汾州刺史苏景恕镇之"。

2. 韦子粲　沙苑战后初任治定阳之南汾州刺史，次年二月州城被东魏攻陷，韦子粲投降。其事迹可见《北齐书》及《北史》本传。

3. 段永　大统四年（538）八月河桥之战后就任。见《周书》卷36《段永传》："河桥之役，永力战先登，授南汾州刺史。"当时侨治玉壁。

4. 韦孝宽　大统八年（542）后就任。见《周书》卷31《韦孝宽传》："（大统）八年，转晋州刺史，寻移镇玉壁，兼摄南汾州事。"亦侨治玉壁。

5. 王雅　周明帝即位时（557）任汾州刺史，治定阳，保定元年（561）离职。见《周书》卷29《王雅传》："世宗初，除汾州刺史。励精为治，人庶悦而附之，自远至者七百余家。保定初，复为夏州刺史，卒于州。"

6. 裴宽？　《周书》卷34《裴宽传》载："保定元年，出为汾州刺史。"钱大昕认为应是"沔州刺史"之讹。见《廿二史考异》卷32："'汾'当作'沔'，《陈书·程灵洗传》可证也。《周（文帝）本纪》改'江州为沔州'。《隋志》丁沔阳郡下甑山县云'西魏置江州'，而不及改沔州事，亦为疏漏。"

7. 韩褒　周武帝保定三年（563）就任。见《周书》卷37《韩褒传》："（保定）三年，出为汾州刺史。州界北接太原，当千里径。先是齐寇数入，民废耕桑，前后刺史，莫能防扞。褒至，适会寇来，褒乃不下属县。人既不及设备，以故多被抄掠。齐人喜相谓曰：'汾州不觉吾至，先未集兵。今者之还，必莫能追蹑我矣。'由是益懈，不为营垒。褒已先勒精锐，伏北山中，分据险阻，邀其归路。乘其众急，纵伏击之，尽获其众。故事，获生口者，并囚送京师。襃因是奏曰：'所获贼众，不足为多。俘而辱之，但益其忿耳。请一切放还，以德报怨。'有诏许焉。自此抄兵颇息。"

8. 宇文丘 《周书》卷29《宇文盛传》记述其弟宇文丘在周闵帝元年（557）之后曾任汾州刺史，具体年代不详。后又出任延州刺史、凉州刺史，周武帝建德元年（572）逝世。故暂列于韩襃之后。

9. 杨敷 周武帝天和六年（571）就任，当年六月汾州被齐兵攻陷，被俘。参见《周书》卷34《杨敷传》："敷明习吏事，所在以勤察著名，每岁奏课居最，累获优赏。""天和六年，出为汾州诸军事、汾州刺史，……齐将段孝先率众五万来寇，梯冲地道，昼夜攻城。敷亲当矢石，随事扞御，拒守累旬。孝先攻之愈急。时城中兵不满二千，战死者已十四五，粮储又尽，公私穷蹙。齐公宪总兵赴救，惮孝先，不敢进军。……敷殊死战，矢尽，为孝先所擒。"《北齐书》卷8《后主传》："（武平二年）六月，段韶攻周汾州，克之，获刺史杨敷。"又见《北齐书》卷16《段荣附韶传》。

10. 怡峰 《周书》卷17《怡峰传》：子光"……出为汾、泾、幽三州刺史。"在任年代不详，故附于后。

11. 窦善 《周书》卷30《窦炽传》："炽兄善，以中军大都督、南城公从魏孝武西迁。后仕至太仆、卫尉卿、汾、北华、瀛三州刺史、骠骑大将军、开府仪同三司、永富县公。"在任年代亦不详，故附于后。

（四）定阳郡属县

《魏书》卷106上《地形志上》载北魏时期，南汾州有九郡，而西魏、北周统治南汾州（汾州）主要是在定阳一郡。该郡下属定阳、文城两县。

1. 定阳县

治今山西吉县城关，为定阳郡治及南汾州治所在。在秦汉时为北屈县地，北魏太武帝时，因在当地擒获夏国君主赫连昌，故在原北屈县境立禽昌县以示纪念。孝文帝时又分其县南之地置定阳县，隋朝改称吉昌县，唐朝更名吉乡县，为慈州治所。《隋书》卷30《地理志中》文城郡属吉昌县："后魏曰定阳县，并置定阳郡。开皇初郡废，十八年县改名焉。"《太平寰宇记》卷48《河东道九·慈州》："吉乡县，汉北屈县地，属河东郡。左氏谓'屈产之乘'，即夷吾所居。古称此邑有骏马。今县北二十一里古城，即汉邑理于此。后魏孝文帝移于今州置定阳郡，并置定阳县。会有河西定阳胡人渡河居于此，因此为名。隋开皇三年废定阳郡，置石州，其县属州；十八年，改定阳县为吉昌县。"《读史方舆纪要》卷41《山西三·平阳府·吉州》："州东北二十一里。春秋时晋屈邑，即公子夷吾所居。……魏收《志》：'神䴥元年擒赫连昌，因于北屈置禽昌县'。或曰后魏析置禽昌县，北屈县省入焉。孝文时又析置定阳县。杜佑曰：吉昌，汉北屈县也。"

2. 文城县

北魏所置，在今山西吉县西北文城镇。《读史方舆纪要》卷41《山西三·平阳府·吉州》曰："文城废县，在州西北五十里。本西魏所置，属汾州。隋因之，唐属慈州。"该县在史籍中或作"斤城"、"五（伍）城"、"仵城"，参见《元和郡县图志》卷12《河东道一·慈州》："文城县（注：东南至州六十五里），本汉北屈县地，属河东郡。后魏孝文帝于此置斤城县，属定阳郡。隋开皇十六年改斤城县为文城县。"《隋书》卷30《地理志中》文城郡属文城县注："后魏置。有石门山。"伍城县注："后魏置，曰刑（京）军县，后改为伍城，后又置伍城郡。开皇初郡废，又废后魏平昌县入焉。"《旧唐书》卷39《地理志二》河东道慈州："文城，后魏曰斤城县，隋改为文城。显庆三年，移斤城县东北文城村置。"

杨守敬发现了该县名称的混乱，他在《〈隋书·地理志〉考证》中说："按《魏书·地形志》汾州定阳郡、南汾州定阳郡并无文城县，亦无斤城县，未知孰误？"

王仲荦先生经过考证认为，《隋书·地理志》中的文城县实为伍城县，"则即后魏末移治西河前之汾州五城郡五城县。盖孝昌中陷没，北齐、北周世复置者，在今山西吉县东北六十里是也"。该县北魏时名为"五城"，西魏时改称"文城"，并非是在隋代更名。而"斤城"、"仵城"、"五（伍）城"，或是字形相近，或是音韵相近，故史书记载产生讹误，实际上皆为一县。在州南，东魏置南汾城于定阳，后周取之，改为汾州。高齐武平初，斛律光围定阳，因筑南汾城以逼之。见《北周地理志》第839页：

> 按《旧唐书·地理志》："慈州文城县，元魏曰仵城县，隋改为文城。"是《元和志》之斤城，盖本作仵城县，由斤、仵形似而讹。仵城《地形志》多作五城，《隋志》多作伍城，新旧《唐志》、《元和志》多作仵城。《地形志》五城县有五：汾州五城郡有五城县，寄治西河介休县界者也。晋州定阳郡有西五城县，寄治平阳县界者也。义州五城郡有五城县，寄治汲郡界者也。南汾州五城郡有五城县，此南汾州之五城郡，即《隋志》蒲县下之五城郡，周末废省者也。南汾州西五城郡有西五城县，即此改为文城县者也。在今山西吉县西北六十里。《隋志》谓文城，后魏置。《元和志》《旧唐志》谓隋改曰文城。然《地形志》南汾州无文城。则东魏武定世尚未改名。改五城为文城，当在武定之后。据《隋书·侯莫陈颖传》："周武帝时，从滕王逌击龙泉文城叛胡，破其三栅。"则周建德末，已有文城之称矣。隋改文城之说，与《隋志》不合，故不取。除《地形志》此五城县外，《隋志》文城郡有伍城县，则即后魏未移治西河前之汾州五城郡之五城县。盖孝昌中陷没，北齐、北周世复置者，在今山西吉县东北六十里是也。

西魏、北周时确有文城县，如《周书》卷35《薛端传》载其因沙苑之战有功，"迁兵部郎中，改封文城县伯"。后又进爵为侯、为公。死后，"赠本官，加大将军，追封文城郡公"。另，《大周使持节少傅大将军大都督恒夏灵银长五州诸军事恒州刺史普安壮公墓志铭》亦载："公讳欢，夫人文城县君尉迟氏。"

（五）中阳郡及属县

《魏书》卷106上《地形志上》记载，北魏时曾在定阳郡南设有中阳郡，有昌宁、洛陵二县，户四百六十八，口一千六百三十七，治昌宁（今山西乡宁县西），亦属于南汾州。另外，据《元和郡县图志》卷12《河东道一·慈州》所言："昌宁县，本汉临汾县地，属河东郡。后魏太武帝分临汾县置太平县，孝文帝又分太平县置昌宁县，属定阳郡。"孝文帝置昌宁县的时间，《魏书》卷106上《地形志上》记载是延兴四年（474）；改立中阳郡，可能是在孝昌年间宗正珍孙平定汾州胡刘蠡升叛乱后采取的措施。

又《隋书》卷30《地理志中》文城郡昌宁县注曰："后魏置，并内阳郡。开皇初郡废，有壶口山、崿山。"王仲荦先生在《北周地理志》第840页解释道："按隋为武元皇帝讳，故改为内阳郡也。"

西魏、北周占据南汾州（汾州）时，其定阳驻军与关中或汾北保持联络和供应的路线，必须要经过中阳和龙门郡境，因此该地应在其控制之下。但是史籍、碑刻中未见到宇文氏平齐之前在中阳设置郡县、派遣官吏的记载，也许是因为当地人口寥落，故作为弃地而不立郡县。姑且存疑。

北周天和五年（570），齐将斛律光发动了汾北攻势，从正平向西推进到龙门，拓地五百里，占领了原中阳郡界，将北周汾州刺史杨敷及其守军围困在定阳，并隔断了它们与河西、汾南的交通。天和六年（571）正月，武帝派遣宇文宪率众二万，自龙门东渡黄河来救援。《周书》卷12《齐炀王宪传》曰："时汾州又见围日久，粮援路绝。宪遣柱国宇文盛运粟以馈之。宪自入两乳谷，袭克齐柏社城，进军姚襄。"后未能击败齐军主力，致使定阳陷落。

上述史料中提到的"两乳谷"，即在原北魏中阳郡之昌宁县西南（今山西乡宁县西南）。按《元和郡县图志》卷12《河东道一·慈州昌宁县》曰："两乳山，在县西南七十里。山有两岫，望如乳形，因以为名。"北齐之柏社城应在两乳山峡谷之北。

（六）南汾州（汾州）城戍

两魏周齐时期，南汾州（汾州）因为具有重要的军事地位，境内双方修筑的城戍很多，据史籍所载分列如下。

1. 南汾城

在今吉县南，北齐斛律光所筑。《读史方舆纪要》卷41《山西三·平阳府·吉州》曰："南汾城，在州南。东魏置南汾州于定阳，后周取之，改为汾州。高齐武平初斛律光围定阳，因筑南汾城以逼之。《志》云：州西南十里有倚梯城，……或以此即斛律光所筑南汾城云。"斛律光筑城事可参见《北齐书》卷17《斛律光传》。

2. 慈乌戍

在今吉县之西。《元和郡县志》卷12《河东道一·慈州》曰："隋开皇元年改定阳郡为文城郡，贞观八年改为慈州，州内有慈乌戍，因以为名。"

《读史方舆纪要》卷41《山西三·平阳府·吉州》"牛心寨"条下附曰："慈乌戍，在州西，周、齐相争时置戍于此。《旧唐书》：'武德八年改南汾州为慈州，以近慈乌戍故也'。"

3. 姚襄城、白亭城

在今山西吉县西。《读史方舆纪要》卷41《山西三·平阳府·吉州》曰："姚襄城，州西五十二里。襄为桓温所败，走平阳时所筑，后人因名。城周五里，高二丈。"该城形势险要，白亭城则在姚襄城附近，两魏周齐时双方多次围绕二城争战。《元和郡县图志》卷12《河东道一·慈州·吉昌县》曰："姚襄城，在县西五十二里。本姚襄所筑，其城西临黄河，控带龙门、孟门之险，周、齐交争之地。齐后主武平二年，遣右丞相斛律明月、左丞相平原王段孝先破周兵于此城，遂立碑以表其功，其碑见存。齐氏又于此城置镇，隋开皇废。……城高二丈，周回五里。"《周书》卷29《宇文盛传》："（天和）六年，与柱国王杰从齐公宪东讨。时汾州被围日久，宪遣盛运粟以给之。仍赴姚襄城，受宪节度。齐将段孝先率兵大至，盛力战拒之。孝先退，乃筑大宁城而还。"《北齐书》卷16《段荣附子韶传》："（武平二年）五月，攻服秦城。周人于姚襄城南更起城镇，东接定阳，又作深堑，断绝行道。韶乃密抽壮士，从北袭之。又遣人潜渡河，告姚襄城中，令内外相应，渡者千有余人，周人始觉。于是合战，大破之，获其仪同若干显宝等。"《北齐书》卷17《斛律金附子光传》："（武平）二年，率众筑平陇、卫壁、统戎等镇戍十有三所。周柱国枹罕公普屯威、柱国韦孝宽等，步骑万余，来逼平陇，与光战于汾水之北，光大破之，俘斩千计。……军还，诏复令率步骑五万出平阳道，攻姚襄、白亭城戍，皆克之，获其城主仪同、大都督等九人，捕虏数千人。"《北齐书》卷41《皮景和传》曰："又随斛律光率众西讨，克姚襄、白亭二城，别封永宁郡开国公。……又从军拔宜阳城，封开封郡开国公。"

4. 郭荣城

在今山西吉县西北，位于定阳城与姚襄城之间，为北周将领郭荣倡议修筑。其城西临黄河，东、北、南三面凭依险阻，易守难攻。齐将段韶攻克定阳、姚襄城，却未能占领郭荣所筑新城。参见《隋书》卷50《郭荣传》："周大冢宰宇文护引为亲信。护察荣谨厚，擢为中外府水曹参军。时齐寇屡侵，护令荣于汾州观贼形势。时汾州与姚襄镇相去悬远，荣以为二城孤迥，势不相救，请于州镇之间更筑一城，以相控摄，护从之。俄而齐将段孝先攻陷姚襄、汾州二城，唯荣所立者独能自守。护作浮桥，出兵渡河，与孝先战。孝先于上流纵大筏以击浮桥，护令荣督便水者引取其筏。以功授大都督。"

又见《北齐书》卷16《段荣附子韶传》："（武平二年）五月，攻服秦城。周人于姚襄城南更起城镇，东接定阳，又作深堑，断绝行道。韶乃密抽壮士，从北袭之。又遣人潜渡河，告姚襄城中，令内外相应，渡者千有余人，周人始觉。于是合战，大破之，获其仪同若干显宝等。诸将咸欲攻其新城。韶曰：'此城一面阻河，三面地险，不可攻，就令得之，一城地耳。不如更作一城雍其路，破服秦，并力以图定阳，计之长者。'诸将咸以为然。"

5. 石殿城

在今吉县之南，为北周天和六年（571）汾北战役时周军统帅宇文宪命柱国宇文会所筑。其事可见《周书》卷12《齐炀王宪传》：

> （天和）六年，乃遣宪率众二万，出自龙门。齐将新蔡王王康德以宪兵至，潜军宵遁。宪乃西归，仍据移汾水，水南堡壁，复入于齐。齐人谓略不及远，遂弛边备。宪乃渡河，攻其伏龙等四城，二日尽拔。又进攻张壁，克之，获其军实，夷其城垒。斛律明月时在华谷，弗能救也。北攻姚襄城，陷之。时汾州又见围日久，粮援路绝。宪遣柱国宇文盛运粟以馈之。宪自入两乳谷，袭克齐柏社城，进军姚襄。齐人婴城固守。宪使柱国、谭公会筑石殿城，以为汾州之援。……

6. 倚梯城

在今吉县西南，靠近龙门峡谷的上流入口，该城依山傍河，形势险要。《元和郡县图志》卷12《河东道一·慈州昌宁县》曰："倚梯故城，在县西南一百五十里。累石为之，东北两面据岭临谷，西南两面俯眺黄河，悬崖绝壁百余尺，其西南角即龙门之上口也，以城在高岭，非倚梯不得上，因以为名。……"

关于倚梯城的记载又见《读史方舆纪要》卷41《山西三·平阳府·吉州》"南汾城"条："《志》云：州西南十里，有倚梯城，在龙门上口，垒石为之。东北高据峻岭，西南俯视黄河，悬崖绝壁，百有余丈，以其险绝，非梯莫上，因名。或以此即斛律光所筑南汾城云。"

7. 服秦城

在今吉县西，初为北周军队所筑，后被齐军攻陷，随即改名为服秦。攻城之事见于《北齐书》卷16《段荣附子韶传》：

（武平二年）五月，攻服秦城。周人于姚襄城南更起城镇，东接定阳，又作深堑，断绝行道。诏乃密抽壮士，从北袭之。又遣人潜渡河，告姚襄城中，令内外相应，渡者千有余人，周人始觉。于是合战，大破之，获其仪同若干显宝等。诸将咸欲攻其新城。诏曰："此城一面阻河，三面地险，不可攻，就令得之，一城地耳。不如更作一城壅其路，破服秦，并力以图定阳，计之长者。"诸将咸以为然。……

王仲荦《北周地理志》838 页曰："按此城本北周所筑，齐陷其城，始改名服秦也，不知北周本名此城为何城也？"又云："按服秦城盖在姚襄城之东，定阳城之西。"

8. 拓定城

在今山西吉县西北，北周保定四年（564）建立。见《太平寰宇记》卷48《河东道九·慈州文城县》："拓定故城，在县西一里。周保定四年置，以拓齐境，因以为名。周显德三年废。"

9. 姚岳城

北周时期，为了制止离石的胡人南下劫掠，宇文氏还在定阳以北、原北魏汾州治所蒲子城（今山西隰县）东北修筑了城戍，这是西魏、北周（平齐前）在汾北地区最远的城堡。因督役的将领名为姚岳，后人称其为姚岳城。参见光绪《山西通志》卷49《关梁考六》："姚岳城，在隰州东北。周保定初，勋州刺史韦孝宽以离石生胡数为寇抄，而居齐境，不可诛讨，欲筑城于险要以拒之，使别将姚岳董其役。曰：'计此称十日可毕。此距晋州四百里，敌至，我之城办矣。'果城之而还。后人因谓之姚岳城。"

第七章

沙苑战后东魏、北齐对河东、汾北的反攻

一 大统四年春季、秋季的反攻

沙苑战后，西魏夺取了河东与汾北地区。因为这一地域具有极高的战略价值，从西、南两面对东魏的政治军事重心——并州构成了直接威胁，使高欢无法容忍。在重新聚集兵力、粮草之后，他于大统四年（538）二月发动了反攻，计有以下几个方向：南汾州，东雍州，北绛郡、南绛郡，邵郡与河北郡。

1. 南汾州

南汾州治定阳（山西吉县），东魏初年，该地区为高欢所有[①]。

大统三年（537）十月沙苑战后，高欢逃归晋阳，宇文泰随即派兵进占南汾州，并任命关中豪族韦子粲为南汾州刺史，其弟韦道谐为镇城都督，在当地镇守。次年二月，高欢遣大都督善无贺拔仁等率军收复南汾，擒获韦子粲兄弟。见《资治通鉴》卷158梁武帝大同四年（538）二月条，及《北史》卷5《魏文帝纪》大统四年："二月，东魏攻陷南汾、颍、豫、广四州。"随即委任薛修义为晋、南汾、东雍、陕四州行台，负责并州以南与西魏交界地区的防

---

① 王仲荦：《北周地理志》833页，"《北齐书·尧雄传》：'弟奋，从高祖破尔朱兆等，出为南汾州刺史，胡夷畏惮之。西魏行台薛崇礼举众攻奋，与战，大破之，崇礼兄弟乞降，送于相府。'按薛崇礼降在永熙三年八月，见《北齐书·神武纪》，是年九月，东魏改元天平，是东西魏分立之初，南汾州因为东魏所有也。……"

务。见《北齐书》卷20《薛修义传》："（退西魏攻晋州兵）高祖甚嘉之，就拜晋州刺史、南汾、东雍、陕四州行台，赏帛千匹。"

而《魏书》则称该战役在当年正月，该书卷12《孝静帝纪》元象元年正月丁卯，"大都督贺拔仁攻宝炬南汾州，己卯，拔之，擒其刺史韦子粲。"

韦子粲兄弟被俘后投降东魏，接受了高欢任命的官职，"以粲为并州长史，累迁豫州刺史"[1]。宇文泰为了报复和警戒他人，将其在关中的家属诛戮殆尽。"初，子粲兄弟十三人，子侄亲属，阖门百口悉在西魏。以子粲陷城不能死难，多致诛灭，归国获存，唯与弟道谐二人而已。"[2]

2. 东雍州（正平）

大统三年八月，西魏克弘农、陕县后，又据东雍州治正平（今山西新绛），见《周书》卷34《杨㩉传》："（大统三年克邵郡后）以功授大行台左丞，率义徒更为经略。于是遣谍人诱说东魏城堡，旬月之间，正平、河北、南汾、二绛、建州、太宁等城，并有请为内应者，大军因攻而拔之。以㩉行正平郡事，左丞如故。"

当年十二月丁丑，高欢自晋阳统大军南征时，收复了正平，任命司马恭为东雍州刺史。沙苑战后，西魏军锋逼至晋州城下，正平再度失陷，宇文泰先后任命裴邃、段荣显为正平郡守，金祚为晋州刺史，入据东雍州。《周书》卷34《杨㩉传》曰："齐神武败于沙苑，其将韩轨、潘洛、可朱浑元为殿，㩉分兵要截，杀伤甚众。东雍州刺史［司］马恭惧㩉威声，弃城遁走。㩉遂移据东雍州。"《周书》卷37《裴文举传》："大统三年，东魏来寇，（父）邃乃纠合乡人，分据险要以自固。时东魏以正平为东雍州，遣其将司马恭镇之。每遣间人，扇动百姓。邃密遣都督韩僧明入城，喻其将士，即有五百余人，诈为内应。期日未至，恭知之，乃弃城夜走。因是东雍遂内属。及李弼略地东境，邃为之乡导，多所降下。太祖嘉之，特赏衣物，……除正平郡守。寻卒官。"《北

---

[1]《北齐书》卷27《韦子粲传》。

[2] 同上。

史》卷53《金祚传》："后随魏孝武西入，周文帝以祚为兖州刺史。历太仆、卫尉二卿。寻除东北道大都督、晋州刺史，入据东雍州。"

次年（538）二月，东魏收复南汾州后，又令平阳太守封子绘于千里径东旁开新路，以利大军通行。《北齐书》卷21《封隆之附子绘传》载其事曰：

> （孝静帝初）赴晋阳，从高祖征夏州。二年，除卫将军、平阳太守，寻加散骑常侍。晋州北界霍太山，旧号千里径者，山坂高峻，每大军往来，士马劳苦。子绘启高祖，请于旧径东谷别开一路。高祖从之，仍令子绘领汾、晋二州夫修治，旬日而就。高祖亲总六军，路经新道，嘉其省便，赐谷二百斛。后大军讨复东雍，平柴壁及乔山、紫谷绛蜀等，子绘恒以太守前驱慰劳，征兵运粮，军士无乏。

新道开通后，高欢以太保尉景、大将斛律金、莫多娄贷文、库狄干等南下攻克正平，擒西魏所置太守段荣显、晋州刺史金祚，委任薛荣祖为东雍州刺史。具体时间不详，但在河桥之战（八月）以前。《北史》卷53《金祚传》："……寻除东北道大都督、晋州刺史，入据东雍州。神武遣尉景攻降之。芒山之战，以大都督从破西军，除华州刺史。"《北史》卷69《杨㩰传》曰："东魏遣太保尉景攻陷正平，复遣行台薛修义与斛律俱相合，于是敌众渐盛。……时东魏以正平为东雍州，遣薛荣祖镇之（邙山战前）。"《北齐书》卷17《斛律金传》："天平初，迁邺，以金以步骑三万镇风陵以备西寇，军罢，还晋阳。从高祖战于沙苑，不利班师，因此东雍诸城复为西军所据，遣金与尉景、库狄干等讨复之。"《北齐书》卷19《莫多娄贷文传》："后从太保尉景攻东雍、南汾二州，克之。"《北齐书》卷20《薛修义传》："就拜晋州刺史，南汾、东雍、陕四州行台，赏帛千匹。修义在州，擒西魏所署正平太守段荣显。招降胡酋胡垂黎等部落数千口，表置五城郡以安处之。高仲密之叛也，以修义为西南道行台，为掎角声势，不行。"

东魏占据正平后，从闻喜陷口南下，沿涑水进入运城盆地，企图占领盐池重地。但是遭到了守将辛庆之的抵抗，无功而返。《周书》卷39《辛庆之传》："时初复河东，以本官兼盐池都将。（大统）四年，东魏攻正平郡，陷之，遂欲经略盐池，庆之守御有备，乃引军退。"

八月，河桥之战后，西魏建州刺史杨檦又占正平。见《周书》卷34《杨檦传》："（邙山战后）时东魏以正平为东雍州，遣薛荣祖镇之。檦将谋取之，乃先遣奇兵，急攻汾桥。荣祖果尽出城中战士，于汾桥拒守。其后，檦率步骑二千，从他道济，遂袭克之。进骠骑将军。……转正平郡守。"

当年十二月，王思政奏请筑玉壁城，聚兵屯守，作为河东北境重镇，遂放弃了汾北的正平。此后东雍州又为东魏所有，高欢委任大将潘乐为该州刺史，后来因为该地逼近敌境，难以维持，一度想要弃守，但在潘乐的劝阻下撤销了。参见《北齐书》卷15《潘乐传》："累以军功拜东雍州刺史。神武尝议欲废州，乐以东雍地带山河，境连胡、蜀，形胜之会，不可弃也。遂如故。"

3. 北绛郡、南绛郡

北魏—东魏的北绛郡治北绛县，故址在今山西翼城县东南；南绛郡治南绛县，故址在今山西绛县东北大交镇。大统三年（537）八月，宇文泰克弘农后，渡河取邵郡，并夺走南北二绛，事见前引《周书》卷34《杨檦传》："于是遣谍人诱说东魏城堡，旬月之间，正平、河北、南汾、二绛、建州、太宁等城，并有请为内应者，大军因攻而拔之"。高欢反攻时大军途经汾曲，正平、二绛等地被其收复。沙苑战败后仓皇退兵时，汾曲诸地又被放弃，因此西魏军锋逼至晋州城下，再次占领了二绛。

大统四年（538）东魏克复南汾州、正平。八月，宇文泰攻洛阳，高欢率主力前赴应敌，令大将斛律金领偏师南下，进攻河东，但是在晋州（今山西临汾）一带受阻，遂与晋州刺史薛修义合兵，对柴壁、乔山等地的土寇作战，直至高欢的主力赶到后，才得以获胜。随即又南下反攻，夺回南绛等汾曲重地。《北齐书》卷17《斛律金传》：

从高祖战于沙苑，不利班师，因此东雍诸城复为西军所据，遣金与尉景、厍狄干等讨复之。元象中，周文帝复大举向河阳。高祖率众讨之，使金径往太州，为掎角之势。金到晋州，以军退不行，仍与行台薛修义共围乔山之寇。俄而高祖至，仍共讨平之，因从高祖攻下南绛、邵郡等数城。

《北齐书》卷21《封隆之附子绘传》：

（天平）二年，除卫将军、平阳太守，寻加散骑常侍。……后大军讨复东雍，平柴壁及乔山、紫谷绛蜀等，子绘恒以太守前驱慰劳，征兵运粮，军士无乏。

但是从史书记载来看，高欢主力撤退后，西魏曾收复过正平与南绛郡，见《周书》卷34《杨摽传》："（河桥战后）时东魏以正平为东雍州，遣薛荣祖镇之。摽将谋取之，乃先遣奇兵，急攻汾桥。荣祖果尽出城中战士，于汾桥拒守。其后，摽率步骑二千，从他道济，遂袭克之。进骠骑将军。……转正平郡守，又击破东魏南绛郡，虏其郡守屈僧珍。"而北绛郡的许多据点也在西魏军队手里。到天保年间，才又被北齐名将斛律光攻占。《北齐书》卷17《斛律金附子光传》曰：

（天保三年）除晋州刺史。东有周天柱、新安、牛头三戍，招引亡叛，屡为寇窃。七年，光率步骑五千袭破之，又大破周仪同王敬俊等，获口五百余人，杂畜千余头而还。九年，又率众取周绛川、白马、浍交、翼城等四戍。

新安戍在北绛郡之新安县，见《魏书》卷106上《地形志上》晋州北绛郡条。天柱戍、牛头戍、翼城戍并属北绛郡地。绛川、白马、浍交三戍则在南绛郡界①。

4. 邵郡得失

邵郡治阳胡城，在今山西垣曲县东南古城镇，临近黄河，对岸即崤函山区。该地原属东魏，大统三年（537）八月，宇文泰克弘农后，又派杨㧑与邵郡土豪联络，攻取该郡。见《周书》卷34《杨㧑传》："时弘农为东魏守，㧑从太祖攻拔之。然自河以北，犹附东魏。㧑父猛先为邵郡白水令，㧑与其豪右相知，请微行诣邵郡，举兵以应朝廷，太祖许之。㧑遂行，与土豪王覆怜等阴谋举事，密相应会者三千人，内外俱发，遂拔邵郡。擒郡守程保及令四人，并斩之。众议推㧑行郡事，㧑以因覆怜成事，遂表覆怜为邵郡守。以功授大行台左丞，率义徒更为经略。"

沙苑战后，杨㧑领兵东取建州（今山西晋城东北），大统四年（538）东魏反攻，连克南汾州、东雍州，杨㧑孤立无援，遂撤回邵郡。随即又北上击败薛荣祖，夺取正平。河桥之战后，宇文泰自洛阳撤回关中，又有降兵内乱，形势一度很紧张。邵郡也发生了叛乱，被东魏军队所占领。由于形势紧张，中条山麓以南西魏所委任的河北郡守与诸县令闻风而逃，东魏军队甚至一度从东方攻入运城盆地，威胁盐池，后被辛庆之击退。《北齐书》卷17《斛律金传》曰：

> 元象中，周文帝复大举向河阳。高祖率众讨之，使金径往太州，为掎角之势。金到晋州，以军退不行，仍与行台薛修义共围乔山之寇。俄而高祖至。仍共讨平之，因从高祖攻下南绛、邵郡等数城。

《周书》卷39《辛庆之传》：

---

① 王仲荦：《北周地理志》下册，第805页。

时初复河东，以本官兼盐池都将。四年，东魏攻正平郡，陷之，遂欲经略盐池，庆之守御有备，乃引军退。河桥之役，大军不利，河北守令弃城走，庆之独因盐池，抗拒强敌。时论称其仁勇。

而事后杨㨛再次率众南下，夺回了邵郡。《周书》卷34《杨㨛传》曰：

> ……既而邵郡民以邵东叛，郡守郭武安脱身走免，㨛又率兵攻而复之。……（大统十二年）加晋、建二州军事……复除建州、邵郡、河内、汲郡、黎阳诸军事，领邵郡。十六年，大军东讨，授大行台尚书……又于邵郡置邵州，以㨛为刺史，率所部兵镇之。

此后，战事趋于平稳，东魏于轵关附近筑城拒守，西魏则固守邵郡，双方隔齐子岭相持，战事往来互有胜负，直至建德五年（576）北周灭齐之役。《周书》卷34《杨㨛传》：

> 及齐神武围玉璧，别令侯景趣齐子岭。㨛恐入寇邵郡，率骑御之。景闻㨛至，斫木断路者六十余里，犹惊而不安，遂退还河阳，其见惮如此。十二年，进授大都督，加晋、建二州诸军事，又攻破蒙坞，获东魏将李显，进仪同三司。寻迁开府，复除建州邵郡河内汲郡黎阳等诸军事，领邵郡。……又于邵郡置邵州，以㨛为刺史，率所部兵镇之。
>
> 保定四年，迁少师。其年，大军围洛阳，诏㨛率义兵万余人出轵关。然㨛自镇东境二十余年，数与齐人战，每常克获，以此遂有轻敌之心。时洛阳未下，而㨛深入敌境，又不设备。齐人奄至，大破㨛军。㨛以众败，遂降于齐。

《北齐书》卷15《潘乐传》：

> 周文东至崤、陕，遣其行台侯莫陈崇自齐子岭趣轵关，仪同杨㻏从鼓钟道出建州，陷孤公戍。诏乐总大众御之。乐昼夜兼行，至长子，遣仪同韩永兴从建州而趣崇，崇遂遁。

《北齐书》卷15《潘乐传》：

> 文宣嗣事，镇河阳，破西将杨㻏等。时帝以怀州刺史平鉴等所筑城深入敌境，欲弃之。乐以轵关要害，必须防固，乃更修理，增置兵将，而还镇河阳。

《北齐书》卷17《斛律光传》：

> 河清二年四月，光率步骑二万筑勋掌城于轵关西，修筑长城二百里，置十三戍。

《北齐书》卷26《平鉴传》：

> （任怀州刺史）鉴奏请于州西故轵道筑城以防遏西寇，朝廷从之。寻而西魏来攻，是时新筑之城，粮仗未集，旧来乏水，众情大惧。南门内有一井，随汲即竭。鉴乃具衣冠俯井而祝，至旦有井泉涌溢，合城取之。魏师败还，以功进位开府仪同三司。

《周书》卷29《刘雄传》：

（建德）四年，从柱国李穆出轵关，攻邵州等城，拔之。以功获赏。

《周书》卷29《伊娄穆传》：

从柱国李穆平轵关等城，赏布帛三百匹，粟三百石，田三十顷。

《隋书》卷56《卢恺传》：

（建德）四年秋，李穆攻拔轵关、柏崖二镇，命恺作露布，帝读之大悦。

《周书》卷6《武帝纪下》建德五年十月乙酉东伐，"大将军韩明步骑五千守齐子岭"。

二 大统八年高欢初攻玉壁

西魏在河桥之战失利后，接受了王思政的建议，调整河东军事部署，在玉壁（今山西稷山县西南）筑城，作为北境的防御重心①。至大统七年（541），东魏连获丰收，经济形势逐渐好转。《资治通鉴》卷158梁武帝大同七年曰：

魏自丧乱以来，农商失业，六镇之民相帅内徙，就食齐、晋，（高）欢因之以成霸业。东西分裂，连年战争，河南州郡鞠为茂草，公私困竭，民多饿死。欢命诸州滨河及津、梁皆置仓积谷以相转漕，供军旅，备饥馑，又于幽、瀛、沧、青四州傍海煮盐，军国之费，粗得周赡。至是，

---

① 《资治通鉴》卷158梁武帝大同四年（538），"（西魏）东道行台王思政以玉壁险要，请筑城自恒农徙镇之，诏加都督汾、晋、并州诸军事、并州刺史，行台如故"。胡三省注："东、西魏盖于汾州据险为界，晋、并皆入于东魏。"

东方连岁大稔，谷斛至九钱，山东之民稍复苏息矣。

次年，高欢又任命大将侯景为兼尚书仆射、河南道大行台，总管黄河以南对梁朝和西魏的防务[1]。胡三省注《资治通鉴》卷158曰："既委景以备梁、魏，又使讨叛贰，随机则便宜从事，其任重矣。"这样高欢得以全力以赴，专统重兵自晋阳南下，来夺取河东这块战略要地。

大统八年（542）八月，高欢率大军进攻河东，具体兵力数目不详，但据《资治通鉴》卷158记载，其规模巨大，"入自汾、绛，连营四十里"。可能与前次出征沙苑的兵力相近，在20万左右。宇文泰"使王思政守玉壁以断其道"。高欢先以书招降，被严词拒绝[2]，随即开始对该城进行围攻，战事进行得相当激烈，最终以高欢的失败撤退而告终。其原因大致有三：

第一，城险备严。玉壁地势险要，"城周回八十（'十'字衍）里，四面并临深谷"[3]。从今天对玉壁城遗址的考察来看，它处于峨嵋坡的断裂高原之上，周围多是百丈悬崖，难以攀攻。仅在南面有通道与原上相接，较为平坦；但是相当狭窄，进攻一方的优势兵力无法展开，易于守备。此外，王思政所布置的各项防御设施又很周密，致使东魏损兵折将，不能攻克，只好撤围退兵。见《周书》卷18《王思政传》："（河桥战后）思政以玉壁地在险要，请筑城。即自营度，移镇之。迁并州刺史，仍镇玉壁。八年，东魏来寇，思政守御有备，敌人昼夜攻围，卒不能克，乃收军还。"

第二，天时不利。高欢此番攻城，恰好遇到恶劣的降雪天气，阻碍了军队的行动，另外，军粮供应不足也造成了部队的严重减员，迫使他停止进攻。见《资治通鉴》卷158梁武帝大同八年，"冬，十月，己亥，（高）欢围玉壁，凡

---

[1]《资治通鉴》卷158梁武帝大同八年（542）"八月，庚戌，东魏以开府仪同三司、吏部尚书侯景为兼尚书仆射、河南道大行台，随机防讨"。

[2]《周书》卷35《裴侠传》："神武以书招思政，思政令侠草报，辞甚壮烈。"

[3]《元和郡县图志》卷12《河东道一·河中府·绛州稷山县》玉壁古城条。

九日，遇大雪，士卒饥冻，多死者，遂解围去"。《北齐书》卷2《神武纪下》兴和四年："十月己亥，围西魏仪同三司王思政于玉壁城，……十一月癸未，神武以大雪，士卒多死，乃班师。"

第三，西魏救援及时。针对高欢对玉壁的围攻，西魏先遣太子元钦领兵镇守蒲坂渡口，使这座联系关中与河东交通往来的津要平安无虞[①]；随即由宇文泰亲率大军前去援救。从《周书》的记载来看，宇文泰帐下的许多名将都随同参加了这次行动。《周书》卷14《贺拔胜传》：

> 及齐神武悉众攻玉壁，胜以前军大都督从太祖追之于汾北。又从战邙山。

《周书》卷16《赵贵传》：

> 从战河桥，贵与怡峰为左军，战不利，先还。又从援玉壁，齐神武遁去。高仲密以北豫州降，大祖率师迎之，与东魏人战于邙山。贵为左军，失律，诸军因此并溃。

《周书》卷17《怡峰传》：

> 后与于谨讨刘平伏，从解玉壁围，平柏谷坞，并有功。

《周书》卷19《杨忠传》：

> 又与李远破黑水稽胡，并与怡峰解玉壁围，转洛州刺史。邙山之战，

---

①《资治通鉴》卷158梁武帝大同八年（542）十月条。

先登陷阵。

《周书》卷20《尉迟纲传》：

（大统）八年，加通直散骑常侍、太子武卫率、前将军，转帅都督。东魏围玉壁，纲从太祖救之。

《周书》卷36《郑伟传》：

从战河桥及解玉壁围，伟常先锋陷阵。

《周书》卷36《裴果传》：

从战河桥，解玉壁围，并摧锋奋击，所向披靡。

《周书》卷44《阳雄传》：

后入洛阳，战河桥，解玉壁围，迎高仲密，援侯景，并预有战功。

说明西魏对此非常重视，援兵的规模亦相当可观，行至中途，高欢闻讯后判断形势对自己不利，便迅速撤退。宇文泰纵兵追击，渡过汾河，但未能赶上。见《资治通鉴》卷158梁武帝大同八年（542）十月，"魏遣太子钦镇蒲坂。丞相泰出军蒲坂，至皂荚，闻欢退渡汾，追之，不及"。

至此，高欢对玉壁的初次进攻便以失败告终。

三 大统十二年高欢再攻玉壁

大统九年（543）高欢在邙山之战中大胜西魏军队，"拓地至弘农而还"。次年（544）他出征讨平并州之西的山胡，再一年（545）又亲临北边，营筑城垒，完成对奚、柔然的防御部署①。在巩固后方的统治之后，高欢于大统十二年（546）调集全国兵马，再度出征河东，兵力有20余万②，帐下名将萃集（如斛律金、韩轨、刘丰、慕容俨等，各见《北齐书》本传）。并让河南大行台侯景领兵自齐子岭攻击邵郡，以分散河东的防御兵力③。东魏此番进攻准备充分，志在必得，围攻玉壁的目的还在于吸引西魏主力前来救援，以便反客为主，发挥其兵力上的优势，战而胜之。但是这一计划被宇文泰识破，只以玉壁孤城抗击敌军，并不派遣人马前来增援。见《资治通鉴》卷159梁武帝中大同元年（546）八月，"东魏丞相欢悉举山东之众，将伐魏；癸巳，自邺会兵于晋阳；九月，至玉壁，围之。以挑西师，西师不出"。

玉壁守将韦孝宽，是关中著名大姓，自投靠西魏政权后经历了潼关、弘农、颖川、河桥等战役，多有战功。大统八年（542）高欢初攻玉壁失利后，宇文泰调王思政镇弘农，"太祖命举代己者，思政乃进所部都督韦孝宽。其后

---

① 《北齐书》卷2《神武纪下》武定三年，"十月丁卯，神武上言，幽、安、定三州北接奚、蠕蠕，请于险要修立城戍以防之，躬自临履，莫不严固"。

② 史籍中没有高欢第二次出征玉壁的军队总数，但据《北齐书》卷2《神武帝纪》武定四年八月、《隋书》卷23《五行志下》及《资治通鉴》卷159记载，东魏攻城死者为七万人。而《周书》卷2《文帝纪》大统十二年九月曰："齐神武围玉壁，大都督韦孝宽力战拒守，齐神武攻围六旬不能下，其士卒死者什二三。"《周书》卷31《韦孝宽传》载："神武苦战六旬，伤及病死者十四五"。死亡人数所占全军的比率说法不一。从通常情况来看，《韦孝宽传》所说攻城伤亡比率过高，应从前说，即死者7万人约合攻城军队的20%～30%，总数为20余万人。

③ 《周书》卷34《杨㯹传》："及齐神武围玉壁，别令侯景趣齐子岭。㯹恐入寇邵郡，率骑御之。景闻㯹至，斫木断路者六十余里，犹惊而不安，遂退还河阳，其见惮如此。"

东魏来寇，孝宽卒能全城。时论称其知人"①。

高欢的军队"连营数十里，至于城下"②，占据了绝对优势。他此番围攻孤城玉壁，历时近两月，时间超过上一次数倍。在攻城手段上采取了多种战术，"昼夜不息，魏韦孝宽随机拒之"③，每次都使攻击遭到挫败。

1. 起土山

高欢初在城南原上地势较高处堆筑土山，以临壁垒。韦孝宽则在城上起楼，居高临下防御。《周书》卷31《韦孝宽传》载："当其山处，城上先有两高楼。孝宽更缚木接之，命极高峻，多积战具以御之。"④后因城南进攻不利，高欢又听信了术士的胡言，改由形势险峻的城北起土山进攻。"用李业兴孤虚术，萃其北。北，天险也。乃起土山，凿十道，又于东面凿二十一道以攻之。"⑤由于地形非常险要，进攻未能奏效。"其处天险千余尺，功竟不就"⑥，城北的土山又被韦孝宽出击夺走，白白损失了不少兵力。

2. 穿地道

高欢看到对方在城上起高楼御敌，便改用穿凿地道的战术攻城，但是守军采取挖掘长壕阻击和火攻的办法来破坏，取得成效。"齐神武使谓城中曰：'纵尔缚楼至天，我会穿城取尔。'遂于城南凿地道。……孝宽复掘长堑，要其地道，仍饬战士屯堑。城外每穿至堑。战士即擒杀之。又于堑外积柴贮火，敌人有伏地道内者，便下柴火，以皮鞴吹之。吹气一冲，咸即灼烂。"⑦攻方又将

---

① 《周书》卷18《王思政传》。

② 《周书》卷31《韦孝宽传》。

③ 《资治通鉴》卷159梁武帝中大同元年十月。

④ 参见《稷山县志》，第499页："岁月流逝，沧桑巨变，玉壁古城面貌全非，沦为荒丘废垒，成为一处著名文化遗址。当年的城郭大都无存，只有西、南两面尚有夯土残垣断壁。在南墙入口的西侧有两处地形高、墙基厚，平面呈凸形的地方，群众说：'此二处当时均建高楼，韦孝宽缚木连接，以御高欢筑土山欲乘之以入，'即此。"新华出版社1994年版。

⑤ 《北齐书》卷2《神武帝纪》武定四年九月。

⑥ 《隋书》卷23《五行志下》。

⑦ 《周书》卷31《韦孝宽传》。

地道挖至城墙下，使其坍塌，亦被城内用木栅阻挡，仍无法入城。"外又于城四面穿地，作二十一道，分为四路，于其中各施梁柱，作讫，以油灌柱，放火烧之，柱折，城并崩坏。孝宽又随崩处竖木栅以扦之，敌不得入。"[1]

3. 攻车、火焚

东魏军队使用攻车冲击破坏城墙，韦孝宽又张设布缦以减缓冲力。攻方欲用火炬长竿焚烧布缦和城上的高楼，皆被韦孝宽用长钩割断，无能为害。见《周书》卷31《韦孝宽传》：

> 城外又造攻车，车之所及，莫不摧毁。虽有排楯，莫之能抗。孝宽乃缝布为缦，随其所向则张设之。布既悬于空中，其车竟不能坏。城外又缚松于竿，灌油加火，规以烧布，并欲焚楼。孝宽复长作铁钩，利其锋刃，火竿来，以钩遥割之，松麻俱落。

4. 断水源

玉壁城在峨嵋原上，城内并无泉饮，需要下山到北面的汾河取水。据今日遗址考察，"城东北角，有一条羊肠小道，蜿蜒而下，可达汾水，传为玉壁城的'饮马道'"[2]。高欢为了置敌于死，下令动员人力将汾水改道，断绝了守军的水源。《资治通鉴》卷159载："城中无水，汲于汾，（高）欢使移汾，一夕而毕。"胡三省注："于汾水上流决而移之，不使近城。"

东魏方面使用了各种攻城手段，都被守军破解，"城外尽其攻击之术，孝宽咸拒破之"[3]。结果使敌军伤亡惨重，士气衰落。《北齐书》卷2《神武纪下》载："顿军五旬，城不拔，死者七万人，聚为一冢。有星坠于神武营，众

---

①《周书》卷31《韦孝宽传》。

②《稷山县志》，第499页。

③《周书》卷31《韦孝宽传》。

驴并鸣，士皆詟惧。"高欢无计可施，"智力俱困，因而发疾"①。被迫在十一月庚子日班师，烧营而退。他回到晋阳后，病情加剧而死。东魏劳师丧众，元气大伤；直至后来北齐禅代，二十余年之内未向西魏及北周发动大规模进攻，只是乘南朝在侯景之乱中国势衰弱，攻取了淮南之地。

四　东魏末年、北齐前期的零星攻势

玉壁战役失败后，高氏统治集团在遭受重创之余，先是应付侯景在河南的反叛，后又忙于禅代魏室，无力也无暇向关中的宇文氏发动大举进攻。相反，西魏及后来的北周却乘机频频东征，并联合突厥对其实行夹击。北齐在东西对抗的形势中基本上处于被动地位，但是在此期间也曾向河东、汾北地区发动了一些小规模的攻势。

1．东魏武定六至七年（548—549）

《北史》卷55《房谟传》载其就任晋州刺史、摄南汾州事时，曾经拉拢附近的胡汉人士，攻克西魏在龙门以北的许多城戍。"先时境接西魏，土人多受其官，为之防守。至是，酋长、镇将及都督、守、令前后降附者三百余人，谟抚接殷勤，人乐为用。爰及深险胡夷，咸来归服。谟常以己禄物，充其飨赉，文襄嘉之，听用公物。西魏惧，乃增置城戍。慕义者，自相纠合，击破之。自是龙门已北，西魏戍皆平。文襄特赐粟千石，绢二百匹，班示天下。"

2．西魏大统十八年（552）

《周书》卷19《达奚武传》载是年达奚武以大将军出镇玉壁，量地形胜，建立乐昌、胡营、新城三防。"齐将高苟子以千骑攻新城，武邀击之，悉虏其众"，全歼了北齐来犯的军队。

3．北齐天保七年（556）

齐将斛律光攻破周北绛郡天柱等三戍。

①《周书》卷31《韦孝宽传》。

4. 北齐天保九年（558）

斛律光又取周南绛郡绛川等四戍。

以上两事参见《北齐书》卷17《斛律金附子光传》："（天保三年）除晋州刺史。东有周天柱、新安、牛头三戍，招引亡叛，屡为寇窃。七年，光率步骑五千袭破之，又大破周仪同王敬俊等，获口五百余人，杂畜千余头而还。九年，又率众取周绛川、白马、浍交、翼城等四戍。除朔州刺史。"上述诸戍的地点考证见第六章内容。

5. 北齐天保十年（559）

斛律光取周柏谷（壁）、文侯镇。《北齐书》卷17《斛律金附子光传》曰："（天保）十年，除特进、开府仪同三司。二月，率骑一万讨周开府曹回公，斩之。柏谷城主薛禹生弃城奔遁，遂取文侯镇，立戍置栅而还。"该事又见《资治通鉴》卷167陈武帝永定三年二月，"齐斛律光将骑一万，击周开府仪同三司曹回公，斩之，柏谷城主薛禹生弃城走，遂取文侯镇，立戍置栅而还"。此处之"柏谷"即其他史籍中所称之"柏壁"，北周镇守玉壁的大将达奚武所筑，见《周书》卷19《达奚武传》："武成初，……齐将斛律敦侵汾、绛，武以万骑御之，敦退。武筑柏壁城，留开府权严、薛羽生守之。"此处之薛羽生即前引《北齐书》《资治通鉴》所载"薛禹生"。

柏壁城在今山西新绛县西南二十里，西魏大统四年筑玉壁城，放弃汾北的正平之后，亦把柏壁当作正平郡、闻喜县治所。文侯镇又称文侯城，在汾水之南，柏壁城附近。两地位置的考证见第六章内容。

6. 北齐皇建元年（560）卢叔虎献平西策

北齐建国以后，内部逐渐安定，国力得到恢复发展。《资治通鉴》卷168陈文帝天嘉元年（560）十二月载："初，齐显祖之末，谷籴踊贵。济南王即位，尚书左丞苏珍芝建议，修石鳖等屯，自是淮南军防足食。肃宗即位，平州刺史嵇晔建议，开督亢陂，置屯田，岁收稻粟数十万石。北境周赡。又于河内置怀义等屯，以给河南之费。由是稍止转输之劳。"在此情况下，皇帝和一些大臣都产生了西征关陇、统一北方的想法。

公元560年，孝昭帝高演即位，《北齐书》卷6《孝昭帝纪》载其："雄断有谋，于时国富兵强，将雪神武遗恨，意在顿驾平阳，为进取之策。"大臣卢叔虎乘机向朝廷建议征讨宇文氏，认为北齐的国力远超过北周，但是在战略的运用上却没有发挥这一优势。"人众敌者当任智谋，智谋钧者当任势力，故强者所以制弱，富者所以兼贫。今大齐之比关西，强弱不同，贫富有异，而戎马不息，未能吞并，此失于不用强富也。"他提出不以胜负难料的野战为主要手段，而是在平阳（今山西临汾）建立重镇，"深沟高垒，运粮积甲，筑城戍以属之"。乘隙蚕食河东之地，"彼若闭关不出，则取其黄河以东，长安穷蹙，自然困死。如彼出兵，非十万以上，不为我敌，所供粮食，皆出关内。我兵士相代，年别一番，谷食丰饶，运送不绝。彼来求战，我不应之。彼若退军，即乘其弊。自长安以西，民疏城远，敌兵来往，实有艰难，与我相持，农作且废，不过三年，彼自破矣"。并自愿前往平阳，筹备落实这一计划。卢叔虎的作战方案得到了高演的赞许，他命令元文遥和卢叔武讨论制定了《平西策》，准备执行。不料"未几帝崩，事遂寝"。事见《北齐书》卷42《卢叔武传》。

7. 北齐河清二年（563）

大将斛律光率领步骑二万在轵关以西修筑勋掌城及长城二百里，安置了十三处戍所，以加强对河东邵郡方向的防御。此外，北齐的边境部队还袭击了汾州（治今山西吉县），抄掠人口财物，被北周汾州刺史韩褒设伏击败，尽获其众。事见《北齐书》卷17《斛律光传》、《周书》卷37《韩褒传》。

在上述河东及汾北地区小规模的交战当中，北齐虽然胜多负少，但是未能改变双方对峙的基本战略态势。

五　武平元年至二年斛律光、段韶再夺汾北

白河清二年（563）起，周齐两国矛盾激化，宇文氏开始发动大规模进攻，企图灭亡高齐政权。十月，北周联合突厥对晋阳南北夹攻，虽未获得预期战果，但已使并州地区损失惨重。次年（564），宇文护又统兵二十余万，东征洛阳，在邙山战败；突厥亦在幽州地区侵略骚扰。天统四年（568），北周又遣使迎皇后于突厥，巩固两国的友好关系。北齐面临的威胁加剧，迫使它考虑采取更为积极的军事行动来保护自己的安全。故自天统五年（569），周齐双方开始在崤山南道的冲要（宜阳）进行激烈的争夺战斗。《周书》卷12《齐炀王宪传》："（天和）四年，齐将独孤永业来寇，盗杀孔城防主能奔达，以城应之。诏宪与柱国李穆将兵出宜阳，筑崇德等五城，绝其粮道。齐将斛律明月率众四万，筑垒洛南。五年，宪涉洛邀之，明月遁走。宪追之，及于安业，屡战而还。"《资治通鉴》卷170陈宣帝太建元年（569），"八月庚辰，盗杀周孔城防主，以其地入齐。九月辛卯，周遣齐公宪与柱国李穆将兵趣宜阳，筑崇德等五城。""十二月，……周齐公宪等围齐宜阳，绝其粮道。"太建二年（570）正月，"齐太傅斛律光将步骑三万救宜阳，屡破周军，筑统关、丰化二城而还。周军追之，光纵击，又破之，获其开府仪同三司宇文英、梁景兴。"

但因宜阳地形险要复杂，兵力不易展开，两国交战各有得失，战事处于胶着状态。双方的有识之士都考虑到应该把争夺的重点转移到更具战略价值的河东外围地带——汾北。《资治通鉴》卷170载："周、齐争宜阳，久而不决。勋州刺史韦孝宽谓其下曰：'宜阳一城之地，不足损益。两国争之，劳师弥年。彼岂无智谋之士，若弃崤东，来图汾北，我必失地。今宜速于华谷及长秋筑城以杜其意。脱其先我，图之实难。'乃画地形，具陈其状。"而执政的宇文护却认为难以派遣守将，拒绝了韦孝宽的建议。宇文护"谓使者曰：'韦公子孙虽多，数不满百。汾北筑城，遣谁守之！'事遂不行"。

由于北周执政者的失策，被对方抢得先手，武平元年（570）冬，北齐将领斛律光、段韶等人领兵在汾北地区展开攻势，连连获胜。《北齐书》卷17《斛律金附子光传》载：

（武平元年）其冬。光又率步骑五万于玉壁筑华谷、龙门二城，与宪、显敬等相持，宪等不敢动。光乃进围定阳，仍筑南汾城，置州以逼之，夷夏万余户并来内附。

二年，率众筑平陇、卫壁、统戎等镇戍十有三所。周柱国枹罕公普屯威、柱国韦孝宽等，步骑万余，来逼平陇，与光战于汾水之北，光大破之，俘斩千计。

《周书》卷31《韦孝宽传》载：

> 是岁，齐人果解宜阳之围，经略汾北，遂筑城守之。其丞相斛律明月至汾东，请与韦孝宽相见。明月曰："宜阳小城，久劳战争。今既入彼，欲于汾北取偿，幸勿怪也。"

斛律光的出击大获成功，使北齐取得了交战的主动权，迫使"周人释宜阳之围以救汾北"[1]。武平二年（571）正月，北周大将宇文宪领兵赴救。三月，"周齐公宪自龙门渡河，斛律光退保华谷，宪攻拔其新筑五城。齐太宰段韶、兰陵王长恭将兵御周师，攻柏谷（壁）城，拔之而还"[2]。柏谷即柏壁，为北周边境要塞，地势险要。北齐天保十年（559）斛律光曾攻克该城，后来周人又在此地恢复驻军。这次战役当中，北齐诸将多畏其险，不愿实施强攻。段韶力排众议，采用了火攻的适当战术，结果大获成功。其经过见《北齐书》卷16《段荣附子韶传》：

> （武平二年）二月，周师来寇，遣韶与右丞相斛律光、太尉兰陵王长恭同往捍御。以三月暮行达西境。有柏谷城者，乃敌之绝险，石城千仞，诸将莫肯攻围。韶曰："汾北、河东，势为国家之有，若不去柏谷，势为

---

[1]《资治通鉴》卷170陈宣帝太建二年（570）十二月。
[2]《资治通鉴》卷170陈宣帝太建三年（571）三月。

痼疾。计彼援兵，会在南道，今断其要路，救不能来。且城势虽高，其中甚狭，火弩射之，一旦可尽。"诸将称善，遂鸣鼓而攻之，城溃，获仪同薛敬礼，大斩获首虏，仍城华谷，置戍而还。

四月，北周又在崤函南道发动攻势，"陈国公纯、雁门公田弘率师取齐宜阳等九城"①。北齐方面留段韶在汾北继续作战，遣斛律光统兵前往救援，攻陷了四座城戍后回师。见《北齐书》卷17《斛律金附子光传》载："是月，周遣其柱国纥干广略围宜阳，光率步骑五万赴之，大战于城下，乃取周建安等四戍，捕虏千余人而还。"

五月至七月，段韶在汾北连连告捷，攻克了定阳与姚襄城，生擒周汾州刺史杨敷，后来由于他病情严重而停止了攻势，收兵还朝。《资治通鉴》则载此役在六月结束②。战役经过见《北齐书》卷16《段荣附子韶传》：

> 是月（武平二年四月），周又遣将寇边。右丞相斛律光先率师出讨，韶亦请行。五月，攻服秦城。周人于姚襄城南更起城镇，东接定阳，又作深堑，断绝行道。韶乃密抽壮士，从北袭之。又遣人潜渡河，告姚襄城中，令内外相应，渡者千有余人，周人始觉。于是合战，大破之，获其仪同若干显宝等。诸将咸欲攻其新城。韶曰："此城一面阻河，三面地险，不可攻，就令得之，一城地耳。不如更作一城壅其路，破服秦，并力以图定阳，计之长者。"将士咸以为然。六月，徙围定阳，其城主开府

---

①《周书》卷5《武帝纪上》天和六年四月庚子条。

②参见《资治通鉴》卷170陈宣帝太建三年(571)五月，"……周晋公护使中外府参军郭荣城于姚襄城南、定阳城西，齐段韶引兵袭周师，破之。六月，韶围定阳城，周汾州刺史杨敷固守不下。韶急攻之，屠其外城。时韶卧病，谓兰陵王长恭曰：'此城三面重涧，皆无走路；唯虑东南一道耳，贼必从此出。宜简精兵专守之，此必成擒。'长恭乃令壮士千余人伏于东南涧口。城中粮尽，齐公宪总兵救之，惮韶，不敢进。敷帅见兵突围夜走，伏兵击擒之，尽俘其众。乙巳，齐取周汾州及姚襄城，唯郭荣所筑城独存"。

仪同杨范（敷）固守不下。韶登山望城势，乃纵兵急攻之。七月，屠其外城，大斩获首级。时韶病在军中，以子城未克，谓兰陵王长恭曰："此城三面重涧险阻，并无走路；唯恐东南一处耳。贼若突围，必从此出，但简精兵专守，自是成擒。"长恭乃令壮士千余人设伏于东南涧口。其夜果如所策，贼遂出城，伏兵击之，大溃，范等面缚，尽获其众。韶疾甚，先军还，以功别封乐陵郡公。竟以疾薨。

这次会战中，北周丢失了重镇定阳，宇文宪仅占领了龙门附近的几座城垒，战果有限，未能收复大部分失地，将齐兵驱逐出去。这一战役前后历时一年半，北齐方面在汾北"拓地五百里"①，获得了较为重大的胜利，使南部前线重镇平阳侧翼的安全得到保障，同时也改善了自己在河东战场的处境。但是当年（571）九月，段韶病逝；次年六月，齐后主听信谗言，诛杀斛律光。这两位名将的去世，使北齐再也没有能够担当重任的军事统帅；高氏统治集团政治腐败，内部矛盾激化，此后便无力再对北周发动大规模的进攻了。

①《资治通鉴》卷170陈宣帝太建三年(571)正月。

第八章

平齐之役前西魏北周东征战略的特点

沙苑之战以后，西魏攻占了河东、崤函两处要地，在地理形势上占据了较为有利的地位，使其逐渐掌握了战场上的主动权。第一，它的关中根据地摆脱了频受威胁的状态，再未受到敌人直接的进攻。高氏的数次西征均被守方依托汾水、峨嵋台地、王屋山或崤函山区有利的地形、水文条件阻挡住了。第二，从此后两国交锋的情况来看，宇文氏的主动进攻的次数明显要高于对手。如果统计出动举国之兵进攻的次数，沙苑战后高氏仅有围攻玉壁的两次大规模行动，而宇文氏则有5至6次之多。若是从地域角度分析建德五年以前西魏北周的进攻战略，可以看出以下特点：

一、以崤函——河阳为主攻方向

从宇文氏对东魏、北齐的进军路线和主攻方向来看，在建德五年（576）发动灭齐之役以前，大举东征的路线基本上都是选择了崤函山区的豫西通道，主攻目标是号称"天下之中"的洛阳，企图占领河洛地区、尤其是交通枢纽——河阳三城，这样就能控制位于东亚大陆核心地带的十字路口和水陆冲要，北入上党，攻击晋阳；东出河北平原，直逼山东的经济、政治中心邺城；东南顺汴渠而下，到达江淮流域；南面可进兵南阳盆地，经过襄樊而抵江汉平原。西魏、北周在这一方向发动的大规模进攻战役共有五次。

1. 河桥之战

大统四年（538）八月，宇文泰与西魏文帝率大军救援被围的洛阳金墉城守兵，与侯景指挥的东魏军队战于河桥。西魏先胜后败，杀东魏大将高敖曹、西兖州刺史宋显，"虏甲士万五千人，赴河死者以万数"①。但是，"魏独孤信、李远居右，赵贵、怡峰居左，战并不利；又未知魏主及丞相泰所在，皆弃其卒先归。开府仪同三司李虎、念贤为后军，见信等退，即与俱去。泰由是烧营而归，留仪同三司长孙子彦守金墉"②。

高欢自晋阳率七千精骑至孟津（今河南孟津东），闻西魏军队已败退，"遂济河，遣别将追魏师至崤，不及而还"③，自己领兵围攻金墉城。守将长孙子彦抵挡不住，"弃城走，焚城中室屋俱尽，（高）欢毁金墉而还"。

西魏军队退至恒（弘）农（今河南三门峡市）时，"守将已弃城走，所虏降卒在恒农者相与闭门拒守"④。宇文泰通过强攻才拿下该城，并诛杀叛军魁首数百人。河桥之役的失利，使宇文泰惊惧不安，直至见到勇将蔡祐才放下心来。《周书》卷27《蔡祐传》载："祐至弘农，夜中与太祖相会。太祖见祐至，字之曰：'承先，尔来，吾无忧矣。'太祖心惊，不得寝，枕祐股上，乃安。"

这次战役惨败之后，西魏丧失了在河洛地区的全部据点，被迫退守崤陕。十月，宇文泰为了缓和与东魏的关系，派遣散骑常侍刘孝仪等到邺城聘问，并归还东魏大将高昂、窦泰、莫多娄贷文的首级。"十二月。（西）魏是云宝袭洛阳，东魏洛州刺史王元轨弃城走。都督赵刚袭广州，拔之。于是自襄、广以西城镇复为（西）魏。"⑤东魏将段琛等据宜阳，招诱西魏边民，被南兖州刺史韦孝宽用计袭擒，肃清了崤山、渑池一带的敌患。

---

① 《资治通鉴》卷158梁武帝大同四年。
② 同上。
③ 同上。
④ 同上。
⑤ 同上。

2. 首次邙山之战

大统九年（543）二月，东魏北豫州刺史高慎（字仲密）据要镇虎牢（今河南荥阳县成皋镇）叛降西魏，被高欢大军围困。三月，宇文泰领主力来援，"以太子少傅李远为前驱，至洛阳，遣开府仪同三司于谨攻柏谷，拔之"①。并包围了河阳南城。

高欢闻讯后率大军十万来救，至黄河北岸。宇文泰为阻止敌兵渡河，"纵火船于上流以烧河桥；斛律金使行台郎中张亮以小艇百余载长锁，伺火船将至，以钉钉之，引锁向岸，桥遂获全"②。保障了这条交通要道。

东魏援兵渡河后据邙山为阵，三月戊申，双方展开交锋，东魏勇将彭乐领精骑数千冲击敌阵北陲，所向披靡，遂入西魏大营，"虏魏侍中、开府仪同三司、大都督临洮王柬、蜀郡王荣宗、江夏王升、钜鹿王阐、谯郡王亮、詹事赵善及督将僚佐四十八人"③。东魏诸将乘胜进攻，大破敌军，斩首三万余级。

明日又战，西魏获得大胜。"（宇文）泰为中军，中山公赵贵为左军，领军若干惠等为右军。中军、右军合击东魏，大破之，悉虏其步卒。"④高欢乘马逃走，从者仅步骑七人，险些被西魏追兵擒获。但与此同时，西魏"左军赵贵等五将战不利，东魏兵复振，（宇文）泰与战，又不利。会日暮，（西）魏兵遂遁"⑤。高欢的追兵在夜晚怕中埋伏，便停止了追击。

宇文泰收拢败军，撤退入关，屯驻渭水之上。高欢进至陕城（今河南三门峡市），受到西魏大将达奚武的阻击。高欢召集诸将商议进退之策，封子绘主张全力进攻，乘胜攻打关中。他说："贼帅才非人雄，偷窃名号，遂敢驱率亡叛，送死伊瀍。天道祸淫，一朝瓦解。虽仅以身免，而魂胆俱丧。混一车书，正在今日，天与不取，反得其咎。时难遇而易失，昔魏祖之平汉中，不乘胜而

---

① 《资治通鉴》卷158梁武帝大同九年三月。
② 同上。
③ 同上。
④ 同上。
⑤ 同上。

取巴蜀，失在迟疑，悔无及已。伏愿大王不以为疑。"①陈元康亦曰："两雄交战，岁月已久，今得大捷，便是天授，时不可失，必须乘胜追之。"②但是诸将多表示反对，"咸以为野无青草，人马疲瘦，不可远追"③。高欢又考虑到"时既盛暑"，不宜持久作战，于是放弃了大军追击的行动，"使刘丰追奔，拓地至弘农而还"④。自己率领主力撤退。

这次战役，西魏先败复胜，后又败，被迫退回关中。高欢获得大胜，"擒西魏督将已下四百余人，俘斩六万计"⑤。可是也付出了惨重的牺牲，所以不敢驱师直入。正如胡三省注《资治通鉴》卷158所言："余谓邙山之战，盖俱伤而两败，宇文泰力屈而遁，高欢之气亦衰矣，安敢复深入乎！"

3. 弘农北济之役

大统十六年（550）九月，宇文泰乘魏齐禅代、政局不稳之际，率大兵东出潼关，至弘农北济至建州（今山西晋城东北）。因高齐方面有所准备，又遇到恶劣气候，只得撤回关中。见《资治通鉴》卷163梁简文帝大宝元年（550）七月，"魏丞相泰以齐主称帝，帅诸军讨之。以齐王廓镇陇右，征秦州刺史宇文导为大将军、都督二十三州诸军事，屯咸阳，镇关中"。

"九月丁巳，魏军发长安。"

"（十一月）魏丞相泰自弘农为桥，济河，至建州。丙寅，齐主自将出顿东城（胡三省注：即晋阳之东城也）。泰闻其军容严盛，叹曰：'高欢不死矣。'会久雨，自秋及冬，魏军畜产多死，乃自蒲坂还。于是河南自洛阳、河北自平阳已东，皆入于齐。"

公元550—562年，十二年间休战，无大冲突。

---

① 《北齐书》卷21《封隆之附子绘传》。
② 《北齐书》卷24《陈元康传》。
③ 同上。
④ 《北齐书》卷2《神武纪下》武定元年三月。
⑤ 同上。

4. 二次邙山之战

周武帝即位后，与突厥联合出兵攻打北齐，实行南北夹击的战略。保定三年（563）末至四年（564）初，北周遣杨忠领兵与突厥破齐长城，进攻晋阳；达奚武率河东之师北上平阳，两路人马均未获胜，只得退回。双方约定当年秋冬时节再次攻齐。九月，北齐为了与周缓和关系，将被拘的北周执政大臣宇文护之母阎氏送回，周武帝为此下诏大赦天下。但突厥按时发兵后，宇文护顾忌违约生变，不得不向武帝请求出征。《周书》卷11《晋荡公护传》载："是年也，突厥复率众赴期。护以齐氏初送国亲，未欲即事征讨，复虑失信蕃夷，更生边患，不得已，遂请东征。"

北周此番出兵，几乎动用了倾国之师。"于是征二十四军及左右厢散隶、及秦陇巴蜀之兵、诸蕃国之众二十万人。"[1]并且采取了兵分三路、配合作战的策略。《资治通鉴》卷169陈文帝天嘉五年（564）十月，"（宇文）护军至潼关，遣柱国尉迟迥帅精兵十万为前锋，趣洛阳，大将军权景宣帅山南之兵趣悬瓠，少师杨攦出轵关。……"十一月，尉迟迥所率中路主力进围洛阳，大将宇文宪、达奚武、王雄屯兵于邙山，宇文护驻扎在弘农，但战事进展并不顺利。"周人为土山、地道以攻洛阳，三旬不克。晋公护命诸将堑断河阳路，遏齐救兵，然后同攻洛阳；诸将以为齐兵必不敢出，唯张斥候而已。"[2]

北齐方面派遣兰陵王高长恭、大将军斛律光领兵援救洛阳，但二人畏周师之强，不敢进军交战。齐武成帝又惧怕突厥进犯，"召并州刺史段韶，谓曰：'洛阳危急，今欲遣王救之。突厥在北，复须镇御，如何？'对曰：'北虏侵边，事等疥癣。今西邻窥逼，乃腹心之病，请奉诏南行。'齐主曰：'朕意亦尔。'乃令韶督精骑一千发晋阳"[3]。齐武成帝亦随后从晋阳奔赴洛阳前线。

十二月壬戌，段韶指挥齐军在邙山会战中大败周师。《北齐书》卷16《段

---

①《周书》卷11《晋荡公护传》。

②《资治通鉴》卷169陈文帝天嘉五年(564)十二月。

③同上。

荣附子韶传》载："短兵始交，周人大溃。其中军所当者，亦一时瓦解，投坠溪谷而死者甚众。洛城之围，亦即奔遁，委弃营幕，从邙山至谷水三十里中，军资器物弥满川泽。"宇文宪等收拾败兵待次日再战，达奚武劝阻说："洛阳军散，人情骇动。若不因夜速还，明日欲归不得。武在军旅久矣，备见形势。大王年少未经事，岂可将数营士众，一旦弃之乎。"①结果宇文宪听从了他的意见，率军返回关中。南路的权景宣起初进展顺利，占领了豫州（治悬瓠，今河南），后闻大军邙山战败，也弃城而退。北路的杨㯹出轵关后，因为轻敌而遭受敌人突袭，全军覆没，杨㯹亦投降北齐。

北周的这次大败，宇文护指挥不力，负有重要责任。《周书》卷11《晋荡公传》曰："护性无戎略，且此行也，又非其本心。故师出虽久，无所克获。"整个战役的伤亡人数超过了二十万大军的半数以上，损失惨重。《周书》卷35《崔猷传》："天和二年，陈将华皎来附，晋公（宇文）护欲南伐，公卿莫敢正言。猷独进曰：'前岁东征，死伤过半，比虽加抚循，而疮痍未复。……'"

5. 周武帝东征河阳

天和七年（572），周武帝用计杀掉权臣宇文护，除其党羽，亲执朝政，并采取了一系列富国强兵的措施。如建德三年（574）五月丙子，"初断佛、道二教，经像悉毁，罢沙门、道士，并令还民"②。将寺院所占的大量良田收归国有，还俗僧尼与放免的奴婢成为国家的编户，显著增加了政府征收的赋税徭役，减轻了百姓的负担，使北周的经济基础得到巩固与扩充。事后周武帝回顾说："自废（佛道）以来，民役稍希，租调年增，兵师日盛，东平齐国，西伐妖戎，国安民乐，岂非有益！"③

建德三年十二月，周武帝又对兵制实行变革，"改诸军军士并为侍官"④。

①《周书》卷19《达奚武传》。

②《周书》卷6《武帝纪下》。

③《广弘明集》卷10《叙任道林辨周武帝除佛法诏》。

④《周书》卷5《武帝纪上》。

使府兵直属于君主，以加强中央集权。他还废除了原先只以六镇鲜卑和关陇豪右子弟担任府兵的做法，"募百姓充之，除其县籍"[1]，使他们的户口不属州县，得以免除赋役。这次改制扩大了府兵的来源，"是后夏人半为兵矣"[2]。

此外，周武帝还实施了释放奴婢、精兵简政、去奢从简和大力发展经济等政策，都收到很好的效果。在做好准备之后，建德四年（575）七月，北周出动大军18万伐齐，《资治通鉴》卷172陈宣帝太建七年七月，"丁丑，下诏伐齐。以柱国陈王纯、荥阳公司马消难、郑公达奚震为前三军总管，越王盛、周昌公侯莫陈崇、赵王招为后三军总管。齐王宪率众二万趋黎阳，随公杨坚、广宁公薛迥将舟师三万自渭入河，梁公侯莫陈芮率众二万守太行道，申公李穆率众三万守河阳道，常山公于翼率众二万出陈、汝。……壬午，周主率众六万，直指河阴。"

这次东征，北周军队亦以洛阳地区为主攻目标，沿黄河两岸水陆数道并进。《周书》卷6《武帝纪下》载，"八月癸卯，入于齐境。……丁未，上亲率诸军攻河阴大城，拔之。进攻子城，未克"。河阴大城即河阳南城，在今河南孟津东。齐王宇文宪"攻拔武济，进围洛口，收其东西二城"[3]，并纵火烧断河阳浮桥[4]。但是北齐永桥大都督傅伏及时驰援，夜入中潬城。周军围攻河阳中潬达二十余日亦未得手。"洛州刺史独孤永业守金墉，周主自攻之，不克。永业通夜办马槽二千，周人闻之，以为大军且至而惮之。"[5]北齐右丞相高阿那肱统救兵来援，武帝又突发重症，只好放弃已得诸城，烧掉舟舰，退军回境。事见《周书》卷5《武帝纪下》建德四年，"……上有疾。九月辛酉夜，班师，水军焚舟而退。齐王宪及于翼、李穆等所在克捷，降拔三十余城，皆弃

①《隋书》卷24《食货志》。

② 同上。

③《周书》卷12《齐炀王宪传》。

④《北齐书》卷8《后主纪》武平六年八月，"是月，周师入洛川，屯芒山，攻逼洛城，纵火船焚浮桥，河桥绝"。

⑤《资治通鉴》卷172陈宣帝太建七年八月。

而不守。唯以王药城要害，令仪同三司韩正守之。正寻以城降齐。"《北齐书》卷8《后主纪》武平六年"闰月己丑，遣右丞相高阿那肱自晋阳御之，师次河阳，周师夜遁。"

以上五次战役，西魏、北周所获得的战果不同，但是最终都没有达到占领河洛地区、进而消灭对手主力的预期目的。

二、与突厥结盟、合兵南攻晋阳

1. 周齐两国对突厥的拉拢

突厥是生活在我国漠北地区的游牧民族，6世纪中叶前后强大起来，并对中原的周齐两国形成威胁。《北史》卷99《突厥传》载其俟斤可汗，"西破嚈哒，东走契丹，北并契骨，威服塞外诸国。其地，东自辽海以西，至西海，万里；南自沙漠以北，至北海，五六千里；皆属焉。抗衡中国……"

由于突厥势力强盛，当时在北方对峙的周、齐都想连结它以为外援，来打击和消灭对手。如《周书》卷50《突厥传》所载：

> 自俟斤以来，其国富强，有凌轹中夏志。朝廷既与和亲，岁给缯絮锦采十万段。突厥在京师者，又待以优礼，衣锦食肉者，常以千数。齐人惧其寇掠，亦倾府藏以给之。他钵弥复骄傲，至乃率其徒属曰："但使我在南两个儿孝顺，何忧无物邪！"

宇文泰在世时即有此谋，因早死而止。周武帝即位后，有消灭北齐、统一中原的宏图大略，但是考虑到河洛地区敌人的防御部署非常坚固，宇文泰在世时几次兵出崤函均无功而返，因此改变了战略，企图联合突厥，依靠它强大的骑兵力量，从北方进攻高氏的军政要地霸府晋阳，自己只用少数兵力从河东北上，对晋阳形成夹攻之势。为达此目的，北周频频派遣大臣出使突厥，请求和亲。经过与北齐的一番外交斗争，在保定三年（563）突厥终于许周和亲，并答应出动大军，配合周师攻齐。《周书》卷50《突厥传》曰：

> 时与齐人交争，戎车岁动，故每连结之，以为外援。初，魏恭帝世，俟斤许进女于太祖，契未定而太祖崩。寻而俟斤又以他女许高祖，未及结纳，齐人亦遣求婚；俟斤贪其币厚，将悔之。至是，诏遣凉州刺史杨荐、武伯王庆等往结之。庆等至，谕以信义。俟斤遂绝齐使而定婚焉。仍请举国东伐。语在荐等传。

《周书》卷9《皇后传》：

> 武帝阿史那皇后，突厥木扞可汗俟斤之女。突厥灭茹茹之后，尽有塞表之地，控弦数十万，志陵中夏。太祖方与齐人争衡，结以为援。俟斤初欲以女配帝，既而悔之。高祖即位，前后累遣使要结，乃许归后于我。

《周书》卷19《杨忠传》：

> （保定二年）时朝议将与突厥伐齐，公卿咸曰："齐地半天下，国富兵强。若从漠北入并州，极为险阻，且大将斛律明月未易可当。今欲探其巢窟，非十万不可。"忠独曰："师克在和不在众，万骑足矣。明月竖子，亦何能为。"

《周书》卷11《晋荡公护传》：

> （保定三年）初，太祖创业，即与突厥和亲，谋为掎角，共图高氏。是年，乃遣柱国杨忠与突厥东伐。破齐长城，至并州而还。其后年更举，南北相应，齐主大惧。……

2. 保定三年、四年北周与突厥合兵伐齐之役

据《周书》卷5《武帝纪上》所载，保定三年（563）九月戊子，"诏柱国杨忠率骑一万与突厥伐齐"。十二月辛卯，"遣太保、郑国公达奚武率骑三万出平阳以应杨忠"。杨忠在攻破陉岭隘口之后，"突厥木杆、地头、步离三可汗以十万骑会之"①，双方合兵进入长城，南下并州。北齐朝廷闻讯后，武成帝自邺城赶奔并州，亲率齐军主力抵抗突厥。"齐主自邺倍道赴之，戊午，至晋阳。斛律光将步兵三万屯平阳。"②

次年（564）正月，双方在晋阳郊外会战，由于突厥临阵退却，杨忠率领的周师孤军奋战，遭到了惨败，被迫撤出了长城。《北齐书》卷7《武成帝纪》河清三年正月载是役，"周军及突厥大败，人畜死者相枕，数百里不绝。诏平原王段韶追出塞而还"。《资治通鉴》卷169亦曰："突厥还至陉岭，冻滑，乃铺毡以度，胡马寒瘦，膝已下皆无毛；比至长城，马死且尽，截稍杖之以归。"

师出河东的周将达奚武因畏惧而顿兵于平阳，后闻突厥与杨忠军队战败，随即退兵回境。这两路人马均未能取得预期战果。

当年八月，"突厥寇幽州，众十余万，入长城，大掠而还"③。亦未与齐军正面作战。

通过这两次战役，北周方面认识到以下几点：

第一，突厥不愿和北齐的精锐部队交锋。木杆可汗起初受到周使的蒙蔽，误认为齐国内乱，兵马衰弱，不堪一击，企图乘虚而入，捞取好处。但发现对方仍有较强的战斗力之后，即采取了避战的做法，以免消耗自己的实力。如《北史》卷51《齐赵郡王睿传》即载："（齐武成）帝与宫人被绯甲，登故北城以望，军营甚整。突厥咎周人曰：'尔言齐乱，故来伐之；今齐人眼中亦有

①《资治通鉴》卷169陈文帝天嘉四年十二月。
②《资治通鉴》卷169陈文帝天嘉四年十二月。
③《资治通鉴》卷169陈文帝天嘉五年九月。

铁，何可当邪！'"

晋阳郊外的会战，也是因为"齐悉其锐师鼓噪而出。突厥震骇，引上西山，不肯战"①，致使周师大败而还。

当年八月，突厥与北周相约攻齐，又选择了对方防御较弱的幽州出击，目的仅限于劫掠人畜财物，并不想损伤兵马。这和北周依赖突厥去消灭齐军主力的战略意图相去甚远。

第二，突厥军队的组织、战斗能力很低。在这次联合作战当中，北周的将领发现突厥军队的武器装备很差，缺乏严密的组织和法制号令，并非像原先设想的那样强大。如杨忠归国后对武帝说："突厥甲兵恶，爵赏轻，首领多而无法令，何谓难制驭。正由比者使人妄道其强盛，欲令国家厚其使者，身往重取其报。朝廷受其虚言，将士望风畏憺。但虏态诈健，而实易与耳。今以臣观之，前后使人皆可斩也。"②

北齐方面经过这次防御战斗，也得出了同样的认识，即突厥入侵造成的危险远不如北周严重，后者的威胁往往是致命的。例如保定四年（564）八月，周师东进洛阳，突厥袭扰幽州。齐主高湛召见大将段韶商议说："'今欲遣王赴洛阳之围，但突厥在此，复须镇御，王谓如何？'韶曰：'北虏侵边，事等疥癣，今西羌窥逼，便是膏肓之病，请奉诏南行。'世祖曰：'朕意亦尔。'乃令韶督精骑一千，发自晋阳，五日便济河。"③

鉴于以上原因，周武帝放弃了借助和倚赖突厥兵力来灭亡北齐的打算，只得依靠自己的力量来统一北方了。

三　联络陈朝、夹攻北齐

为了削弱和牵制北齐的力量，集中兵力打击主要敌手，西魏和北周的统治

①《资治通鉴》卷169陈文帝天嘉五年正月。
②《周书》卷50《异域下·突厥传》。
③《北齐书》卷16《段荣附子韶传》。

者对江南的陈朝采取了和好的态度，并屡次遣使联络。周武帝即位之初，便释放了被俘的陈文帝之弟安成王顼，以求改善关系，双方还画定了国界。事见《周书》卷39《杜杲传》：

> 初，陈文帝弟安成王顼为质于梁，及江陵平，顼随例迁长安。陈人请之，太祖许而未遣。至是，帝欲归之，命杲使焉。陈文帝大悦，即遣使报聘，并赂黔中数州之地。仍请画野分疆，永敦邻好。以杲奉使称旨，进授都督，治小御伯，更往分界焉。陈人于是以鲁山归我。帝乃拜顼柱国大将军，诏杲送之还国。

后来陈朝湘州刺史华皎反叛，投靠北周，遣使至长安求救，执政大臣宇文护违盟发兵援助，两国因此交恶，战事不绝。周武帝亲政后，为了统一中原的大业，再次派杜杲出使陈朝，缓和关系，商定共同出兵，分别由西、南两面伐齐。事见《隋书》卷66《鲍宏传》："累迁遂伯下大夫，与杜子晖聘于陈，谋伐齐也，陈遂出兵江北以侵齐。"《周书》卷39《杜杲传》亦载：

> 自是，连兵不息，东南骚动。高祖患之，乃授杲御正中大夫，使于陈，论保境安民之意。……杲因谓之曰："今三方鼎立，各图进取，苟有衅隙，实启敌心。本朝与陈，日敦邻睦，辎轩往返，积有岁年。比为疆场之事，遂为仇敌，构怨连兵，略无宁岁，鹬蚌狗兔，势不俱全。若使齐寇乘之，则彼此危矣。孰与怅然悔祸，迁虑改图，陈国息争桑之心，本朝弘灌瓜之义，张旃拭玉，修好如初，共为掎角，以取齐氏。非唯两主之庆，实亦兆庶赖之。"陵具以闻，陈宣帝许之，遂遣使来聘。
>
> 武帝建德初，为司城中大夫，使于陈。……杲还至石头，（陈宣帝）又遣谓之曰："若欲合从，共图齐氏，能以樊、邓见与，方可表信。"杲答曰："合从图齐，岂唯弊邑之利。必须城镇，宜待之于齐。先索汉南，

使者不敢闻命。"还，除司仓中大夫。

周武帝的这一策略收到了很好的成效。建德二年（573）三月，陈宣帝下令，"分命众军，以（吴）明彻都督征讨诸军事，（裴）忌监军事，统众十万伐齐"①。陈师连战连捷，十月攻占淮南重镇寿阳（今安徽淮南市）；十一月，陈师又克淮阴、朐山、济阴、南徐州，"齐北徐州民多起兵以应陈，逼其州城"②。对北齐南境造成威胁，引起其君臣的恐慌，调遣了部分兵力南下增援。佞臣穆提婆等甚至建议后主放弃黄河以南的领土，守黎阳以拒陈兵。③

陈朝在淮南的扩张与胜利削弱了北齐的军事力量，造成了有利于北周东征的战略态势，这是周武帝外交斗争上的一大成功。

四 河东方向少有攻势

在这一阶段，河东方向则被西魏、北周当作防御的重点，未被作为主要进攻方向。这段时间内，宇文氏在河东地区发动的进攻仅有几次中等规模的战役。

1. 达奚武攻平阳

《资治通鉴》卷169陈文帝天嘉四年，保定三年（563）十月，周武帝"遣（杨）忠将步骑一万，与突厥大军自北道伐齐，又遣大将军达奚武帅步骑三万，自南道出平阳，期会于晋阳"。达奚武至平阳城下，畏其守将斛律光，停留不进。突厥在晋阳进攻不利，退回塞北；达奚武闻讯后亦撤回。《周书》卷19《达奚武传》："（镇玉壁）保定三年，迁太保。其年大军东伐。随公杨忠引突厥自北道，武以三万骑自东道，期会晋阳。武至平阳，后期不进，而忠已还，

---

① 《资治通鉴》卷171陈宣帝太建五年三月。

② 《资治通鉴》卷171陈宣帝太建五年十一月。

③ 《资治通鉴》卷171陈宣帝太建五年十月，"齐穆提婆、韩长鸾闻寿阳陷，握槊不辍，曰：'本是彼物，从其取去。'齐主闻之，颇以为忧，提婆等曰：'假使国家尽失黄河以南，犹可作一龟兹国。更可怜人生如寄，唯当行乐，何用愁为！'左右嬖臣因共赞和之，帝即大喜，酣饮鼓舞，仍使于黎阳临河筑城戍"。

武尚未知。齐将斛律光遗武书曰：'鸿鹤已翔于寥廓，罗者犹视于沮泽也。'武览书，乃班师。"

2. 杨㯹攻轵关

保定四年（564）八月，宇文护东征洛阳，杨㯹领万余人自邵州进攻轵关。周师主力在邙山战败，杨㯹偏师因为轻敌亦被消灭。见《周书》卷34《杨㯹传》："保定四年。迁少师。其年，大军围洛阳，诏㯹率义兵万余人出轵关。然㯹自镇东境二十余年，数与齐人战，每常克获，以此遂有轻敌之心。时洛阳未下，而㯹深入敌境，又不设备。齐人奄至，大破㯹军。㯹以众败，遂降于齐。"

3. 宇文宪战龙门

天和五年至六年（570—571），斛律光侵占汾北，周齐国公宇文宪率兵反击，师渡龙门，在当地与齐军展开激战。因为兵力有限（约有数万人），只收复了部分失地，未能保住汾州等重镇。

4. 李穆出轵关

建德四年（575）周武帝率主力进攻洛阳时，曾派遣李穆领偏师三万人由王屋道东出轵关，企图"守河阳道"，即占领河内，在黄河北岸策应。李穆的进军相当顺利。《北史》卷59《李贤附穆传》曰："（建德）四年，武帝东征，令穆别攻轵关及河北诸县，并破之。"《隋书》卷56《卢恺传》："（建德）四年秋，李穆攻拔轵关、柏崖二镇，命恺作露布，帝读之大悦。"《周书》卷29《刘雄传》："（建德）四年，从柱国李穆出轵关，攻邵州等城，拔之。以功获赏。"

后来武帝攻河阳中潬不下，又患病撤兵，李穆也被迫班师回国。

总结这一时期西魏、北周的攻齐战略，有许多成功之处，但是在主攻方向和进军路线的选择上犯有严重失误。尤其是建德四年（575）伐齐之役，当时北齐政局混乱，奸佞当朝，库藏空虚，民不聊生。①大将斛律光、高长恭先后被害，军事力量被严重削弱。在如此有利的形势下，周武帝判断已经到了出兵灭齐的时机，他说："自亲览万机，便图东讨。恶衣菲食，缮甲治兵，数年已来，战备稍足。而伪主昏虐，恣行无道，伐暴除乱，斯实其时。"②这场战役本来可能一举成功，但是武帝仍然沿袭过去的进攻战略，兵出崤函，直指洛阳，"今欲数道出兵，水陆兼进，北拒太行之路，东扼黎阳之险"③。认为占领河洛平原后，豫东、鲁西南等地必然会闻风而降，北周军队可以在洛阳地区休整，以逸待劳，反客为主，诱使齐师前来决战，以便胜之。"若攻拔河阴，兖、豫则驰檄可定。然后养锐享士，以待其至。但得一战，则破之必矣。"④

这一作战方案在廷议时遭到了许多大臣的反对，见《资治通鉴》卷172陈宣帝太建七年（575）七月条。他们指出：（1）以往宇文氏东征，曾经多次选择这条路线，致使敌人有所准备，已经在河阳等地聚集了数万精兵，进攻恐怕难以得手。如宇文敬说："齐氏建国，于今累世；虽曰无道，藩镇之任，尚有其人。今之出师，要须择地。河阳冲要，精兵所聚，尽力攻围，恐难得志。"鲍宏说："我强齐弱，我治齐乱，何忧不克！但先帝往日屡出洛阳，彼既有备，每有不捷。"

（2）再者，河洛平原是四战之地，敌军前来增援比较容易，而周军即使占领了该地也难以据守。赵玮说"河南、洛阳，四面受敌，纵得之，不可以守。"⑤

①《资治通鉴》卷172陈宣帝太建七年(575)二月载后主"宠任陆令萱、穆提婆、高阿那肱、韩长鸾等宰制朝政，宦官邓长颙、陈德信、胡儿何洪珍等并参预机权，各引亲党，超居显位。官由财进，狱以贿成，竞为奸谄，蠹政害民。……诸嬖幸朝夕娱侍左右，一戏之费，动逾巨万。既而府藏空竭，乃赐二三郡或六七县，使之卖官取直。由是为守令者，率皆富商大贾，竞为贪纵，民不聊生"。

②《周书》卷6《武帝纪下》建德四年七月丙子条。

③同上。

④同上。

⑤《资治通鉴》卷172陈宣帝太建七年(575)七月条。

（3）河东地区面对的敌人守备较弱，又没有准备迎击周军主力的攻击，当地的地形便于运动兵力，宇文敬说"出于汾曲（胡三省注：汾曲，汾水之曲也），戍小山平，攻之易拔。用武之地，莫过于此"。距离其政治军事中心地区晋阳又较近，具有诸多便利条件，应该从此处发动主攻，赵煚说"请从河北直指太原，倾其巢穴，可一举而定"。鲍宏说"进兵汾、潞，直掩晋阳，出其不虞，似为上策"。在消灭并州的敌军主力后，然后东出太行，直捣邺城所在的河北平原。

但是周武帝固执己见，仍然亲统大军东出河洛，结果受到了挫折，未能攻占防御坚固的河阳中潭与北城。敌人援兵到来时，武帝又突患急症，只得收兵回国。周师在黄河南北占领的大片土地也被迫放弃。如《资治通鉴》卷172所载："齐王宪、于翼、李穆，所向克捷，降拔三十余城，皆弃而不守。唯以王药城要害，令仪同三司韩正守之，正寻以城降齐。"

附　韦孝宽的"平齐三策"

周武帝发动统一北方的灭齐战争之前，镇守河东边境的玉壁总管韦孝宽曾经给朝廷上奏，提出著名的"平齐三策"。据《资治通鉴》卷172记载，其事在陈宣帝太建七年，即周武帝建德五年（575）二月。其文字内容可见《周书》卷31《韦孝宽传》：

> 建德之后，武帝志在平齐。孝宽乃上疏陈三策。其第一策曰：
>
> "臣在边积年，颇见间隙，不因际会，难以成功。是以往岁出军，徒有劳费，功绩不立，由失机会。何者？长淮之南，旧为沃土，陈氏以破亡余烬，犹能一举平之。齐人历年赴救，丧败而反，内离外叛，计尽力穷。《传》不云乎：'雏有衅焉，不可失也。'今大军若出轵关，方轨而进，兼与陈氏共为掎角；并令广州义旅，出自三鵶；又募山南骁锐，沿

河而下；复遣北山稽胡，绝其并、晋之路。凡此诸军，仍令各募关、河之外劲勇之士，厚其爵赏，使为前驱。岳动川移，雷骇电激，百道俱进，并趋虏庭。必当望旗奔溃，所向摧殄。一戎大定，实在此机。"

其第二策曰：

"若国家更为后图，未即大举，宜与陈人分其兵势。三鸦以北，万春以南，广事屯田，预为贮积。募其骁悍，立为部伍。彼既东南有敌，戎马相持，我出奇兵，破其疆场。彼若兴师赴援，我则坚壁清野，待其去远，还复出师。常以边外之军，引其腹心之众。我无宿春之费，彼有奔命之劳。一二年中，必自离叛。且齐氏昏暴，政出多门，鬻狱卖官，唯利是视，荒淫酒色，忌害忠良。阖境嗷然，不胜其弊。以此而观，覆亡可待。然后乘间电扫，事等摧枯。"

其第三策曰：

"窃以大周土宇，跨据关、河，蓄席卷之威，持建瓴之势。太祖受天明命，与物更新，是以二纪之中，大功克举。南清江、汉，西黾巴、蜀，塞表无虞，河右底定。唯彼赵、魏，独为榛梗者，正以有事三方，未遑东略。遂使漳、滏游魂，更存余晷。昔勾践亡吴，尚期十载；武王取乱，犹烦再举。今若更存遵养，且复相时，臣谓宜还崇邻好，申其盟约。安人和众，通商惠工，蓄锐养威，观衅而动。斯则长策远驭，坐自兼并也。"

据《周书》卷31《韦孝宽传》和《资治通鉴》卷172陈宣帝太建七年（575）二月记载，周武帝观看了这份奏疏之后，随即召见大臣伊娄谦，商议伐齐之事，并在三月派遣伊娄谦与元伟出聘北齐，刺探虚实，送礼交好以麻痹敌人。但是由于部下高遵的叛变泄露了图谋，伊娄谦等人被拘留到当年十二月，周师攻克晋阳后才将他解放出来①。

从韦孝宽的这篇奏疏来看，他向周武帝提出了对北齐作战的三种方案。第一策主张立即伐齐，内容主要有三点：

一是向周武帝强调时机成熟，应当乘陈国军队占领淮南、威胁北齐南境之际，马上出兵东征。

二是主力走黄河北岸的王屋道。建议大军不由传统的主攻方向——黄河南岸的潼关、崤函、洛阳进军，改从蒲津渡河入河东，经邵州（治今山西垣曲古城）穿行齐子岭，过轵关（今河南济源市西），从背后攻占北齐的战略枢纽重镇河阳。

三是分兵多路进击。伐齐之役除了使用北周的关中府兵主力之外，还应该动员几路偏师，即地方武装和少数民族军队，如"广州义旅""山南骁锐""北山稽胡"，从几个方向发动进攻，牵制和消耗北齐的兵力，以利于大军的主攻。

第二策是缓兵之计，认为如果武帝不想马上进攻，可以在边境地带大兴屯田，等待北齐与陈朝在东南方向发生激战时，乘虚出奇兵攻占其领土。敌军主力来援救时，坚壁清野，避而不战。待其退兵后再度出击，使敌人疲于奔命，力量消耗殆尽。再者，北齐政治腐败，民不聊生，统治集团内部矛盾斗争激烈，危机爆发是必然的。等到它发生严重的内乱，国家垂亡之时，再出兵扫荡，会势如破竹地取得胜利。

第三策则是和平休战，与北齐结盟修好，通商惠工，发展壮大经济实力，养精蓄锐，等到将来国势强大，占据压倒优势时再进行兼并。

---

① 其事的详细经过可见《隋书》卷54《伊娄谦传》："武帝将伐齐，引入内殿，从容问曰：'朕将有事戎马，何者为先？'谦对曰：'愚臣诚不足以知大事，但伪齐僭擅，跋扈不恭，沉溺倡优，耽昏曲蘗。其折冲之将斛律明月已毙谗人之口，上下离心，道路以目。若命六师，臣之愿也。'帝大笑，因使谦与小司寇拓拔伟聘齐观衅。帝寻发兵。齐主知之，令其仆射阳休之责谦曰：'贵朝盛夏征兵，马首何向？'谦答曰：'仆凭式之始，未闻兴师，设复西增白帝之城，东益巴丘之戍，人情恒理，岂足怪哉！'谦参军高遵以情输于齐，遂拘留谦不遣。帝克并州，召谦劳之……"

这三种作战方案当中，第二、三策与第一策的建议在内容上相差甚远，甚至是矛盾的。看起来，韦孝宽为周武帝提出了几种统一北方的战略计划，供他审视选择。但在实际上，韦孝宽希望武帝采用的是第一策，即立即出兵伐齐，故把它放在首位，要引起武帝的注意，他的企图是显而易见的。据《资治通鉴》卷172记载，当时周武帝已经准备伐齐，并且采取了一些措施，引起了对方的注意，事在陈宣帝太建七年二月韦孝宽上书之前。

> 周高祖谋伐齐，命边镇益储偫，加戍卒；齐人闻之，亦增修守御。柱国于翼谏曰："疆埸相侵，互有胜负，徒损兵储，无益大计。不如解严继好，使彼懈而无备，然后乘间，出其不意，一举可取也。"周主从之。

北齐政治军事的混乱衰败以及周武帝准备东征的意图，并不是秘密，韦孝宽应该是了解的。但他毕竟是边将，不在朝内，皇帝态度的变化又难以揣测，万一周武帝改变了主意，立即伐齐的主张不合圣意，可能就会引起天子的反感，这是韦孝宽所不愿看到的。所以他开列了进兵、缓兵、休兵三策，请人主自择，给自己留有回旋的余地。这是封建时代老官僚对待朝廷的一种圆滑手法。例如《史记》卷112《平津侯主父列传》言公孙弘："每朝会议，开陈其端，令人主自择，不肯面折庭争。"

关于"平齐三策"，主要是第一策，在北周灭齐之役中的作用，过去史家评价甚高。《周书》卷31《韦孝宽传》："书奏，武帝遣小司寇淮南公元伟、开府伊娄谦等重币聘齐。尔后遂大举，再驾而定山东，卒如孝宽之策。"但是笔者认为，韦孝宽的建议实际上对后来周武帝伐齐的战略决策影响不大，之所以这样看，是因为"平齐三策"中第一策的几项具体建议并没有得到周武帝的首肯和实施。我们下面分析奏疏第一策内容中的三个要点：

首先，立即出兵伐齐。这条建议本身固然说得很对，不过当时齐后主荒淫无道，天怒人怨，内外交困；又枉杀大将斛律光，国无干城。北齐亡征已显，世人有目共睹；北周朝野尽知目前伐齐非常有利，武帝本来就有东征的企图，如前所述，已经采取了若干措施。韦孝宽立即伐齐的进奏不过是迎合了武帝的原有想法，至多是有所促进，但是不能说起到了关键的作用。

其次，以黄河北岸的王屋道为主力进军路线。这一方案和西魏、北周传统的主攻方向——经崤函道至洛阳有所不同，似有新意。可是这条路线的交通状况很不理想，通常要渡过蒲津，走涑水道向东北穿越运城盆地，至闻喜含口折向东南，改走鼓钟道抵邵州，再过齐子岭进攻轵关。沿途林木茂密，道路曲折，崎岖难行，在这种地理环境下，北周的优势兵力难以展开，敌人容易利用复杂的地形进行阻击，所以决不是一个很好的方案。基于上述困难因素，周武帝后来并没有采纳韦孝宽走王屋道的建议。

再次，动员各地豪强、胡人多路攻齐，"百道俱进，并趋虏廷"。周武帝也未实行这项主张，因为地方武装和少数民族军队的战斗力不强，用于守卫乡土，骚扰边境，能够起到一些作用。若是依靠他们离乡远征作战，这些人考虑保存自己的实力，未必能够答应；即使用重金收买，勉强出兵，也不会为北周政权舍命厮杀，就像此前突厥与北周合兵攻齐那样临战观望，其结果与初衷会相差甚远。

综上所言，韦孝宽的"平齐三策"只是更加坚定了武帝东征的决心，但是所建议的几项战略措施不切实际，没有为东征提供什么具体有效的办法，因此对于伐齐战争的胜利没有作出很大贡献，旧史家的称赞有些溢美。当时韦孝宽已经66岁，年事已高，疾病缠身，多次申请退休还乡，武帝考虑他的经验和声望，没有准许。《周书》卷31载："孝宽每以年迫悬车，屡请致仕。帝以海内未平，优诏弗许。于是复称疾乞骸骨。帝曰：'往已面申本怀，何烦重请也。'"

从史籍所载来看，朝廷认为韦孝宽年迈体衰，难以担负重任，继续守边或作为助手辅助主将作战还勉强可以，统领大军独当一面则很难胜任。基于这种认识，周武帝在平齐之役当中主要依赖的是中青年将领，并未让韦孝宽这样的老将担当各路兵马的统帅，去冲锋陷阵。《周书》卷31《韦孝宽传》载：

> 孝宽自以习练齐人虚实，请为先驱。帝以玉壁要冲，非孝宽无以镇
> 之，乃不许。及赵王招率兵出稽胡，与大军掎角，乃敕孝宽为行军总管，
> 围守华谷以应接之。

周武帝的这一态度在胜利之后对韦孝宽的谈话中明显地流露出来。前引《周书》卷31《韦孝宽传》又载："及帝凯旋，复幸玉壁。从容谓孝宽曰：'世称老人多智，善为军谋。然朕唯共少年，一举平贼，公以为何如？'孝宽对曰：'臣今衰耄，唯有诚心而已。然昔在少壮，亦曾输力先朝，以定关右。'帝大笑曰：'实如公言。'"

当然，后来的淮南战役与平定尉迟迥的叛乱，表明韦孝宽这位老将还有余勇可贾。但在平齐之役的谋划和战斗中，如上所述，他没有发挥重要的作用。

第九章

北周师出河东与平齐之役的胜利

一、周武帝东征战略的改变

建德五年（576）初，北周武帝自去岁患病痊愈后，又积极筹划统一北方的军事行动。从史书记载来看，他总结了以往兵出河阳的失败教训，准备改变主攻方向和路线，将要进军河东。当年正月，他巡幸同州（今陕西大荔），随即又东渡黄河，来到河东的涑水流域，并集合关中、河东的驻军进行了大规模的狩猎活动，实际上是一次军事演习。《周书》卷6《武帝纪下》曰："（建德）五年春正月癸未，行幸同州。辛卯，行幸河东涑川，集关中、河东诸军校猎。甲午，还同州。"《资治通鉴》卷172陈宣帝太建八年："春，正月，癸未，周主如同州；辛卯，如河东涑川。"胡三省注："杜预曰：涑水出河东闻喜县，西南于蒲坂入河。"

值得注意的是，武帝仅在建德三年十月到过蒲州，未曾深入河东腹地，这是首次在临近晋州的边境举行演习，应该引起北齐的警惕。

二月，为了安定后方，武帝又命令太子宇文赟与大臣王轨、宇文孝伯等领兵西征吐谷浑，至八月才结束返回。《周书》卷6《武帝纪下》："二月辛酉，遣皇太子赟巡抚西土，仍讨吐谷浑，戎事节度，并宜随机专决。……八月戊申，皇太子伐吐谷浑，至伏俟城而还。"《资治通鉴》卷172陈宣帝太建八年："二月，辛酉，周主命太子巡抚西土，因伐吐谷浑，上开府仪同大将军王轨、宫正宇文孝伯从行。军中节度，皆委二人，太子仰成而已。"

四月，周武帝再次巡幸同州，派清河公宇文神举出击北齐的南境，"攻拔齐陆浑等五城"。[①]陆浑在今河南嵩县东北。

九月，武帝在长安正武殿举行"大醮"，为即将举行的灭齐战役祈祷胜利，并召集群臣再次商议东征的计划。[②]他在会上分析敌国政治腐败、军心涣散、民怨沸腾的有利形势，在主攻方向和进军路线上接受了原来宇文敳、鲍宏等人的建议，提议师出河东，围攻晋州（治今山西临汾），吸引晋阳的齐军主力来援，然后反客为主，以逸待劳，在晋州城下与其进行决战。获胜后乘势进兵，灭亡北齐政权，统一中原。

《周书》卷6《武帝纪下》记载他对群臣说："朕去岁属有疹疾，遂不得克平逋寇。前入贼境，备见其情，观彼行师，殆同儿戏。又闻其朝政昏乱，政由群小，百姓嗷然，朝不谋夕。天与不取，恐贻后悔。"

由于去年伐齐劳师动众，倾注了举国之力而未获成功，北周的将领担心这次行动会重蹈覆辙，所以多数不愿出征。周武帝认为当前有利的形势不能错过，坚持自己立即发兵的主张，并当众宣布："若有沮吾军者，朕当以军法裁之！"从而确定了平齐之役的战略大计。

周武帝师出河东、围攻晋州的作战意图如下：

第一，北周建德五年（576）东伐之前，北齐的疆域大致北到长城，西至晋陕边界黄河，东南在黄、淮之间与陈朝相持，跨有今太行山两侧的山西高原和华北平原、山东半岛。从它的自然环境来看，环绕国界西、南的黄河是其天然防线，可以凭借其滔滔流水，阻碍敌军入境。《北史》卷54《斛律光传》即载每岁冬季齐军在西线沿黄河凿冰，以防周师来侵。《资治通鉴》卷171载太

[①]《周书》卷6《武帝纪下》夏四月乙卯条。

[②]此次廷议和出征的时间，史籍所载不同。《周书》卷6《武帝纪下》记录为"九月丁丑，大醮于正武殿，以祈东伐"。冬十月，武帝召集群臣商议伐齐之事；"己酉，帝总戎东伐"。而《资治通鉴》卷172载九月周主与诸将会议，"冬，十月，己酉，周主自将伐齐"。认为廷议时间应在九月丁丑大醮前后。笔者采用《资治通鉴》的说法。

建五年（573）陈将吴明彻攻占淮南，进军淮北，齐后主闻讯大惊，穆提婆等劝解道："假使国家尽失黄河以南，犹可作一龟兹国。"认为只要守住黄河沿岸就可以高枕无忧，"仍使于黎阳临河筑城戍"。胡三省注曰："惧陈兵之来，真欲画河自保。"而北周占领的河东地区，恰恰是在这道天然水利防线当中打进了一个楔子，由于控制了黄河两岸，所以能够在不受敌方干扰的情况下于蒲津、龙门来往涉渡，组织人员、装备、粮草的运输。因此，兵出河东伐齐，确实是一条非常有利的进军路线。

第二，以北齐的防御部署来看，其军事、政治重心是在山西高原中部的陪都晋阳（今山西太原），军队的主力、马匹、装备多屯于此，北齐皇帝平时也驻跸在那里。选择并州地区屯集重兵，可以北防突厥，南御周师。首都邺城的兵力配置反而较弱，如齐武成帝所言："邺城兵马抗并州，几许无智。"[1]如果河北平原一旦有事，晋阳的齐军主力可以通过滏口[2]、土门[3]，穿越太行山脉迅速增援。对于主要对手北周的进攻路线，考虑到以往敌人多是沿黄河南岸而下，走崤函道攻击号称"天下之中"的洛阳地区，所以把控御黄河南北几条要道的重镇河阳当作防御的重点，派遣名将独孤永业率领甲士三万屯驻在当地。遇到强敌来袭，可以依靠天险黄河和坚固的河阳三城进行死守，坚持到晋阳的主力援兵到来。从高欢到齐后主高纬在位时期，东魏、北齐统治者奉行的都是这条战略方针，屡次挫败了宇文氏的东征。

关中的周军主力若是经过河东进攻北齐，其最终的战略目标一是陪都晋阳，二是首都邺城。如果从河东北攻晋阳，受山西高原特殊地形的局限，大军只能在吕梁、太岳山脉之间，沿汾水河谷北上。选择这条行军路线，晋州是其必经之地。由河东向东攻取邺城，则有两条途径：或由王屋道，即从邵州（治

---

①《北齐书》卷14《上洛王思宗附子元海传》。

② 滏口为著名古隘道，为太行八陉之一，在今河北磁山西北石鼓山。滏水（今滏阳河）源出于此。该地山岭高深，形势险峻，是古代由邺城西出之要道。

③ 土门即今之井陉口，在今河北井陉市北井陉山，是太行山区进入华北平原的著名隘口。

今山西垣曲古城镇）东出齐子岭（今河南济源市西），过轵关至河阳，沿途崇山峻岭，道路险阻，易受敌人阻击，多有不便，通达性不如以往常走的黄河南岸的崤函道。或北出运城盆地，至晋州向东，进入晋东南的长治盆地，穿越太行山脉诸陉，到达河北平原。这条道路较为近捷，战国时秦灭赵、燕，楚汉相争时韩信灭赵、燕，都是走的这条道路。由此可见，晋州的地理位置十分重要。如《读史方舆纪要》卷41所称："府东连上党，西略黄河，南通汴、洛，北阻晋阳。宰孔所云：景霍以为城，汾、河、涑、浍以为渊；而子犯所谓'表里山河'者也。"晋州—平阳是兵家必争的枢纽冲要，自古以来备受瞩目。"秦、汉以降，河东多事，平阳尝为战地。曹魏置郡于此，襟带河、汾，翼蔽关、洛，推为雄胜。杜畿云：'平阳披山带河，天下要地'是也。晋室之乱，刘渊窃据其地，纵横肆掠，毒被中原。迄于五部迭兴，索头继起，平阳居必争之会，未有免于锋镝者也。及周、齐相争，平阳如射的然。"①

东魏初年，高欢曾想在晋州修筑大城，加强该地的防务，作为并州以南的防御重镇。这一意图被部下劝阻，事后他颇为后悔。②北齐有识之士卢叔虎也曾向肃宗提出在晋州建立前方军事基地，以此遏制宇文氏的扩张，并伺机蚕食敌境。"宜立重镇于平阳，与彼蒲州相对，深沟高垒，运粮积甲，筑城戍以守之。彼若闭关不出，则取其黄河以东，长安穷蹙，自然困死。如彼出兵，非十万以上，不为我敌，所供粮食，皆出关内。……自长安以西，民疏城远，敌兵来往，实有艰难，与我相持，农作且废，不过三年，彼自破矣。"这项建议受

①《读史方舆纪要》卷41《山西三·平阳府》。

②《北史》卷53《薛修义传》："初，神武欲大城晋(州)，中外府司马房毓曰：'若使贼到此处，虽城何益？'乃止。及沙苑之败，徙秦、南汾、东雍三州人于并州，又欲弃晋(州)，以遣家属向英雄城。修义谏曰：'若晋州败，定(笔者注："定"应为"并")州亦不可保。'神武怒曰：'尔辈皆负我，前不听我城并(笔者注："并"应为"晋")州城，使我无所趣。'修义曰：'若失守，则请诛。'斛律金曰：'还仰汉小儿守，收家口为质，勿与兵马。'神武从之。以修义行晋州事。及西魏仪同长孙子彦围逼城下，修义开门伏甲待之，子彦不测虚实，于是遁去。神武嘉之，就拜晋州刺史。"

到了肃宗的赞赏，"帝深纳之。又愿自居平阳，成此谋略。……未几帝崩，事遂寝'。"①

有鉴于此，周武帝充分认识到晋州的战略价值，认为它是东征之役的首要进攻目标。他对群臣说："出军河外，直为拊背，未扼其喉。然晋州本高欢所起之地，镇摄要重，今往攻之，彼必来援；吾严军以待，击之必克，然后乘破竹之势，鼓行而东，足以穷其窟穴，混同文轨。"②所以北周兵出河东、围攻晋州的作战计划，是符合当时的军事、政治地理形势的。

第三，从北齐方面的防御战略和兵力部署来看，存在着很大的漏洞。首先，名帅段韶病逝，齐后主高纬又听信谗言杀害了能征善战的大将斛律光，朝内缺少具有远见卓识的军事统帅，无人意识到晋州的特殊重要性。尽管周武帝在当年驾临河东，举行军事演习，摆出了兵临晋州的进攻态势，但是仍未引起北齐君臣的高度警惕。他们还是判断周军主力会东趋河阳，和往常的主攻方向一样。而晋州距离重兵屯集的晋阳并不太远，一旦有急可以及时驰援，因此没有给予足够的重视。在兵力的部署上，晋州的人马比起河阳要少得多，据记载，北齐在河阳有甲士三万。而晋州的守军只有八千人，③在战斗力和人数上都明显不足，难以抵挡周军主力的围攻。另外，晋州所处临汾盆地的地形较为平坦开阔，也利于大军的攻城行动，如宇文弼所言："河阳冲要，精兵所聚，尽力围攻，恐难得志。如臣所见，彼汾之曲，戍小山平，攻之易拔，用武之地，莫过于此。"④

再者，晋州原来的军政长官张延隽精明干练，很注意边防和民政，使当地的军备充足，社会局势亦比较稳定。但是由于和朝内的幸臣关系不好，被撤职调走，而新派遣的守将尉相贵才能平庸，使平阳一带的形势出现了动荡。《资

①《北齐书》卷42《卢叔武传》。

②《周书》卷6《武帝纪下》。

③《北齐书》卷41《独孤永业传》；《周书》卷6《武帝纪下》建德五年十月。

④《隋书》卷56《宇文弼传》。

治通鉴》卷172太建八年十月丙辰条载：

> 先是，晋州行台左丞张延隽公直勤敏，储偫有备，百姓安业，疆场
> 无虞。诸嬖倖恶而代之，由是公私烦扰。

周武帝于此时进军晋州，正是抓住了当地兵力薄弱、守将庸碌无能、社会
局面不够安定的有利时机，确实是值得称道的一步妙棋。

二、北周进军河东的作战序列

（一）周师开赴晋州途中的兵力部署

建德五年（576）十月己酉（初四），周武帝亲自统帅大军出征河东。据
《周书》卷6《武帝纪下》记载，其行军途中兵力部署情况如下：

前军　由齐王宇文宪、陈王宇文纯率领。

右军　以越王宇文盛为右一军总管，杞国公宇文亮为右二军总管，随国公
杨坚为右三军总管。

左军　谯王宇文俭为左一军总管，大将军窦恭为左二军总管，广化公丘崇
为左三军总管。

此外，周武帝麾下的精锐部队——六军应为中军，史籍未言统帅为谁。从
事后的情况来看，周武帝在兵至晋州前线之时，才任命王谊监六军攻平阳城。
很可能六军在行进途中指挥权归属天子，尚未任命统帅。

（二）周师的行军路线

北周军队由河东开赴晋州前线，是从蒲津渡河，然后有两条路线可以选
择。一是走桐乡路即涑水道，由蒲坂溯涑水北上，穿越运城盆地，走闻喜县
北、今礼元一带的隘道穿过峨嵋台地，到达汾曲，再过正平郡界向北，溯汾水
而行到达晋州。另一条路线是走汾阴路、汾水道，即由蒲坂沿黄河东岸北上，

经汾阴到达龙门，至汾水入河之处，然后再沿汾河南岸东行，到达重镇玉壁渡口，涉过汾水，沿北岸的大道东行至正平，再溯汾水北上到晋州。

从史籍所载来看，周师主力走的显然是第二条道路，因为武帝在赴晋州途中曾经路过玉壁。据《周书》卷31《韦孝宽传》载："（建德）五年，帝东伐，过幸玉壁。观御敌之所，深叹羡之，移时乃去。孝宽自以习练齐人虚实，请为先驱。帝以玉壁要冲，非孝宽无以镇之，乃不许。"若是走涑水道，则不会经过那里。

另外，周师主力在攻克晋州后退兵避战时，也是走的这条路线，可以作为一个旁证。《周书》卷12《齐炀王宪传》："时高祖已去晋州，留宪为后拒。齐主自率众来追，至于高梁桥。宪以精骑二千，阻水为阵。……宪渡汾而及高祖于玉壁。"

选择这条行军路线，可能是由于以下原因：由蒲津走涑水道至晋州虽然路程近捷，但是需要从闻喜隘口穿越峨嵋台地，沿途道路崎岖狭窄，易受敌人阻击，也不利于大军的兵力展开和给养输送。而汾阴路、汾水道尽管稍为绕远，可是路途较为开阔，又在己方的控制之下，相对要安全得多。另外，因为龙门渡口在北周手中，从这条道路退兵也可以有两种选择，或由汾阴路南下蒲津渡河回关中，或由龙门西渡黄河南下返长安，通达性亦比较好。

（三）不攻正平，直取晋州

值得注意的是，大军途经正平郡城临汾（今山西新绛县东北）时，并没有进行围攻，而是只留下了监守的部队，主力则绕过它由汾水东岸继续向晋州开拔。为什么这样做？可能是为了迅速赶到晋州，完成预期的战略部署。

正平的守将是新从河阳调来的傅伏，此人忠勇惯战，曾任北齐永桥大都督，去年在河阳防御战中迅速赴援中潭城，拼死坚守二旬，直到晋阳援兵到来，迫使周师退兵解围。齐后主为此对他加以褒奖，授特进、永昌郡公，把他调到河东前线，任东雍州刺史，后又升为晋州行台右仆射。傅伏既以善守著称，正平的城防应该相当坚固，周师围攻很难速胜。若战事拖延时日，即使占领该城，也会贻误战机，难以及时赶到晋州并攻克这一战略要地。若平阳不下，晋阳的齐军主力又南下赴救，周师会受到城内、城外敌人的夹击，形势将会非常被动。

由于未在正平耽误时间，北周主力军队在十月癸亥（十八日）即到达平阳城下；从长安出发到晋州前线，前后只用了 14 天。周师沿途仅在平阳以南的高显（今山西曲沃县东北）[①]等地进行了攻城战斗，很快就由越王宇文盛的右一军占领了这几个据点。《周书》卷 13《越野王盛传》载："（建德）五年，大军又东讨，盛率所领，拔齐高显等数城。"

（四）派遣偏师、牵制河阳齐军

考虑到北齐独孤永业统领的河阳守军有数万之众，且距离周境较近；一旦晋州战事吃紧，河阳的敌军若赶赴当地增援，或是采取围魏救赵的办法，攻击崤函、潼关一带，威胁北周的关中后方，这些情况都是周军统帅所不愿看到的。为了预防河阳齐军的行动，周武帝在主力进兵河东的同时，还派遣了于翼率领一支偏师，进攻洛阳地区，牵制住当地的敌人，使之不得脱身。《周书》卷 30《于翼传》："其年，大军复东讨，翼自陕入九曲，攻拔造涧等诸城，径到洛阳。"

后来北齐兵败晋州、并州后，广宁王高孝珩曾建议："……独孤永业领洛

---

① 高显在今山西曲沃县西高显镇，位于汾水之东，县城西北约 10 公里。王仲荦《北周地理志》，第 801 页，对高显地望考证道："按胡三省《通鉴》注：高显盖近涑川。《读史方舆纪要》：高显戍在夏县北。并误。据《山西通志》，高显镇在曲沃县东北二十里。今山西曲沃县东北有高显。近年蒲太铁路通车，设立车站，即北齐之高显戍矣。"

严耕望《唐代交通图考》第一卷，第 112 页，亦考证云："检《民国地图集·山西河北人文图》，绛县东北，汾水南流折西处有高显地名，在汾水东岸。《元和志》一二，绛州东北至晋州一百四十里，度此高显北去晋州不及百里，盖真其地矣。"

州兵趣潼关，扬声趣长安"，①但未被后主采纳。独孤永业在河阳，"初闻晋州败，请出兵北讨，奏寝不报，永业慨愤。又闻并州亦陷，为周将常山公（于翼）所逼，乃使其子须达告降于周"②。

因为北周事先估计到河阳地区的齐军可能会有所行动，采取了预防措施，结果使独孤永业的这支劲旅在北齐的防御作战中没有发挥重要的作用。

三、从地理角度分析北周围攻晋州的兵力部署

周武帝到达晋州前线后，在攻城战斗之前，对各个作战方向进行了兵力配置。大致有中路的围城部队和北路、东北路、西路、东路、东南路、后路的掩护部队七支。

（一）中路——晋州

围攻晋州的部队是北周的精锐——天子麾下的六军，前敌指挥将领为内史王谊，《周书》卷6《武帝纪下》建德五年十月："遣内史王谊监六军，攻晋州城。"此人为西魏开国元勋王盟之从孙，早年即为武帝亲信，《北史》卷61《王盟附从孙谊传》曰："时大冢宰宇文护执政，帝拱默无所关预。有朝士于帝侧微不恭，谊勃然而进，将击之，其人惶惧请罪，乃止。自是朝臣无敢不肃。"

武帝即位后，王谊迁为内史大夫、封杨国公，深受宠信。"汾州稽胡乱，谊击之。帝弟越王盛、谯王俭虽为总管，并受谊节度。"③周武帝东征之前，为了保守机密，只和朝内外极少数大臣商议制订作战计划，王谊就是其中一个重要人物。"先是周主独与齐王宪及内史王谊谋伐齐，又遣纳言卢韫乘驲三诣安州总管于翼问策，余人皆莫之知。"④

①《北齐书》卷11《广宁王孝珩传》。

②《北齐书》卷41《独孤永业传》。

③《北史》卷61《王盟附从孙谊传》。

④《资治通鉴》卷172陈宣帝太建七年七月。

北周六军的人数不详，平阳城内的北齐守军有甲士八千，若加上辅助人员，参加防御的将士应有一万余人。按照古代军事学的惯例，"夫守战之力，力役参倍"，①那么，北周攻城的部队至少应该有四五万人。而去年河阳之役周武帝直接指挥的中军有六万人，这个数字可能和此次围攻平阳的六军人数比较接近。

（二）北路——雀鼠谷、千里径

为了监视和阻滞晋阳的敌军主力南下，保证晋州的攻城作战不受干扰和破坏，周武帝"遣齐王宪率精骑二万守雀鼠谷，陈王纯步骑二万守千里径，……柱国宇文盛步骑一万守汾水关"。②

宇文宪和宇文纯的部队本来是前军。宇文盛统领的是右一军，这两支部队先期到达汾曲，待武帝所领的中军主力抵达晋州后，继续向北开进，企图控制齐军主力自晋阳南下的两条必经之路——雀鼠谷和千里径。

山西高原地势高峻，有华北屋脊之称。高原的中部有汾河等河流穿过，经雨水的长期侵蚀，汾河的冲积，以及地层的褶曲和断层等作用的演进，形成了一个纵长的地沟——断陷带，其间自北而南分布着大同、忻定、太原、临汾、运城五大盆地。太原盆地通往临汾盆地的主要道路，是沿汾水河谷而下，可以水陆并进，通道两侧为吕梁山脉和太岳山脉所夹持。汾水发源于晋北宁武的管涔山，经过太原盆地蜿蜒南流，过介休到义棠镇（今山西介休西南）后河道变窄，即进入灵石峡谷，古代称为雀鼠谷，或称冠爵津。③其北口在今灵石县北约20公里的冷泉关，南口在汾水关，即今灵石县南之南关镇，又名阴地关，

---

①《三国志》卷14《魏书·刘放传》注引《孙资别传》。

②《周书》卷6《武帝纪下》。

③《水经·汾水》："又南过冠爵津"，郦道元注："汾津名也，在界休县之西南，俗谓之雀鼠谷。数十里间道险隘，水左右悉结偏梁阁道，累石就路……"

峡谷全长约为110里。①因河谷陡峭屈曲，每有急流险滩，通船不便，历代多筑陆路，北魏时曾沿河修筑栈道，架桥汾上。②严耕望先生曾考证云："中古时代有所谓冠爵津即俗名雀鼠谷者，即冷泉关以南之隘道，亦即汾水河谷隘道，北口在冷泉驿关之东近十里，南口在贾胡堡、汾水关地区，接霍邑北界，全长一百一十里，最险峻处亦数十里。两山夹峙，汾水中流，道出其中。'上戴山阜，下临绝涧'，或于崖侧'垒石为路'，或于高出水面一丈或五六尺处，凿山植木为阁道，萦绕崖侧如带，俗称为鲁班桥。度其结构，有如秦岭、巴山之栈道，殆为北方陆程罕见之险隘也。"③

汾水入雀鼠谷后，过两渡、索洲，南流至今灵石县城关之南，被太岳山脉的高壁岭阻挡，折而向西，过夏门镇后往南行，过鲁班桥、富家滩，至汾水关出谷。这条路线曲折绕行多有不便，为了节省时日，古代人们开辟了另一条近捷的陆路——千里径，是由灵石县城关直接南下，穿越高壁岭，过高壁镇，至今仁义河分为两路：主道是渡河经逍遥驿而南行至永安（今山西霍州）；另一路则沿仁义河西南行至汾水关与雀鼠谷道汇合，再南下永安、洪洞，到达临汾盆地。《读史方舆纪要》卷41《山西三·平阳府·霍州》曰："千里径，州东十里。后魏平阳太守封子绘所开之径也，为北出汾州径指太原之道。"《山西通

①《元和郡县图志》卷13《河东道二·汾州介休县》："雀鼠谷，在县西十二里。"

《太平寰宇记》卷41《河东道二·汾州孝义县》："雀鼠谷，《冀州图》云：'在县南二十里，长一百一十里，南至临汾郡霍邑县界。汾水出于谷内，南流入河，即《周书》调鉴谷。'"

《山西通志》卷49《关梁考六》："冷泉关，雀鼠谷之北口也，亦曰灵石口，在灵石县北四十五里。……旧《通志》：冷泉关，古川口也。关外迤北，皆平原旷野，而入关则左山右河，中通一线，实南北咽喉要地。自介休义棠镇，南至灵石阴地关、贾胡堡，皆古雀鼠谷。《水经注》所谓数十里道隘者也。"王仲荦：《北周地理志》，第830页，"汾水关即今灵石县西南之南关也，此关亦称阴地关"。

《读史方舆纪要》卷41《山西三·平阳府·霍州灵石县》："汾水关，在县西南。《括地志》：'灵石县有汾水关。'后周主邕攻晋州，分遣宇文盛守汾水关。既克平阳，齐主纬自晋阳驰救，分军出千里径及汾水关，盛拒却之。既而周主自平阳进向晋阳，至汾水关是也。"

②《山西省历史地图集》，中国地图出版社2000年版，第390页。

③《唐代交通图考》第一卷，第122页。

志》卷32《山川考二》亦曰："千里径在崲水北，西距霍州二十里。其北为鸡栖原，有回牛岭、凤栖岭，皆古扼隘。"

千里径旧有路途，险峻难行。东魏孝静帝二年（535），平阳太守封子绘于旧径东侧山谷开凿新路，方便交通。见《北齐书》卷21《封隆之附子绘传》：

> 晋州北界霍太山，旧号千里径者，山坂高峻，每大军往来，士马劳苦。子绘启高祖，请于旧径东谷别开一路。高祖从之，仍令子绘领汾、晋二州夫修治，旬日而就。高祖亲总六军，路经新道，嘉其省便，赐谷二百斛。后大军讨复东雍，平柴壁及乔山、紫谷绛蜀等，子绘恒以太守前驱慰劳，征兵运粮，军士无乏。

周武帝派遣齐王宇文宪率战斗力最强的精骑二万守雀鼠谷，是因为这条路线是晋阳齐军南下的主要通道。为了堵绝北齐援军的另一条来路，武帝又命令陈王宇文纯领步骑二万守千里径，副将是郭衍，参见《隋书》卷61《郭衍传》："（周）武帝围晋州，虑齐兵来救，令衍从陈王守千里径。"而宇文盛带领兵马一万驻扎在千里径支线与雀鼠谷道交汇的汾水关，是作为随时准备支援的预备队来部署的。

北路周军因肩负阻击晋阳齐军主力援兵的任务，干系重大，几支人马的总指挥是武帝亲弟齐王宇文宪。他领兵北上，进占洪洞、永安二城，被齐军烧断汾桥，阻于该地。[①]《周书》卷6《武帝纪下》曰："齐王宪攻洪洞、永安二

---

① 北齐洪洞戍在今山西洪洞县北。《通典》卷179《州郡九·古冀州下·晋州·洪洞县》："故洪洞城在今县北，东魏、北齐镇也，四顾重复，控处要险。"

《资治通鉴》卷172胡三省注："洪洞城在杨县，取城北洪洞岭名之。"

《太平寰宇记》卷43《河东道四·晋州》："洪洞县，本汉杨县，即春秋杨侯国也。……《晋地道记》云：'杨，故杨侯国，晋灭之以赐大夫羊舌肸。汉以为县，属河东郡。后汉同。魏置平阳郡，杨县属焉。'后魏改属永安郡。"

北齐永安戍，在今山西霍州城关。《读史方舆纪要》卷41《山西三·平阳府·霍州霍邑废县》："后汉阳嘉三年改为永安县。……东、西魏相持，东魏置永安戍于此。"

城，并拔之。"《周书》卷12《齐炀王宪传》："（建德）五年，大军东讨，宪率精骑二万，复为前锋，守雀鼠谷。高祖亲围晋州，宪进兵克洪同、永安二城，更图进取。齐人焚桥守险，军不得进，遂屯于永安。"《周书》卷29《刘雄传》载："其年，大军东讨，雄从齐王拔洪洞，下永安，军还，仍与宪回援晋州。"

后来宇文宪又领兵北进，将部队分为三路，屯驻在千里径、鸡栖原（今山西霍州市北）①和汾水关，完成了抗击南下齐军主力的准备。可见《周书》卷12《齐炀王宪传》："齐主闻晋州见围，乃将兵十万，自来援之。时柱国、陈王纯顿军千里径，大将军、永昌公椿屯鸡栖原，大将军宇文盛守汾水关，并受宪节度。"

（三）西路——华谷、汾州

武平二年（571）段韶克汾州后，齐人的势力由东雍州向西扩展了五百余里，完全控制了汾水以北和黄河以东的今吕梁地区。当地的汉族居民不多，主要是稽胡等少数民族，北齐控制的城塞据点，自正平沿汾水北岸向西分布，历华谷、龙门，向北延伸至汾州。其兵力部署主要有三个重点：

一是正平。郡治临汾城，在今山西新绛县东北，为东雍州的治所，主将为刺史傅伏。

二是华谷。在今山西稷山县西北化峪村，这座城戍在北周重镇玉壁的对岸，守军的主要任务是监视、阻挠周军从这个渡口涉越汾水。

三是汾州。治定阳，今山西吉县，任务是镇守壶口天险，防止周军由龙门渡河后北进。

周武帝除了留下一支部队监视正平的傅伏以外，还分出一支偏师由赵王宇文招和总管韦孝宽率领在汾北作战。这支人马从玉壁北渡汾水至华谷后，又分

---

①《读史方舆纪要》卷41《山西三·平阳府·霍州》："鸡栖原，州东北三十里，霍山高平处也。"

为两部,"柱国、赵王招步骑一万自华谷攻齐汾州诸城",①使其无法向东救援晋州。韦孝宽率本部军队围攻华谷附近的北齐城戍。两部人马频频告捷,除了临汾孤城之外,齐人在汾水北岸的势力基本上得以扫除,不会对北周向晋州前线运送给养的交通路线构成严重威胁。见《周书》卷31《韦孝宽传》:"及赵王招率兵出稽胡,与大军犄角,乃敕孝宽为行军总管,围守华谷以应接之。孝宽克其四城。武帝平晋州,复令孝宽还旧镇。"

(四)东北路——统军川

北周在晋州的东北方向部署了另一支部队,"郑国公达奚震步骑一万守统军川"。②这路兵马所驻扎的统军川古名洞水,又名通军水、赤壁水,今称石壁河;在北周安泽县,即今山西古县城关之南,属于洪安涧河的支流。其地望可参见《水经注》卷6《汾水》:

> 洞水东出谷远县西山,西南迳霍山南,又西迳杨县故城北,晋大夫僚安之邑也。应劭曰:"故杨侯国。"……其水西流入于汾水。

王仲荦《北周地理志》第816页曰:

> (安泽县)有统军川,即水经注之洞水也。

《太平寰宇记》卷43《河东道四·平阳府晋州岳阳县》:

> 赤壁水,在县南,西北流,合洞水,其洞水,一名通军水。

---

① 《周书》卷6《武帝纪下》建德五年十月。
② 同上。

《读史方舆纪要》卷41《山西三·平阳府·岳阳县》大涧水条：

> 在县北。《志》云：涧水有二源，一出县北安吉岭，一出县西北金堆里，俱西南流入洪洞县界注于汾水。又县南有赤壁水，西北流合于涧水，一名通军水。《志》云，赤壁水出赵城县霍山南，西南流二十里至县西漏崖入地中，过南三十里复出而合涧水。

《山西通志》卷32《山川考二》引《平阳府志》：

> "涧河，即岳阳县城东水，一出县北安吉岭，一出西北金堆里千佛沟。至古岳阳村合流，经城东门外，西南至涧上村，入洪洞县境。隶境三十里，西入于汾。""案：即《水经》（汾水注）之涧水，《金志》之通军水也。《注》云经霍山南，霍山在岳阳西北九十里，盖涧北诸山悉其支峰。《魏书·地形志》：'杨县有岳阳山'是也，遂以名县。"

《山西通志》卷40《山川考十·汾水》：

> "又南迳洪洞县城西，涧河东注之。"又引《洪洞县志》曰："涧水，在县南门外数里，源二：一出岳阳县北安吉岭，一出岳阳西北金堆里，合而西南流出峡，屈曲之县东境。西流，迳县治南，又西流入汾。（案：即通军水也，详霍山下。）"

统军川以北，沿洪安涧河上游北上，有一条陆路通往沁源、沁县；溯统军川水东行，另有一条道路可至屯留。达奚震领兵据守于此，可以防备东、北两个方向的来敌。从史籍的记载来看，这支部队在晋州战役结束后向东进攻，连克北齐两处要戍义宁、乌苏。见《周书》卷19《达奚武附子震传》："（建德五年，又从东伐，率步骑一万守统军川，攻克义宁、乌苏二镇，破并州。进位上柱国。"

王仲荦《北周地理志》第817页曰："按义宁镇，即今安泽县北和川镇。乌苏镇，即今沁县西南二十里乌苏村。此为北齐二重镇，置立军府，填以六州鲜卑者也。故先攻取焉。由统军川东向攻取此二镇，然后会师并州。"义宁地望的演变可见《读史方舆纪要》卷41《山西三·平阳府·岳阳县》：

> 和川城，县东九十里，后魏建义初分禽昌地置义宁县，属义宁郡。隋初郡废，县改曰和川，属沁州。大业初废，义宁初复分沁源县属沁州，唐因之。宋改属晋州，熙宁五年省入冀氏县，元祐初复置。金因之，元省入岳阳。今名和川里。

《元和郡县图志》卷13《河东道二·沁州》：

> 和川县，本汉谷远县地，后魏庄帝于今县南九里置义宁县，属义宁郡。隋开皇三年罢郡，改属晋州。十六年置沁州，县属焉。十八年改为和川县。大业三年省，武德元年重置。

乌苏镇古称阏与，亦是著名关险，战国时名将赵奢曾在此地大破秦军。《元和郡县图志》卷15《河东道四·潞州铜鞮县》：

> 阏与城，在县西北二十里。《史记》曰：秦昭襄王攻赵阏与，赵奢曰："其道远险狭，譬如两鼠斗于穴中，将勇者胜。"遂破秦军，解阏与之围。

《太平寰宇记》卷50《河东道十一·威胜军·铜鞮县》：

阏与城，今名乌苏城，在县西北二十里。《史记》：秦昭襄王三十八年，秦伐韩，军于阏与。……《汉高纪》曰："韩信破代，擒代相夏说于阏与"。孟康注："邑名，在上党涅县也。"

《读史方舆纪要》卷43《山西五·沁州》：

阏与城，州西北二十里，孟康曰："阏与读曰焉与"。战国时赵将赵奢大破秦军，解阏与之围，其地在河南武安县。秦始皇十一年，王翦攻阏与及橑阳。又汉二年韩信破代，擒代相夏说于阏与，即此处也。《后汉志》：邺县有阏与聚。《冀州图》谓之鸣〔乌〕苏城，俗曰乌苏村。

《山西通志》卷25《府州厅县考三·辽州和顺县》：

春秋时晋大夫梁馀子养邑。战国属赵，为阏与地。汉上党郡沾县、涅氏二县地。后汉为涅县之阏与聚。……谨案：……"乌""阏"同声，而经典皆读"阏"为"遏"……其乌苏城，《冀州图》云在铜鞮县西北二十里。注曰："《元和志》《太平记》并同。今沁州西南二十里有乌苏村。"

（五）东南路——齐子岭

"大将军韩明步骑五千守齐子岭。"①前文已述，齐子岭在今山西垣曲县之东、河南济源市西，属于王屋山脉。《读史方舆纪要》卷49《河南四·怀庆府济源县》曰："齐子岭，县西六十里。杜佑曰：'在王屋县东二十里，周齐分界处也。'西魏大统十二年高欢围玉壁，别使侯景将兵趣齐子岭。又周建德五年周主攻齐晋州，分遣韩明守齐子岭是也。"

---

①《周书》卷6《武帝纪下》。

齐子岭西通邵州，可由此进入河东腹地。东入轵关后行抵河阳。因为该地山路崎岖，林木茂密，难以通行，是周、齐两国均无人驻守的边境弃地。武定四年（546）高欢进攻河东玉壁时，曾令河阳守将侯景逾齐子岭攻西魏邵郡以作牵制。但侯景闻敌人率援兵将至，"斫木断路者六十余里，犹惊而不安，遂退还河阳"。①故北周在此路布置的人马虽然不多，但是可以凭险据守，挡住河阳方向的来敌。

（六）东路——鼓钟镇

"乌氏公尹升步骑五千守鼓钟镇。"②鼓钟镇在今山西垣曲县古城北之鼓钟山，《读史方舆纪要》卷41《山西三·平阳府·垣曲县》曰："鼓钟镇，县北六十里。亦曰鼓钟城。《水经注》：'教水……飞流注壑，夹岸深高，南流注鼓钟川。川西南有冶宫，世谓之鼓钟城。'后周建德五年攻晋州，分遣尹升守鼓钟镇，即是处矣。鼓钟川水至马头山东伏流，重出南入于河。"该地形势险峻，是北周邵州通往西北方向的交通干线——鼓钟道上之要隘。

北齐的河阳驻军若出轵关来袭，假设守齐子岭的周将韩明阻挡不住，那么齐军可经白水（今山西垣曲县古城镇）沿鼓钟道西北行，越王屋山麓，过横岭关、含口（今山西绛县冷口），到达涑水上游，即能分兵两路，一路顺涑水而下，进入运城盆地。一路向北出闻喜隘口，抵达汾曲，蹑周军主力之后。这条道路万一失守，对围攻晋州的周军主力威胁很大，故周武帝留下一支部队以作策应。

（七）后路——蒲津关

"凉城公辛韶步骑五千守蒲津关。"③蒲津渡口是河东联系关中后方根据地

---

① 《周书》卷34《杨㧑传》。
② 《周书》卷6《武帝纪下》。
③ 《周书》卷6《武帝纪下》。

的交通孔道。为了防止敌人偷袭渡桥，破坏大军的给养运送，特派遣辛韶领兵镇守这一要地。

从北周围攻晋州诸军的部署情况来看，以周武帝为首的指挥集团制订的作战计划非常周密。为了保证攻城战斗的顺利进行，不仅留下最为精锐的六军来担负此项任务，还派遣了以善战著称的宇文宪率领五万大军在北路设防，扼守住晋阳敌兵南下增援的两条必由之路——雀鼠谷和千里径。宇文宪的军队虽然人数少于齐军主力，但是能够利用险要的地形来迟滞阻击，在有利阵地上布防的五万兵马是很难被迅速消灭的，这样可以拖延时日，使己方的大军有足够的时间来攻克晋州。此外，北周对平阳附近的各条道路都部署了防御兵力，可谓万无一失。

四、周师对晋州的围城战斗

北周军队在十月己酉（四日）出征，癸亥（十八日）至晋州，周武帝随即布置人马，开始围攻。"遣内史王谊监六军，攻晋州城。帝屯于汾曲。……帝每日自汾曲赴城下，亲督战，城中惶窘。"[1]

在北周攻城部队的沉重打击下，平阳守军人心动摇，几位北齐将领见城池难保，密谋投降，并先后与周营联系。"（十月）庚午，齐行台左丞侯子钦出降。壬申，齐晋州刺史崔景嵩守城北面，夜密遣使送款。"[2]周武帝立即命令大将王轨领兵前去接应。"未明，士皆登城鼓噪。齐人骇惧，因即退走。遂克晋州，擒其城主特进、海昌王尉相贵，俘甲士八千人。"[3]

周师占领平阳城后，为扩大战果，巩固防御，采取了三项措施：

1. 将被俘兵员押送后方

《周书》卷6《武帝纪下》载王轨领兵入城后，"齐众溃，遂克晋州，擒其

---

[1]《周书》卷6《武帝纪下》。

[2] 同上。

[3]《周书》卷40《王轨传》。

城主特进、开府、海昌王尉相贵，俘甲士八千人，送关中"。把大量战俘遣送到距离前线较远的根据地，能够防止他们在边境作乱，逃回本土；还减少了后方长途运输来的给养供应，既安全又经济，可谓一举两得。

2. 任命得力守将

十月甲戌（二十九日），周武帝"以上开府梁士彦为晋州刺史，加授大将军，留精兵一万以镇之"。[1]梁士彦是武帝新近提拔的一员猛将，又很有谋略。《周书》卷31《梁士彦传》载其"少任侠，好读兵书，颇涉经史。周武帝将平东夏，闻其勇决，自扶风郡守除为九曲镇将，进位上开府，封建威县公。齐人甚惮之"。后来的战事进展表明，这一人选是非常称职的。北齐十万大兵到达后，猛攻平阳多日，梁士彦率孤军浴血奋战，力保城池不失，坚持到周师主力开来后解围，说明周武帝用人是很有眼力的。

3. 进攻附近城镇

武帝在占领晋州后，立即分派将领各率兵马向附近的据点发动进攻。"又遣诸军徇齐城镇，并相次降款。"[2]慑于北周军队的强大力量，周围齐人的县戍纷纷归降。

由于计划周密，准备充分，北周的晋州攻城作战进行得相当顺利，赶在北齐的晋阳援军到来前结束了战斗，并且通过几项有效的措施巩固、扩大了战果，为下一步晋州会战获得决定性的胜利奠定了坚实的基础。

五、北齐援军的南下反攻

（一）北齐援救晋州的延误

周师所以能够顺利攻克晋州，除了自身谋划实施的成功因素之外，北齐军事领导集团反应迟缓也是一个重要原因。北周军队十月己酉（初四）自关中出发开赴河东之后，齐国君臣并没有及时采取必要的应对措施。据《北齐书》卷

---

① 《周书》卷6《武帝纪下》。
② 同上。

8《后主纪》所载，十月丙辰（十一日），齐后主居然带领群臣、后宫嫔妃到天池（在今山西宁武县界）狩猎，①流连忘返，至癸亥（十八日）返回晋阳，是时周军已经开始围攻晋州。十月甲子（十九日），北齐在晋阳南郊的晋祠集合部队，向南进发。迟至庚午（二十五日），齐后主才离开晋阳，随军前往。

据史籍所载，后主君臣狩猎时已经频繁接到边境的报警文书，但是这些人昏庸腐愦，醉生梦死，报警文书并没有引起他们的重视，又盘桓玩乐后才回到晋阳。《北齐书》卷50《恩倖·高阿那肱传》曰："周师逼平阳，后主于天池校猎，晋州频遣驰奏，从旦至午，驿马三至。肱曰：'大家正作乐，何急奏闻。'至暮，使更至，云：'平阳城已陷，贼方至。'乃奏知。明早，即欲引军，淑妃又请更合一围。"②《北史》卷14《齐后主冯淑妃传》亦云："周师之取平阳，帝猎于三堆，晋州亟告急，帝将还，淑妃请更杀一围，帝从其言。"

由于北齐军队南下救援行动的迟缓，还未赶到前线，晋州就已经陷落了。这样，北周可以只留下少数兵力驻守平阳，攻城的主力部队得以抽出身来从容应对，不至于陷入腹背受敌的局面，从而获得了主动权。

（二）周师对北齐援军的阻滞行动

齐后主自晋阳发兵入雀鼠谷至灵石后，分一支万人的偏师穿越高壁岭，通

---

①《元和郡县图志》卷14《河东道三·岚州静乐县》曰："天池，在县北燕京山上。周回八里，阳旱不耗，阴霖不溢。……"大池又称祁连池，《北齐书》卷8《后主纪》载武平七年，"冬十月丙辰，帝大狩于祁连池。"《资治通鉴》卷172陈太建八年十月胡三省注曰："窃谓猎祁连池与猎天池，共是一事，北人谓天为祁连，故天池亦谓之祁连池。"另《北史》卷14《冯淑妃传》载齐后主等"猎于三堆"，胡三省注《资治通鉴》卷172又曰："余按宋白《续通典》，岚州静乐县，本三堆也；天池亦在县界。"

②《北齐书》卷50，这段记载有些问题。按照该书卷8《后主纪》所言，齐后主在十月庚午日离开晋阳，当时晋州尚未陷落；因此北齐君臣在天池狩猎时不可能接到平阳失守的边报。见《资治通鉴》卷172太建八年十月"齐主方与冯淑妃猎于天池"条胡三省注。

过千里径南下；自领大军沿雀鼠谷大道前进，出汾水关①。前文已述，北周在北路阻击齐援军的部队由齐王宇文宪统率，其部署情况为："时柱国、陈王纯顿军千里径，大将军、永昌公椿屯鸡栖原，大将军宇文盛守汾水关，并受宪节度。"②这一部署与北周最初的北路防御计划略有差别，按照《周书》卷6《武帝纪下》所言，原先准备实施的兵力配置是："遣齐王宪率精骑二万守雀鼠谷，陈王纯步骑二万守千里径，……柱国宇文盛步骑一万守汾水关。"将北路兵马分为三处，宇文宪和宇文纯各领二万军队在前，分守雀鼠谷和千里径；宇文盛率万人居后，屯汾水关以作策应。但是由于齐军的阻击，北周兵将仅占领了雀鼠谷的南口——汾水关，而未能进入并控制整条河谷。如果周军在雀鼠谷的北口——冷泉关进行阻击，可以凭借灵石峡谷的曲折险峻且战且退，步步为营，北齐援兵要想迅速通过相当困难。看来，齐军也认识到这一点，所以焚桥守险，拼死阻挡敌人入谷。结果迫使周军调整了原来的防御计划，将宇文盛和宇文纯所部居前，分别在汾水关与千里径阻击南下的两路来敌。宇文椿领兵屯驻在鸡栖原，该地在永安（今山西霍州市）北，参见《资治通鉴》卷172太建八年十月条："周齐王宪攻拔洪洞、永安二城，更图进取。齐人焚桥守险，军不得进，乃屯永安，使永昌公椿屯鸡栖原。"胡三省注："鸡栖原在永安北。"

严耕望先生认为，"（周师）及既下晋州进屯鸡栖原，又分军屯汾水关与千里径。齐主来救，亦分军一出千里径，一出汾水关，自帅大军上鸡栖原。汾水关在鸡栖之西，则千里径诚可能在鸡栖之东"。③根据当代学者对北朝历史地理的研究，以及对当时山西军事交通路线图的绘制来看，可以认为晋阳至晋州之间南北用兵的主要道路只有两条，即雀鼠谷和千里径。④前文已述，沿千里径南下至仁义河可以分为两道，或顺河西南行至汾水关，或渡河南行至永

---

① 《周书》卷12《齐炀王宪传》："时齐主分军万人向千里径，又令其众出汾水关，自率大兵与椿对阵。"

② 《周书》卷12《齐炀王宪传》。

③ 《唐代交通图考》第一卷，第119页。

④ 《山西省历史地图集》，第390页。

安。按照前引诸家地志所言，笔者认为鸡栖原可能是今霍州以北 15 公里的枫栖村，该地在汾水关的东南、千里径涉仁义河渡口处的西南，距离这两个地点均为 5 公里左右。宇文椿所部屯驻鸡栖原，应是作为预备队部署在后，准备向雀鼠谷和千里径两个作战方向提供支援。①

北路的周军统帅宇文宪虽然年轻，但已征战日久，富有经验。为了迷惑敌军，他命令当敌主力的宇文椿砍伐柏树作简易棚屋，而不要搭帐幕宿营。"宪密谓椿曰：'兵者诡道，去留不定，见机而作，不得遵常。汝今为营，不须张幕，可伐柏为庵，示有形势，令兵去之后，贼犹致疑也。'"②撤兵时可以保留柏庵，这样会使敌人误认为还有军队驻扎。采用此等疑兵之计，如果抛弃营帐，则在物资上损失太大。

驻守汾水关的宇文盛见敌人逼近，即向宇文宪告急。宇文宪派出千骑前来援救，齐军望见山谷中烟尘突起，知道是援兵到来，纷纷撤退。"盛与柱国侯莫陈芮涉汾水逐之，多有斩获。"③十月癸酉（二十八日），齐后主所在的主力逼近鸡栖原，与宇文椿对阵，双方相持整日，未能交锋。④为了保全兵力，避其锐气，周武帝命令宇文宪等撤退。北周军队乘夜南还，而齐军果然中计，认为空虚的柏庵是周师驻扎的营帐，未曾追击，直到第二天才发现是空营。⑤

（三）周武帝退兵避战的策略

十一月己卯（初四），北齐后主统大军逼近平阳。由于齐兵是精锐部队，

---

①《山西通志》卷 32《山川考二》曰："千里径在瓠水北，西距霍州二十里。其北为鸡栖原，有回牛岭、凤栖岭，皆古扼隘。"这条史料所言鸡栖原在千里径以北，其实是指该地在千里径的南口之北。

②《周书》卷 12《齐炀王宪传》。

③同上。

④《北齐书》卷 8《后主纪》武平七年十月，"癸酉，帝列阵而行，上鸡栖原，与周齐王宪相对，至夜不战，周师敛阵而退"。

⑤《周书》卷 12《齐炀王宪传》："俄而椿告齐众稍逼，宪又回军赴之。会椿被敕追还，率兵夜返。齐人果谓柏庵为帐幕也，不疑军退，翌日始悟。"

求战而来，士气旺盛；而北周人马征伐多日，比较疲劳，需要休整，所以周营将帅心存顾虑，多有怯战之心。《北史》卷60《宇文贵附子忻传》："齐后主亲总兵，六军惮之，欲旋。"周武帝考虑再三，认为目前和敌人进行决战没有必胜的把握，因此作出了暂时将主力向西撤退，避其锋芒的决定。虽然大臣宇文忻、王纮等人劝阻武帝不要退兵，宇文邕还是坚持了自己的决策。《资治通鉴》卷172载：

> 十一月，己卯，齐主至平阳。周主以齐兵新集，声势甚盛，且欲西还以避其锋。开府仪同大将军宇文忻谏曰："以陛下之圣武，乘敌人之荒纵，何患不克！若使齐得令主，君臣协力，虽汤、武之势，未易平也。今主暗臣愚，士无斗志，虽有百万之众，实为陛下奉耳。"军正京兆王纮曰："齐失纪纲，于兹累世。天奖周室，一战而扼其喉。取乱侮亡，正在今日。释之而去，臣未所谕。"周主虽善其言，竟引军还。

周武帝采取的退兵策略有以下几点：

第一，主力西撤到河东。北周大军撤离晋州，留齐王宇文宪断后阻击，武帝回到长安，造成罢兵休战的假象来迷惑敌人。诸军向西退到玉壁观战待命，放敌人至平阳城下。《周书》卷6《武帝纪下》曰："（武帝）乃诏诸军班师，遣齐王宪为后拒。是日，齐主至晋州，宪不与战，引军度汾。齐主遂围晋州，昼夜攻之。"

据《隋书》所载，宇文宪所率的北周殿后之师从鸡栖原撤退时遭到敌军的猛烈追击，形势相当危急，全靠杨素、宇文庆、李彻等部将奋勇杀敌，宇文宪才勉强得以脱身。《隋书》卷48《杨素传》曰：

> 复从宪拔晋州。宪屯兵鸡栖原，齐主以大军至，宪惧而宵遁，为齐兵所蹑，众多败散。素与骁将十余人尽力苦战，宪仅而获免。

《隋书》卷50《宇文庆传》：

> 复从武帝拔晋州。其后齐师大至，庆与宇文宪轻骑而觇，卒与贼相遇，为贼所窘。宪挺身而遁，庆退据汾桥，众贼争进，庆引弓射之，所中人马必倒，贼乃稍却。

《隋书》卷54《李彻传》：

> 后从帝拔晋州。及帝班师，彻与齐王宪屯鸡栖原，齐主高纬以大军至，宪引兵西上，以避其锋。纬遣其骁将贺兰豹子率劲骑蹑宪，战于晋州城北，宪师败。彻与杨素、宇文庆等力战，宪军赖以获全。

周军主力由晋州西撤后，北齐又派遣了精兵猛将追赶，与宇文宪率领的断后部队再度发生了激战。《周书》卷12《齐炀王宪传》记载了交锋的情况：

> 时高祖已去晋州，留宪为后拒。齐主自率众来追，至于高梁桥。宪以精骑二千，阻水为阵。齐领军段畅直进至桥。……宪即命旋军，而齐人遽追之，戈甲甚锐。宪与开府宇文忻各统精卒百骑为殿以拒之，斩其骁将贺兰豹子、山褥瓌等百余人，齐众乃退。宪渡汾而及高祖于玉壁。

第二，留平阳孤城以诱敌。前文已述，周武帝派大将梁士彦领精兵一万镇守平阳，准备先利用守城战斗来消耗敌人兵力，挫折其锋芒锐气。

第三，派遣支援部队屯驻涑川。周武帝到达玉壁后，齐军已然开始围攻平阳的作战行动。为了防止晋州抵挡不住齐军主力的强攻而陷落，周武帝又令宇文宪率领六万人马前往涑水，观察攻城战斗的情况，伺机救援，并增强守城部队的信心。《周书》卷6《武帝纪下》："齐主遂围晋州，昼夜攻之。齐王宪屯诸军于涑水，为晋州声援。"《周书》卷12《齐炀王宪传》："高祖又令宪率兵六万，还援晋州。宪遂进军，营于涑水。齐主攻围晋州，昼夜不息。间谍还者，或云已陷。宪乃遣柱国越王盛、大将军尉迟迥、开府宇文神举等轻骑一万夜至晋州。宪进军据蒙坑，为其后援，知城未陷，乃归涑川。"

宇文宪所部屯驻的涑水，应是这条河流的上游，在今山西闻喜县、绛县一带，位于峨嵋坡以南，通过礼元隘口出入，可以凭借汾水、浍水以及黄土台地的有利地形进行防御，阻挡北来的齐军。不过，从后来的情况看，北齐几乎把全部军队都集中在平阳周围，并未向南面的汾曲运动。所以宇文宪可以自由地派遣兵马北进到晋州和蒙坑。①

从前引史料来看，宇文宪率领的六万部队人数是较多的，应该是战斗力较强的精锐之师。因为后来参加晋州决战的北周主力也不过只有八万人，如果平阳城被攻陷，他的军队要开赴当地，准备和力量被削弱的敌人决战。若是城池没有失守，则要在原来的驻地等待命令。

（四）北齐援军对晋州的围攻

北齐南下的援军由丞相高阿那肱任总指挥，并统率前锋部队先行。周武帝退兵玉璧之后，高阿那肱率领前军包围了晋州城。十一月己卯（初四），齐后主亲临平阳城下，②开始昼夜猛攻，"城中危急，楼堞皆尽，所存之城，寻仞

---

① 蒙坑在今山西曲沃县东北，是平阳南下到汾曲途中的一处要地。《读史方舆纪要》卷41《山西三·平阳府·曲沃县》曰："蒙坑，在县东北五十里，西与乔山相接。晋元兴初魏主珪围柴壁，安同曰：'汾东有蒙坑，东西三百余里，蹊径不通。姚兴来必从汾西之临柴壁，如此便形势相接。不如为浮梁渡汾西，筑围以拒之，兴无所施其智力矣。'珪从之，大败后秦主兴于蒙坑之南。……今乔山以北自西而东，山蹊纠结，即蒙坑矣。"

② 此日期是按《周书》卷6所载，《北齐书》卷8《后主纪》武平七年记载则要早一日，"十一月，周武帝退还长安，留偏师守晋州。高阿那肱等围晋州城。戊寅，帝至围所"。

而已。或短兵相接，或交马出入，外援不至，众皆震惧"①。梁士彦身先士卒，激励兵众舍死抵抗，终于击退齐军，保住城池。《周书》卷31《梁士彦传》：

> 后以熊州刺史从武帝拔晋州，进位大将军，除晋州刺史。及帝还，齐后主亲攻围之，楼堞皆尽，短兵相接。士彦慷慨自若，谓将士曰："死在今日，吾为尔先。"于是勇猛齐奋，号声动天，无一当百。齐兵少却，乃令妻及军人子女昼夜修城，三日而就。武帝大军亦至，齐师围解。

据史籍所载，齐军已经用地道攻陷了城墙，但是为了等待齐后主和冯淑妃前来观看而贻误了战机，被城内的守兵堵塞了缺口，致使前功尽弃。《北史》卷14《齐后主冯淑妃传》曰：

> 及帝至晋州，城已欲没矣。作地道攻之，城陷十余步，将士乘势欲入。帝敕且止，召淑妃共观之。淑妃妆点，不获时至。周人以木拒塞，城遂不下。旧俗相传，晋州城西石上有圣人迹，淑妃欲往观之。帝恐弩矢及桥，故抽攻城木造远桥，监作舍人以不速成受罚。帝与淑妃度桥，桥坏，至夜乃还。

北齐军队围攻平阳达一月之久，却未能拿下这座城池，结果师老兵疲，不仅兵力遭受到沉重的损失，士气也大受挫伤。

六　周齐在晋州城下的会战

（一）北周回师晋州

周武帝将主力留在河东后，于十一月癸巳（十八日）还抵京师长安，"献

---

①《资治通鉴》卷172陈宣帝太建八年十一月。

俘于太庙"。①次日又下诏，向北齐问罪，宣布将率诸军还救平阳。诏书曰：

> 伪齐违信背约，恶稔祸盈，是以亲总六师，问罪汾、晋。兵威所及，
> 莫不摧殄，贼众危惶，鸟栖自固。暨元戎反斾，方来聚结，游魂境首，
> 尚敢趑趄。朕今更率诸军，应机除剪。②

十一月"丙申，放齐诸城镇降人还"。③周武帝此举是向北齐发动宣传攻势，企图在敌军内部造成惊慌，并且提高平阳守兵的士气。如胡三省云："纵之使还，使齐师知周师将复至而惧，亦以坚晋州守者之心。"④

十一月丁酉（二十二日），周武帝离开长安前往河东；十二月戊申（初四），到达晋州前线。沿路行程可见《资治通鉴》卷172太建八年十一月："丁酉，周主发长安。壬寅，济河，与诸军合。十二月，丁未，周主至高显，遣齐王率所部先向平阳。戊申，周主至平阳。"

武帝当初离开晋州返回长安的目的，一是为了迷惑齐军，使其放心攻打平阳，将其主力吸引在晋州一带，以便集中兵力一战全歼。二是为了避其锐气，待敌人师老兵疲时回师猛攻，从而更有把握取胜。他本来惦念前方战局，无意在长安久留，此时见时机成熟，已然达到预期的目的，所以在京师作短暂停留后立即东返。如胡三省所言："还长安仅三日，复出师，明引归者，欲使齐师疲于攻平阳而后取之。"⑤

（二）晋州会战经过

1. 双方列阵相持、北齐填堑求战

---

①《周书》卷6《武帝纪下》。

②同上。

③同上。

④《资治通鉴》卷172陈宣帝太建八年十一月丙申条注。

⑤同上。

建德五年（576）十二月庚戌（初六），周齐两军主力列阵于平阳城南，准备进行决战。北周"诸军总集，凡八万人，稍进，逼城置阵，东西二十余里"。①北齐兵马有七万人左右，②因此，周军在数量上稍多，由于已经休整了一个月，体力和士气也占据上风。

北齐军队围攻平阳时，为了防备北周主力突然回师增援，曾在城南挖掘长堑，"自乔山属于汾水"。③此时周齐两军在长堑南北隔壕对峙。周武帝熟悉部下将帅，为了鼓舞士气，他"乘常御马，从数人巡阵处分，所至辄呼主帅姓名以慰勉之。将士感见知之恩，各思自厉"。④交战前夕，有关官员恐怕武帝所乘战马劳累，请求为他更换坐骑，但被他坚决拒绝了。武帝声称："朕独乘良马何所之？"周齐双方皆不愿越壕主动出击，都准备等待敌人填平长堑前来挑战。

两军一直对峙到午后，齐后主询问高阿那肱："战是邪？不战是邪？"高阿那肱认为齐军在人数上不占优势，"吾兵虽多，堪战不过十万，病伤及绕城樵爨者复三分居一"。⑤当年东魏高欢率众进攻河东时并不恋战，现在北齐人马的战斗力不如当年，决战没有必胜的把握，建议退守高梁桥（今山西临汾北）。"昔攻玉壁，援军来即退。今日将士，岂胜神武时邪。不如勿战，却守高梁桥。"⑥但是后主身边不懂军事的内臣们极力鼓动他主动出击，不能向敌人示弱，促使昏庸的高纬作出了填堑向南进兵的错误决定。"安吐根曰：'一把子贼，马上刺取掷著汾河中。'帝意未决。诸内参曰：'彼亦天子，我亦天子，彼

---

①《资治通鉴》卷172陈宣帝太建八年十二月庚戌条。

② 参见《资治通鉴》卷172高阿那肱刘后主所言："吾兵虽多，堪战不过十万，病伤及绕城樵爨者复三分居一。"

③《读史方舆纪要》卷41《山西三·平阳府·曲沃县》："乔山，县西北四十五里，山高五里，长二十余里，接襄陵县界，形势陡峻。其西麓有梦感泉。齐主高纬围平阳，恐周师猝至，于城南穿堑，自乔山属于汾水。纬大出兵阵于堑北，即此。"

④《周书》卷6《武帝纪下》。

⑤《资治通鉴》卷172陈宣帝太建八年十二月庚戌条。

⑥ 同上。

尚能远来，我何为守堑示弱？'帝曰：'此言是也。'于是渐进。"①

2. 后主奔逃与齐师的溃败

北齐军队填平堑壕前去求战，此举耗费人力，使周军能够以逸待劳，迎击敌人，在作战态势上处于有利的地位。因此"（周武）帝大喜，勒诸军击之"，②双方随即展开了激战。北齐右翼统帅安德王高延宗勇猛善战，攻入周军阵中，③但是东侧左翼的军队稍稍退却，齐后主身边观战的宠妃冯淑妃大为惊骇，呼道："军败矣！"佞臣穆提婆也催促后主逃跑，连呼："大家去！大家去！"高纬马上带着冯淑妃等逃往高梁桥，后被几位大臣追上，极力劝阻他不要撤退，以免引起全军的溃败。"开府仪同三司奚长谏曰：'半进半退，战之常体。今兵众全整，未有亏伤，陛下舍此安之！马足一动，人情骇乱，不可复振。愿速还安慰之。'武卫张常山自后至，亦曰：'军寻收讫，甚完整。围城兵亦不动。至尊宜回。不信臣言，乞将内参往观。'"④但是穆提婆心怀畏惧，不愿再回首参战，对后主说"此言难信"，贪生怕死的高纬即与冯淑妃及近臣数十人弃军北奔，此举引起北齐将士军心涣散，大败而逃，"死者万余人，军资器械，数百里间，委弃山积"⑤。只有安德王高延宗率领本部人马全师而退。

会战结束后，齐后主准备逃回并州，高延宗极力反对，并提出接管兵权，继续与周军战斗。但是后主已然胆破，不敢在此久停；又不愿把军队的指挥权交给高延宗，因此拒绝了他的请求。⑥

---

①《北齐书》卷50《恩倖·高阿那肱传》。

②《周书》卷6《武帝纪下》。

③《北齐书》卷11《文襄六王·安德王延宗传》："及平阳之役，后主自御之，命延宗率右军先战，城下擒周开府宗挺。及大战，延宗从麾下再入周军，莫不披靡。诸军败，延宗独全军。"

④《资治通鉴》卷172陈宣帝太建八年十二月庚戌条。

⑤同上。

⑥《北齐书》卷11《文襄六王·安德王延宗传》："后主将奔晋阳，延宗言：'大家但在营莫动，以兵马付臣，臣能破之。'帝不纳。"

北周取得了平阳会战的大捷，周武帝此前策划的战略部署最终得以实现，北齐军队的人员、装备损失惨重，元气大伤，很难再进行有效的抵抗了。

七　周师北上攻克晋阳

（一）北周军队乘胜追击

北齐军队溃败后，晋州随即解围。十二月辛亥（初七），周武帝进入血战多日的平阳城，与守将梁士彦相见，君臣感怀对泣。武帝曾经想撤回关中，被梁士彦极力劝阻，遂留下他镇守晋州，自己统兵北上追击。见《周书》卷31《梁士彦传》："时帝欲班师，士彦叩马谏，帝从之。执其手曰：'朕有晋州，为平齐之基，宜善守之。'"

周营诸将因为征战日久，不愿继续作战，纷纷请求还师。但是武帝决策已定，不为所动，对他们说："'纵敌患生。卿等若疑，朕将独往。'诸将不敢言。"①

十二月甲寅（十日），周军主力开赴永安（今山西霍州），与先期到达的前锋宇文宪所部会合。北齐的残余军队盘踞在险要镇戍高壁（今山西灵石县东南）和附近的洛女砦，②由丞相高阿那肱率领，有兵马万余人，分头阻挡周军。周武帝命令宇文宪进攻洛女砦，自己统率大军逼近高壁。高阿那肱畏惧周军威势，弃城而逃，高壁不战而下。宇文宪攻克洛女砦后继续北上，在介休与武帝大军会师。丙辰（十二日），北齐介休守将开府仪同三司韩建业举城投降，

---

①《周书》卷6《武帝纪下》十二月辛亥条。

②《资治通鉴》卷172陈宣帝太建八年十二月甲寅条，胡三省注："高壁，岭名，在崔鼠谷南。《括地志》：'汾州灵石县有高壁岭。'杜佑曰：'在县东南。'宋白曰：'灵石县东南有高壁岭、崔鼠谷、汾水关，皆汾西险固之所。'"

《读史方舆纪要》卷41《山西三·平阳府·灵石县》曰："高壁岭，在县东南二十五里，亦名韩信岭，最为险固，北与崔鼠谷接。后周建德五年齐师败于晋州，高阿那肱退守高壁，余众保洛女砦。周主邕向高壁，阿那肱遁走。宇文宪攻洛女砦，拔之。……《志》云：岭在霍州北八十里，有高壁铺。又洛女砦，亦在县南。"

被封为上柱国、郇公。①

十二月丁巳（十三日），北周大军自介休开赴并州，为了分化瓦解敌方阵营，武帝下诏宣布："伪将相王公已下，衣冠士民之族，如有深识事宜，建功立效，官戎爵赏，各有加隆。"②这一措施收到了极好的效果，"自是齐之将帅，降者相继。封其特进、开府贺拔伏恩为郜国公，其余官爵各有差"。③"特进、开府那卢安生守太谷，以万兵叛。"④齐后主的宠臣穆提婆也投降了北周，"周主以提婆为柱国、宜州刺史"。⑤大军的进攻势如破竹，直逼晋阳城下。

（二）北齐政权在晋阳的应战部署

齐后主高纬逃往晋阳后，忧惧不知所为，"（十二月）甲寅，齐大赦。齐主问计于朝臣，皆曰：'宜省赋息役，以慰民心，收遗兵，背城死战，以安社稷。'"⑥后主接受了臣下的建议，宣布大赦，但是不敢亲自率众抵抗周师。他准备让安德王高延宗、广宁王高孝珩留守晋阳，自己逃往北朔州（今山西朔州）。晋阳一旦失守，他便投奔突厥。因为这一计划会严重挫伤士气，遭到了大臣们的强烈反对。

十二月乙卯（十一日），齐后主下诏，命令高延宗、高孝珩招募兵众。高延宗进宫觐见，后主告诉他自己欲逃往塞北的计划，高延宗痛哭流涕，极力劝阻，但是后主去意已决，拒绝了他的建议，"密遣王康德与中人齐绍等送皇太后、皇太子于北朔州"，⑦为其逃走预作准备。

十二月丁巳（十三日），周师先锋至晋阳城下，齐后主再次大赦，改元隆

① 《周书》卷6《武帝纪下》；卷12《齐炀王宪传》。
② 《周书》卷6《武帝纪下》。
③ 同上。
④ 《北齐书》卷11《文襄六王·安德王延宗传》。
⑤ 《资治通鉴》卷172陈宣帝太建八年十二月。
⑥ 同上。
⑦ 《北齐书》卷8《后主纪》。

化，任命安德王高延宗为相国、并州刺史，总领山西兵马。对他说："并州，阿兄自取，儿今去也！"①延宗劝道："陛下为社稷莫动，臣为陛下出力死战。"②后主仍不为所动。至夜，高纬率臣下斩五龙门关北逃，欲奔突厥。随从官员多有逃散，领军梅胜叩马劝谏，后主才转向逃往邺城，"时唯高阿那肱等十余骑从，广宁王孝珩、襄城王彦道继至，得数十人与俱"。③

十二月戊午（十四日），并州将帅拥戴安德王高延宗称帝，改元德昌。"延宗发府藏及后宫美女以赐将士，籍没内参十余家"，④以此鼓舞士气，平息民愤。

（三）北周对晋阳的攻城战役

1. 齐军在城外拒战的失利、周师初入晋阳

十二月庚申（十六日），北周军队完成了对晋阳的包围。据《北齐书》卷11《文襄六王·安德王延宗传》记载，"望之如黑云四合"。高延宗动员城内军民，"见士卒，皆亲执手，陈辞自称名，流涕呜咽，众皆争为死，童儿女子亦乘屋攘袂，投砖石以御周军"。共组织了四万兵丁出城迎战，分为三路人马："安德王延宗命莫多娄敬显、韩骨胡拒城南，和阿于子、段畅拒城东，自帅众拒齐王宪于城北。"⑤周齐两军的交锋相当激烈，"延宗亲当周齐王于城北，奋大稍，往来督战，所向无前。尚书令史沮山亦肥大多力，提长刀步从，杀伤甚多。武卫兰芙蓉、綦连延长皆死于阵"。⑥在城东防御的北齐将领临阵投降，致使东门失守。《北齐书》卷11《文襄六王·安德王延宗传》曰："（和）阿于子、段畅以千骑投周。周军攻东门，际昏，遂入。"《周书》卷6《武帝纪下》曰："庚申，延宗拥兵四万出城抗拒，帝率诸军合战，齐人退，帝乘胜逐

① 《北齐书》卷11《文襄六王·安德王延宗传》。
② 同上。
③ 《资治通鉴》卷172陈宣帝太建八年十二月。
④ 同上。
⑤ 同上。
⑥ 《北齐书》卷11《文襄六王·安德王延宗传》。

北，率千余骑入东门，诏诸军绕城置阵。"

2. 齐军在城内反攻获胜

周武帝率领先头部队攻入晋阳东门后，"进兵焚佛寺门屋，飞焰照天地"。[1]但是后续人马未能及时进城支援，高延宗与莫多娄敬显分别从晋阳北、南退兵入城反攻，依仗兵力上的优势，几乎全歼了城内的周军，周武帝仅与身边的数名随从经过血战，勉强脱身。《北齐书》卷11《文襄六王·安德王延宗传》曰："延宗与敬显自门入，夹击之，周军大乱，争门相填压，齐人从后斫刺，死者二千余人。周武帝左右略尽，自拔无路，承御上士张寿辄牵马头，贺拔佛恩以鞭拂其后，崎岖仅得出。齐人奋击，几中焉。城东阨曲，佛恩及降者皮子信为之导，仅免。时四更也。"《周书》卷6《武帝纪下》亦载："至夜，延宗率其众排阵而前，城中军却，人相蹂践，大为延宗所败，死伤略尽。齐人欲闭门，以阇下积尸，扉不得阖。帝从数骑，崎岖危险，仅得出门。"

3. 周军再次入城，攻占晋阳

北齐军队在城内反攻获胜后，开始饮酒庆祝，致使斗志松懈，给对手以可乘之机。"延宗谓周武帝崩于乱兵，使于积尸中求长鬣者，不得。时齐人既胜，入坊饮酒，尽醉卧，延宗不复能整。"[2]

另一方面，周武帝狼狈逃出城外后，由于经受挫折，面对敌人的激烈抵抗，将领们多劝他撤兵，武帝也一度想退回关中，但是遭到了宇文宪等大臣的极力劝阻，于是整顿人马，在第二天重新向晋阳发动了进攻，并且获得胜利。周军先后攻占了东门、南门，高延宗交战失败后，从北门逃跑，被宇文宪追获。《北齐书》卷11《文襄六王·安德王延宗传》曰：

> 周武帝出城，饥甚，欲为遁逸计。齐王宪及柱国王谊谏，以为去必不免。延宗叛将段畅亦盛言城内空虚。周武帝乃驻马，鸣角收兵，俄顷

---

① 《北齐书》卷11《文襄六王·安德王延宗传》。
② 同上。

复振。诘旦，还攻东门，克之。又入南门。延宗战，力屈，走至城北，
于人家见禽。

《北史》卷60《宇文贵附子忻传》曰：

及帝攻陷并州，先胜后败。帝为贼所窘，挺身而遁。诸将多劝帝还，
忻勃然曰："破城士卒轻敌，微有不利，何足为怀？今破竹形已成，奈何
弃之而去！帝纳其言，明日复战，拔晋阳。齐平，进位大将军。"

《周书》卷12《齐炀王宪传》曰：

延宗因僭伪号，出兵拒战。高祖进围其城，宪攻其西面，克之。延
宗遁走，追而获之。以功进封第二子安城公质为河间王，拜第三子寶为
大将军。

晋阳的攻城战斗是相当残酷的，齐军作出了坚决抵抗，北周几位将军在城
下的作战中牺牲。

《周书》卷19《杨忠传》载：

弟整，建德中，开府、陈留郡公，从高祖平齐，殁于并州。以整死
干事，诏其子智积袭其官爵。

《周书》卷20《贺兰祥传》曰：

（子让）建德五年，从高祖于并州，战殁，赠上大将军，追封清都郡公。

就连周武帝也亲历险境，只是幸免于难。可以说，这场战役在激烈程度上甚至超过了晋州会战。

八 周武帝进军邺城、北齐灭亡

（一）北周举兵伐邺

周武帝占领晋阳后，下令大赦天下，宣布"高纬及王公以下，若释然归顺，咸许自新。诸亡入伪朝，亦从宽宥。官荣次序，依例无失"。[1]民间有文武之才的人士，都可以得到任职。"邹鲁缙绅，幽并骑士，一介可称，并宜铨录。"[2]还取消了北齐的各种法令制度，对立功的人员进行封赏。"出齐宫中金银宝器珠翠丽服及宫女二千人，班赐将士。……诸有功者，封授各有差。"[3]

在安定民心、奖励部下的同时，周武帝积极准备向北齐的最后巢穴——首都邺城进军。他向被俘的高延宗询问取邺之计，"（延宗）辞曰：'亡国大夫不可以图存，此非臣所及。'强问之，乃曰：'若任城王（高湝）援邺，臣不能知；若今主自守，陛下兵不血刃。'"[4]

十二月癸酉（十九日），周武帝任命上柱国宇文纯为并州刺史，镇守该地；派遣齐王宇文宪为前锋，大军直趋北齐首都邺城。

（二）齐后主在邺都的种种闹剧

高纬逃归邺城之后，召集王公大臣们商讨退敌之策。广宁王高孝珩主张分兵袭击周境，自己带兵迎战，并用宫女、珍宝赏赐将士；清河王高劢建议扣押大臣、将领的家属为人质，逼迫其拼死抵抗，都未得到后主的同意。《北齐书》卷8《后主纪》曰：

①《周书》卷6《武帝纪下》。

②同上。

③同上。

④《北齐书》卷11《文襄六王·安德王延宗传》。

帝遣募人，重加官赏，虽有此言，而竟不出物。广宁王孝珩奏请出宫人及珍宝班赐将士，帝不悦。

《北齐书》卷11《文襄六王·广宁王孝珩传》曰：

后主自晋州败奔邺，诏王公议于含光殿，孝珩以大敌既深，事藉机变。宜使任城王以幽州道兵入土门，扬声趣并州；独孤永业领洛州兵趣潼关，扬声趣长安；臣请领京畿兵出滏口，鼓行逆战。敌闻南北有兵，自然溃散。又请出宫人珍宝赐将士。帝不能用。

《北齐书》卷13《清河王岳附子劢传》曰：

后主晋州败，太后从土门道还京师，敕劢统领兵马，侍卫太后。……太后还至邺，周军续至，人皆汹惧，无有斗心，朝士出降，昼夜相属。劢因奏后主曰："今所翻叛，多是贵人，至于卒伍，犹未离贰。请追五品已上家属，置于三台，因胁之曰：若战不捷，即退焚台。此曹顾惜妻子，必当死战。且王师频北，贼徒轻我，今背城一决，理必破之，此亦计之上者。"后主卒不能用。

高纬又"引文武一品已上入朱华门，赐酒食，给纸笔，问以御周之方。群臣各异议，帝莫知所从"。[1]侍中斛律孝卿请后主亲自慰劳将士，"为帝撰辞，且曰宜慷慨流涕，感激人心"。[2]未想这个昏君到场后忘记了该讲的话，竟然当众大笑，引起了兵众的愤慨。"将士怒曰：'身尚如此，吾辈何急！'皆无战

①《北齐书》卷8《后主纪》。
② 同上。

心。"①

有望气的术士上奏,应当"有所革易"。后主随即召见高元海、宋士素、卢思道、李德林等大臣,"欲议禅位皇太子"。②在建德六年(577)正月初一,高纬将皇位禅继于年仅八岁的太子高恒,自称太上皇;又派长乐王尉世辩率千余骑侦察北周军队的进展情况。尉世辩领兵出滏口后,"登高阜西望,遥见群乌飞起,谓是西军旗帜,即驰还;比至紫陌桥,不敢回顾"。③

北周大军逼近邺城的消息传来,朝内人心更加动摇,几位文臣建议高纬撤离邺都,到黄河以南募兵抵抗,如果不能成功,则南逃投奔陈国。《资治通鉴》卷173曰:"于是黄门侍郎颜之推、中书侍郎薛道衡、侍中陈德信等劝上皇往河外募兵,更为经略;若不济,南投陈国。"④这一主张得到了高纬的赞同,但是丞相高阿那肱不愿这样做,建议南逃济州(治碻磝,今山东茌平),"送珍宝累重向青州,且守三齐之地,若不可保,徐浮海南渡"。⑤高纬最终接受了这项主张,遂于正月丁丑(初三)使太皇太后、太上皇后自邺城逃往济州。癸未(初九),又令幼主高恒东逃,并任命颜之推为平原太守,镇守黄河津要。

(三)周师克邺、追获高纬

正月己丑(十五),北周先头部队行至邺城郊外的紫陌桥。壬辰(十八日),周师主力到达邺城下,次日开始围攻,并焚烧了邺城的西门。齐军出城迎战,遭到重创,大败而归。高纬遂率领百余骑东逃济州,"使武卫大将军慕容三藏守邺宫"。⑥北周军队攻入邺城后,北齐王公以下官员纷纷投降。慕容

① 《资治通鉴》卷172陈宣帝太建八年十二月。
② 《北齐书》卷8《后主纪》。
③ 《资治通鉴》卷173陈宣帝太建九年正月。
④ 胡三省注《资治通鉴》卷173:"河外,谓大河之外。王者内京师而外诸夏,齐都邺,在河北,故谓河南为河外。"
⑤ 《北齐书》卷45《文苑·颜之推传》。
⑥ 《资治通鉴》卷173陈宣帝太建九年正月。

三藏带兵拒战，受到招降后遂放弃抵抗，被封为仪同大将军。周武帝在正月甲午（二十日）进入邺城，又下诏大赦，安抚百姓，并派遣将军尉迟勤追击高纬。

高纬逃到济州后，为了转移周军的视线，拉拢北齐王室的力量继续顽抗，命令高恒将皇帝位禅让给任城王高湝，并派遣侍中斛律孝卿送禅让文书及玺绶到瀛州（治今河北河间县）。但是斛律孝卿见高氏气数已尽，遂携带传国玺绶赴邺城，归降了北周。

高纬留胡太后于济州，命令丞相高阿那肱领数千人守济州关，自己和穆皇后、冯淑妃、幼主及宠臣韩长鸾、邓长颙等数十人逃奔青州。高阿那肱见大势已去，便暗地与北周联系，高纬频频派人来询问周军的动向，高阿那肱都回答："周军未至，且在青州集兵，未须南行。"①周将尉迟勤追至济州，高阿那肱即开城投降。"时人皆云肱表款周武，必仰生致齐主，故不速报兵至，使后主被擒。"②周师得以迅速赶往青州，高纬"囊金，系于鞍，与后、妃、幼主等十余骑南走"，③正月己亥（二十五日），至南邓村被尉迟勤所率的周军赶上，做了俘虏，被押送邺城。

（四）周军消灭北齐残余势力的行动

北周占领并州、邺都后，陆续派兵清除了北齐在各地的残余武装力量。驻守河阳重镇的北齐洛州刺史独孤永业"为周将常山公（于翼）所逼，乃使其子须达告降于周。周武授永业上柱国"。④

二月，周武帝派齐王宇文宪、柱国杨坚率兵北征冀州，在信都（今属河北）击败北齐任城王高湝、广宁王高孝珩的四万军队，并俘获二王。原齐北朔

①《北齐书》卷50《恩倖·高阿那肱传》。
②同上。
③《资治通鉴》卷173陈宣帝太建九年正月。
④《北齐书》卷41《独孤永业传》。

州（治今山西朔县）长史赵穆等迎范阳王高绍义，图谋起兵复国。"绍义至马邑，自肆州以北二百八十余城皆应之。"①高绍义与灵州刺史袁洪猛领兵南进，企图夺取并州；至新兴（治今山西定襄）时，肆州（治今山西忻县西北）已宣布归顺北周，高绍义前军亦投降。周军攻克显州（治今山西原平北），俘刺史陆琼，并占领附近州县。高绍义退守北朔州，周将宇文神举来攻马邑（今山西朔县），高绍义战败，率余众三千人北投突厥。"齐诸行台州镇悉降，关东平。"②

三月，周武帝在返回长安的途中到达晋州，派遣高阿那肱等北齐降臣至临汾（今山西新绛），招降仍在坚守的北齐东雍州刺史傅伏。③至此，周武帝完成了统一北方的宏图大业。

---

① 《资治通鉴》卷173陈宣帝太建九年二月。
② 《周书》卷6《武帝纪下》。
③ 《北齐书》卷41《傅伏传》："武平六年，除东雍州刺史，会周兵来逼，伏出战，却之。周克晋州，执获行台尉相贵，以之招伏，伏不从。……周帝自邺还至晋州，遣高阿那肱等百余人临汾召伏。伏出军隔水相见，问至尊今在何处。阿那肱曰：'已被捉获，别路入关。'伏仰天大哭，率众入城，于厅事前北面衰号良久，然后降。"

结　语

　　综观两魏、周齐之间的战争，河东作为边境的枢纽区域起了至关重要的作用。从双方对峙态势的演变和兴亡过程来看，宇文氏由弱转强，与高氏的盛极而衰，固然有其经济、内政、外交方面的诸多因素，但是河东的得失以及这一地区在攻守战略上所发挥的影响，确实是不可忽视的。西魏在占领河东后，摆脱了关中地区屡受袭击、被动挨打的局面，交战形势上大为好转。北周武帝发动灭齐之役，最初因为东征的主攻方向和行军路线的选择有误，敌军在河洛地区驻扎劲旅，早有准备，结果导致了建德四年（575）河阳之役的失败，无功而返。次年的成功，也是由于他及时吸取教训、改变策略，正确利用了河东的地位价值，由该地出兵攻克平阳后取得了战争的主动权。而北齐后期在防御周师东侵的军事部署上，始终延续旧的思路，重点关注河洛地带，认为这里会是敌人的主攻方向，故在河阳、金墉城等地投入重兵固守，以待晋阳主力南下增援。对于河东方向的入侵，则没有给予足够的重视；在要镇晋州仅有八千人驻守，比起河阳的三万守军来，相差甚远。所以一旦北周大军来攻，援兵尚未到达，城池就已陷落了，从而引起了并州以南整个防御体系的崩溃，并且造成了周师在汾曲反客为主、迎击齐军的有利形势，得以在平阳城下大破齐军。此后北周向晋阳和邺城的进兵势同摧枯拉朽，迅速灭亡了劲敌北齐，统一中原。如顾祖禹所言："宇文氏与齐人争于龙门、玉壁之间，材均势敌，卒不能越关、河尺寸。及周人克有平阳，进拔晋阳，而慕容之辙高齐复蹈之矣。"①在这次战役当中，河东战略枢纽地区的重要作用得以充分体现。因此可以说，河东在北朝后期东西对抗的政治军事割据当中，有着特殊重要的意义；它的归属与利用，在一定程度上决定了双方交战的走势和最终结果。

①《读史方舆纪要》卷39《山西方舆纪要序》。

附录一

两魏周齐战争中的河阳

河阳在今河南孟县之南、古孟津渡口处，有北城、中潬城和南城，分别位于黄河南北两岸与河中沙洲，其间有两座浮桥相连，是西晋至隋唐时期备受兵家瞩目的道路冲要。严耕望先生曾说："此桥规制宏壮，为当时第一大桥，连锁三城，为南北交通之枢纽。渡桥而南，临拊洛京，在咫尺之间。渡桥而北，直北上天井关，趋上党、太原；东北经临清关，达邺城、燕、赵；西北入轵关，至晋、绛，诚为中古时代南北交通之第一要津。顾祖禹曰：'河阳盖天下之腰膂，南北之噤喉。''都道所辖，古今要津'是矣。故为兵家必争之地，天下有乱，常置重兵。"[①]本文将详细探讨河阳三城的由来以及它在北朝后期战争中发挥的作用。

一 河桥的由来

1. 河阳与孟津

"河阳"之名，最初见于《春秋经》僖公二十八年："冬，公会晋侯、齐侯、宋公、蔡侯、郑伯、陈子、莒子、邾子、秦人于温。天王狩于河阳。壬申，公朝于王所。"当年（前632），晋文公在城濮之战中击败楚军，随即称霸中原，并将周襄王请到河阳，接受他和诸侯的朝见。古地名中带有"阳"字者，往往表示地点在山之南或水之北；顾名思义，"河阳"是在黄河北岸。《水经注》卷5引《十三州志》曰河阳："治河上，河，孟津河也。"即指其在黄河

---

① 严耕望：《唐代交通图考》第一卷，第四：洛阳太原驿道，第131—132页。

孟津渡口的北岸。孟津，古时亦称"盟津"，相传武王伐纣时，曾与诸侯于此地会盟渡河。"或谓之富平津，或谓之小平津，或谓之陶河渚，皆其名也。"①

黄河是古代南北交通的一项巨大障碍，而河阳所在的孟津则是其重要渡口之一。顾祖禹称黄河中游"盖自东而西，横亘几千五百里，其间可渡处约以数十计，而西有陕津，中有河阳，东有延津，自三代以来，未有百年无事者也"②。孟津之南的洛阳，古代号为"天下之中"，是各条水陆干线汇集的交通枢纽。其地西经函谷、桃林可至关中，南过伊阙、襄樊而入江汉流域；东浮黄河、济水与鸿沟诸渠而下，通往山东半岛和黄淮海平原；北渡孟津则能够分赴河东与河内、幽燕。洛阳因此被称为"居五诸侯之衢，跨街冲之路也"③，历来受到兵家觊觎；而附近的孟津作为联系三河（河南、河东、河内）地区的交通津要，也备受君主将帅们的关注，在战乱之际，往往派遣人马镇守该地，防止敌寇渡河来犯。例如东汉初年，刘秀于河内起兵，欲北收燕赵，即拜冯异为孟津将军，统魏郡、河内兵众，以备更始政权的洛阳守将朱鲔、李轶前来进攻④。汉安帝永初五年（111），关中的先零羌人寇河东，经温、轵侵至河内，朝廷亦"使北军中候朱宠将五营士屯孟津"⑤，以保障京师洛阳的安全。

2. 河桥的建立

在古代技术简陋的条件下，水面宽广的江河只能建造舟桥，它的起源很早，《初学记》卷7云："凡桥有木梁、石梁，舟梁谓浮桥，即《诗》所谓'造舟为梁'者也。周文王造舟于渭，秦公子铖奔晋，造舟于河。"注："在蒲坂夏

---

①《太平寰宇记》卷52《河北道一·孟州·河阳县》。又严耕望先生《唐代交通图考》第五卷，1551—1552页："汉平县故城在偃师县西北二十五里，首阳山近处，北对河津，曰小平津，一名河阴津，在盟津下游仅五六里，故古代志书往往指为盟津，而实为两地。"

②《读史方舆纪要》卷46。

③《盐铁论·通有篇》。

④《后汉书》卷17《冯异传》："(刘秀)以魏郡、河内独不逢兵，而城邑完，仓廪实，乃拜寇恂为河内太守，(冯)异为孟津将军，统二郡军河上，与恂合势，以拒朱鲔等。"

⑤《后汉书》卷87《西羌传》。

阳津，今蒲津浮桥是其处。"上述浮桥都是临时架设使用的，黄河上首座固定的舟桥建于公元前257年，见《史记》卷5《秦本纪》昭襄王五十年，"初作河桥"。地点仍在蒲津（今山西永济县）。

孟津之渡，时有险恶风波，会造成航船的倾覆。如曹魏时大臣杜畿，"受诏作御楼船，于陶河试船，遇风没"①。魏明帝为此下诏致哀曰："故尚书仆射杜畿，于孟津试船，遂至覆没，忠之至也，朕甚愍焉。"②其孙杜预在西晋泰始十年（274）上奏，请求在当地建立浮桥，以克服风涛的危害。事见《晋书》卷34《杜预传》："预又以孟津渡险，有覆没之患，请建河桥于富平津。"但是遭到了大臣们的反对，"议者以为殷周所都，历圣贤而不作者，必不可立故也"。胡三省注此事曰："殷都河内，周都洛，二代夹河建都，不立河桥，故以为言。"③杜预则坚持自己的意见，并得到晋武帝的首肯。至当年九月，河桥建成，为了庆祝这一空前盛大的工程结束，晋武帝率领百官临会，并向杜预祝酒曰："'非君，此桥不立。'对曰：'非陛下之明，臣亦无所施其微巧。'"

河阳浮桥建成后，大大方便了黄河南北两岸的交通往来，但是随后发生了"八王之乱"和十六国、北朝的"五胡乱华"，中国陷入长期的分裂混战状态。洛阳既是天下之枢，具有重要的战略地位，各股割据力量都想控制该地，河桥也因此成为他们竞相争夺的对象；而势弱难守的一方往往将其焚毁，不让敌人得手。严耕望先生曾言："《通鉴》八五晋惠帝太安二年，成都王颖等起兵向洛，'列军自朝歌至河桥，鼓声闻数百里。帝亲屯河桥以御之。'是南北用兵，此桥见重之始。其后历代用兵，事涉洛阳者，无不争此桥之控制权。《纪要》四六《河南重险》条已详征引。既为兵家所争，故史事所见，屡图破坏。"④

北魏孝文帝在太和十七年（493），将首都从平城南迁到洛阳，随行的人

---

① 《三国志》卷16《魏书·杜畿传》。

② 同上。

③ 《资治通鉴》卷80胡三省注。

④ 严耕望：《唐代交通图考》第一卷，133页。

马、物资数量浩繁，若用船只渡河运输，则相当费时费力，于是他下诏在孟津重建浮桥。《魏书》卷7下《高祖纪》太和十七年载此事曰："六月丙戌，帝将南伐，诏造河桥。"至九月南迁时，"戊辰，济河。……庚午，幸洛阳"。所率步骑百余万众仅用了两天时间，便渡过河桥，平安抵达新都。

二　河阳三城的建立

西晋以前孟津无桥，北岸渡口处也未筑城设防。如汉之河阳县城址在孟津西北约50里，距河较远[①]。这是因为背水作战乃兵家所忌，若有敌寇临河，守方通常并不采取越水到对岸迎击的战术，而是隔河相拒，布好阵列等敌人涉水前来，待其半渡而击；或是乘其渡河后人马混乱、阵势未整时发动进攻。但是在筑桥之后，形势即发生变化，遇到上述情况，若不在对岸设防，长桥一端就会被敌人控制；如果焚毁桥梁，重建时又要耗费巨大的人力、财力。所以，这一阶段开始出现在两岸渡口附近筑城屯兵来保护浮桥的防御部署，相继出现了三城。

1. 北城

在河阳三城当中，北城是最先修筑的。北魏孝文帝在重建浮桥之后，又于北岸筑造了城池，遣北中郎将领兵镇守，属下有精锐的禁卫军——羽林、虎贲，以及迁徙而来的府户[②]。因此又称为"北中府城"，建立的时间是重建浮桥后三年（496）。见《太平寰宇记》卷52孟州河阳县条："北中府城即郡城。《洛阳记》云太和二十年造北中府。"据《水经注》卷5所载，北中（府）城附近有"讲武场"，即北魏军队训练演习的场所。其事可见《魏书》卷7《高祖

[①] 西汉政府曾于河阳之北设立平县，筑城设防，属河南郡，见《汉书·地理志上》。其址在今河南孟县西北，见《太平寰宇记》卷52孟州河阳县条："今县西北三十五里有古城，即汉理所。"

[②]《水经注》卷5《河水五》："河水又东经平县故城北。"郦道元注："有（魏）高祖讲武场，河北侧岸有二城相对，置北中郎府，徙诸从隶府户并羽林虎贲领队防之。"严耕望《唐代交通图考》认为"河北侧岸有二城相对"一句或许有误，应为黄河南北两岸二城相对。

纪》太和二十年，"九月戊辰，车驾阅武于小平津"。

北中府城或简称"北中城"，《魏书》卷58《杨播附侃传》载元颢藉梁朝兵马进据洛阳，"孝庄徙御河北，……及车驾南还，颢令萧衍将陈庆之守北中城，自据南岸"。又见《资治通鉴》卷153梁武帝中大通元年（529）闰月，"尔朱荣与颢相持于河上，庆之守北中城，颢自据南岸"。胡三省注："河桥南岸也。"

北城在当时又称作"河阳城"，因其防卫坚固，靠近京师，便于皇帝直接控制，又被作为囚禁犯罪宗室的场所。如孝文帝太子元恂图谋叛逃，被发觉后，"乃废为庶人，置之河阳，以兵守之，服食所供，粗免饥寒而已。……中尉李彪承闻密表，告恂复与左右谋逆。高祖在长安，使中书侍郎邢峦与咸阳王禧，奉诏赍椒酒诣河阳，赐恂死，时年十五。殓以粗棺常服，瘗于河阳城"[1]。

又称为"无鼻（辟）城"，地点在河桥以北二里。见《资治通鉴》卷140齐明帝建武三年，"十月闰月，丙寅，废（元）恂为庶人，置于河阳无鼻城，以兵守之"。胡三省注："《水经》：漠水出河内轵县原山，南流注于河水，东有无辟邑，谓之无鼻城。萧子显曰：在河桥北二里。"另见《读史方舆纪要》卷49《河南四·怀庆府·孟县》"无辟城"条。

《魏书》卷113《官氏志》载北魏设"四方郎将"，即东、西、南、北中郎将各一人，官阶为右从第三品。郑樵《通志》记述，四方中郎将初为东汉设立，六朝时沿置，权力较大[2]。北魏迁都洛阳后，四方中郎将统领军队部署在都城四周，负责拱卫京师。但是属下兵马数量有限，不足以拒退强敌。后来胡太后执政时，任城王元澄曾奏请提高四方中郎将的品阶，使北中郎将兼领河内

---

[1]《魏书》卷22《废太子恂传》。

[2] 郑樵《通志》卷55《职官志五》曰："按此四中郎将并后汉置，江左弥重，或领刺史，或持节为之，银印青绶，服同将军。"

郡，并加强所属的兵力。他的奏议遭到大臣们的反对，未能获准①。

2. 中潬城

"潬"的本义是指江河中流沉积而成的沙洲，见《尔雅·释水篇》："潬，沙出。"孟津中潬南北长约一里②，其最初的名称为"中渚"。见《水经注》卷5《河水五》："郭颁《世语》云：晋文王之世，大鱼见于孟津，长数百步，高五丈，头在南岸，尾在中渚。"前引《魏书》卷58《杨播附侃传》亦曰："（元）颢令萧衍将陈庆之守北中城，自据南岸。有夏州义士为颢守河中渚，乃密信通款，求破桥立效。"此事又见于《资治通鉴》卷153，胡三省注"中渚"云："《水经注》曰河中渚上有河平侯祠，河之南岸有一碑，题曰洛阳北界，意此中渚即唐时河阳之中潬城也。"

孟津"中渚"的称呼一直延续到北魏末年，后改称"中潬"，则是使用了南方吴语的称谓。见郭璞注《尔雅·释水篇》："今江东呼水中沙滩为潬。"在历史上，黄河若发生特大洪水，中潬上的建筑往往会被冲毁③。

中潬城的始建，李吉甫认为是在东魏元象元年（538）。见《元和郡县图志》卷5河南道河阳县，"中潬城，东魏孝静帝元象元年筑之"。据《北齐书》卷41《暴显传》所载，次年在河桥之役里中潬城已然发挥作用。"（元象）二年，除北徐州刺史，当州大都督。从高祖与西师战于邙山，高祖令显守河桥镇，据中潬城。"

中潬的驻军设防，实际上要早于元象元年，严耕望先生曾做过考证，引

---

①《魏书》卷19《任城王澄传》："时四中郎将兵数寡弱，不足以襟带京师，澄奏宜以东中带荥阳郡，南中带鲁阳郡，西中带弘农郡，北中带河内郡，选二品、三品亲贤兼称者居之。省非急之作，配以强兵，如此则深根固本、强干弱枝之义也。灵太后初将从之，后议者不同，乃止。"

②（日）成寻：《参天台五台山记》。

③《新唐书》卷36《五行志》贞观十一年，"九月丁亥，河溢，坏陕州之河北县及太原仓，毁河阳中潬"。

《容斋随笔·续笔十二》"古迹不可考"条："又河之中泠一洲岛，名曰中潬……上有河伯祠，水环四周，乔木蔚然。嘉祐八年秋，大水冯襄，了无遗迹，中潬自此遂废。"

《魏书》卷58《杨播附侃传》所载夏州义士为元颢守河中渚事，时间在北魏孝庄帝永安二年（529）。"然此事在东魏元象二年之前十年，盖筑城前早已为兵家所重，为守御要害也。"①

据《读史方舆纪要》卷46引《三城记》曰："中潬城。表里二城，南北相望。"是有内外两层城墙，防御设施比较坚固。

3. 南城

在孟津南岸渡口处，靠近浮桥南端，亦始建于东魏。《元和郡县图志》卷5河南道河阳县曰："南城，在县西，四面临河，即孟津之地，亦谓之富平津。后魏使高永乐守河南以备西魏，即此也。"其文"四面临河"有误，"四"字应为"三"字之讹，见前引《三城记》云："南城三面临河，屹立水滨。"或认为当是说中潬城的情况②。又见《通典》卷77《州郡七》河南府：

> 河阳，古孟津，后亦曰富平津。……浮桥即晋当阳侯杜元凯所立。后魏庄帝时，梁将陈庆之来伐，克洛阳，渡河守北中府城，即此；孝文太和中筑之。齐神武使潘乐镇于此，又使高永乐守南城以备西魏，并今城也。

上述两条史料所提到的南城战事，亦为元象元年（538）邙山之战（或称"河阴之役"）中的情况。可见《北齐书》卷14《高永乐传》："河阴之战，司徒高昂失利退。永乐守河阳南城，昂走趣城，西军追者将至，永乐不开门，昂遂为西军所擒。"同书卷21《高昂传》所载略同。上述史实，《资治通鉴》卷158梁武帝大同四年八月辛卯条记载较为详细：

> （宇文泰）击东魏兵，大破之，东魏兵北走。京兆忠武公高敖曹（即

---

① 严耕望：《唐代交通图考》第一卷，第134页。
② 同上书，第135页："……且（志）云'四面临河'，当是说中潬城，亦非南城形势也。"

高昂）意轻泰，建旗盖以陵陈，魏人尽锐攻之，一军皆没。敖曹单骑走投河阳南城，守将北豫州刺史高永乐，欢之从祖兄子也，与敖曹有怨，闭门不受。敖曹仰呼求绳，不得，拔刀穿阖未彻而追兵至。敖曹伏桥下，追者见其从奴持金带，问敖曹所在，奴指示之。敖曹知不免，奋头曰："来，与汝开国公！"追者斩其首去。

上述史实反映：第一，南城与浮桥近在咫尺，故高昂在入城不得后，能够随即走伏于桥下。第二，魏晋时期，曾经盛行临河的弧形防御工事，称为"偃月城"，或"偃月坞"①。即三面筑城，保护渡口码头，防止陆上之敌来犯；濒水的一面则是开放的，便于部队登船。南城没有实行这种建造形式，它是在桥旁采取环形筑垒，城池是封闭性的，这样守卫更为坚固。但是如果建造"偃月城"，就能够把河桥南端包在城内，而南城是和桥头相分离的，这种构筑形式的缺点是，一旦强寇来临，守军不敢出城迎战，只能闭门自守，无法阻止敌人登桥。高昂被追兵擒杀的史实，就是一个明显的例子。

河阳三城当中，要属南城最大，又位处黄河南岸，故亦称为"河阴大城"。见《资治通鉴》卷172陈宣帝太建七年八月条。

三 河阳三城的筑立原因与军事影响

河阳三城的先后修筑，与北魏中叶到末年政治重心区域的转移以及主要防御方向的改变，有着密切的关系。

1. 孝文迁洛后北方的政治形势与北中府城的建立原因

北魏太和年间于孟津北岸筑城，而不设在南岸，其意图明显是为了防备北方的假设敌寇，保护设在河南的新都洛阳。孝文帝迁洛之后，南朝萧齐的国势已衰，无力北伐；京师洛阳面临的威胁主要来自黄河以北的几股敌对政治力

---

① 《元和郡县图志》，中华书局1983年版，第1082页；《读史方舆纪要》卷19，卷26。

量：

一是鲜卑贵族的保守势力。孝文帝大力推行汉化改革，断胡俗胡语，使统治集团内部的矛盾逐渐激化。保守派官僚多留据代北任职，其朝内的守旧贵族也想和他们串通起来，发动叛乱。就在筑北中府城的太和二十年（496），先有太子元恂杀中庶子高道悦，"与左右密谋，召牧马轻骑奔平城"。事情败露后被孝文帝囚禁，认为"今恂欲违父逃叛，跨据恒、朔，天下之恶孰大焉"[①]！后又出现了大臣穆泰等人在代北组织的叛乱，事见《资治通鉴》卷140："及帝南迁洛阳，所亲任者多中州儒士，宗室及代人往往不乐。（穆）泰自尚书右仆射出为定州刺史，自陈久病，土温则甚，乞为恒州；帝为之徙恒州刺史陆睿为定州，以泰代之。泰至，睿未发，遂相与谋作乱，阴结镇北大将军乐陵王思誉、安乐侯隆、抚冥镇将鲁郡侯业、骁骑将军超等，共推朔州刺史阳平王颐为主。"孝文帝捕杀了很多人，才把这次政变镇压下去。

二是中原河东、河北等地的被征服民族。北魏王朝是通过野蛮的征服战争建立起来的，国内的民族矛盾相当尖锐，如太和二十年（496），汾州的吐京胡即掀起过暴动。

三是塞北的柔然、敕勒等游牧民族。据《资治通鉴》记载，自孝文帝即位至其迁洛前的22年内，北方柔然的大规模入侵和敕勒族的起义共有13次之多，其中柔然南下的军队屡屡达到十余万骑，给北魏造成的损失相当沉重。

黄河北岸一旦燃起大规模的战火，敌对势力即有可能南下孟津，威胁洛阳的安全；或者是截断河桥，使洛阳的魏军主力难以迅速渡河平叛。孝文帝修筑北中府城，是在孟津渡口设立了一座桥头堡，既可以阻滞敌人的进攻，保护河桥；又能够维系黄河两岸交通往来的通道，便于军队调动，其战略作用是十分重要的。正如《洛志》所云："魏都洛阳，以北中为重地，北中不守，则可平行至洛阳。"[②]

---

① 《资治通鉴》卷140齐明帝建武三年（496）。
② 《读史方舆纪要》卷46。

后来尔朱荣自晋阳起兵向洛，拥立孝庄帝。胡太后以李神轨为大都督，领兵拒敌；而镇守北中的别将郑季明、郑先护开城投降。"李神轨至河桥，闻北中不守，即遁还。"①致使尔朱荣顺利占领了洛阳。

3. 东魏初年政局的演变与中潬城、南城的建造

孝文帝迁洛之后，豫西地区成为政治军事重心，朝廷政令发自洛阳，主力军队也屯集于此，以应对四方之变。但是到了北魏末年，情况发生了变化。掌握朝政的军阀高欢，其根据地原在太行山东、以邺城为中心的河北平原。他消灭了尔朱兆以后，又在山西北部的晋阳建立了新的军事基地，将相府和重兵安置于此。《资治通鉴》卷155载："（高）欢以晋阳四塞，乃建大丞相府以居之。"胡三省注曰："太原郡之地，东阻太行、常山，西有蒙山，南有霍太山、高壁岭，北阨东陉、西陉关，故亦为四塞之地"、"自此至于高齐建国，遂以晋阳为陪都。"

永熙三年（534）七月，高欢率领大军南渡黄河，挟立傀儡孝静帝元善见。魏孝武帝元修被迫放弃洛阳，西投关中军阀宇文泰，在北方形成了东西两大集团对抗的政治格局。此时，高欢认为洛阳作为都城已经不合时宜了，原因主要有以下两点：

首先，豫西地区范围狭小，又连遭兵祸，百业凋敝，民不聊生；而高欢的根据地远在太行山东，若继续以洛阳为都，需要转运大量的物资以供其消费，会严重损耗国力。而在河北的邺城建都，傍近基本经济区域，有供应方便之利。因此，高欢在这次进军以前，就产生了迁都的打算。"初，神武自京师将北，以为洛阳久经丧乱，王气衰尽，虽有山河之固，土地褊狭，不如邺，请迁都。"②

其次，洛阳距离东魏的两个敌国——萧梁、西魏的边界较近，易受攻击；而高欢的主力军队远在千里之外的晋阳，又有黄河阻隔，若有危机，救援不

①《资治通鉴》卷152梁武帝大通二年。
②《北齐书》卷2《神武帝纪下》。

便。正如《北齐书》卷2《神武帝纪下》所言："神武以孝武既西，恐逼崤、陕，洛阳复在河外，接近梁境，如向晋阳，形势不能相接，乃议迁邺，护军祖莹赞焉。"由于仓促作出迁都的决定，"诏下三日，车驾便发，户四十万狼狈就道，神武留洛阳部分，事毕还晋阳。自是军国政务，皆归相府"。

东魏迁邺以后，洛阳的地位发生变化，从政治中心变为边境的冲要。因为该地总绾数条干道，西魏若向东方扩张势力，洛阳是必经之途。高欢守住洛阳，也就封锁了敌人进兵中原的通道，所以他不能轻易放弃这块战略要地。尤其是天平四年（537）沙苑之役，东魏遭受了惨败，"丧甲士八万人，弃铠仗十有八万"。[①]而西魏的势力转盛，改守为攻，开始向河南出击。从上述背景来看，高欢在第二年（538）筑中潬城和南城，派遣兵将驻守，是为了加强洛阳地区的防御部署，保护河桥通道的安全：

第一，河南战斗不利时，有南城守卫桥头，败军可以经过河桥北撤，避免遭到歼灭。《资治通鉴》卷158载元象元年河桥之役，东魏方面的作战部署是："（侯）景为阵，北据河桥，南属邙山，与（宇文）泰合战。"胡三省注曰："景置陈北据河桥者，虑兵有利钝，先保固其北归之路也。"后来东魏军队战败，即由浮桥退往河北。亦见于《资治通鉴》卷158："及邙山之战，诸军北渡桥，胡三省注曰：'北渡河桥也。'（万俟）洛独勒兵不动，谓魏人曰：'万俟受洛干在此，能来可来也！'魏人畏之而去。"

第二，便于河北的军队增援。洛阳战事危急时，东魏在河北的精锐之师便南下来援。有中潬城和南城对浮桥的保护，援兵能够迅速过河，投入战斗；比起登舟转渡，则大大节省了时间。例如此次邙山之战后，高欢"自晋阳帅众驰赴，至孟津，未济，而军有胜负。既而神武渡河，（长孙）子彦亦弃城走，神武遂毁金墉而还"[②]。

综上所述，北魏中叶迁都洛阳，至东魏初年徙往邺城，政治中心先移河

---

① 《资治通鉴》卷157梁武帝大同三年。
② 《北齐书》卷2《神武帝纪下》。

南，后转河北；河阳驻军的防御部署也由抗拒北敌改变为抵御南寇，这就是当地先筑北中府城，后筑中潬城及南城的原因。三城的建立，有效地保护了河桥与孟津渡口，使北魏与东魏的军队可以顺利往来于黄河两岸，为其作战调动提供了方便。

四　西魏、北周攻取河阳的战略演变

（一）东魏、北齐利用河桥及河阳屯兵取得的战果

东魏、西魏分裂之后，至周武帝灭齐，统一北方，北朝两国的对峙攻战延续了四十余年。沙苑之战以后，宇文氏逐渐掌握了主动权，频频自关中出兵东征，其作战方向基本上是沿崤函通道进攻豫西地区，试图夺取洛阳这个位于"天下之中"的战略枢纽。而东魏、北齐的对策，是将河南驻军主力置于河阳，其指挥机构称"河阳道行台"，设在河阳南城[①]。其署官或兼洛州刺史，参见《北齐书》卷25《王峻传》："废帝即位，除洛州刺史、河阳道行台左丞。"《北齐书》卷41《独孤永业传》："乾明初，出为河阳行台右丞，迁洛州刺史。……治边甚有威信，迁行台尚书。……（武平年间）朝廷以疆埸不安，除永业河阳道行台仆射、洛州刺史。……有甲士三万。"

河阳道行台长官即为洛阳地区军事总指挥，故《周书》卷30《于翼传》载："齐洛州刺史独孤永业开门出降，河南九州三十镇，一时俱下。"

敌兵来攻时，河阳行台所属的军队先在豫西走廊沿线进行阻击，待晋阳等地的救兵通过河桥前来支援，再发动反攻，逐退对手。这一战略的实施屡获成效，曾多次使西魏、北周在河南的作战无功而返。例如：

武定元年（543）二月，东魏北豫州刺史高仲密以重镇虎牢归降西魏，宇文泰亲率大军至洛阳接应，攻破柏谷坞。高欢"使（斛律）金统刘丰、步大汗

[①]《太平寰宇记》卷52《河北道一·孟州河阳县》："又有南城与县接，乃东魏元象二年所筑，高齐于其中置行台。"

萨等步骑数万守河阳城以拒之"①，自领十万大军从晋阳南下驰援，渡过河桥，据邙山为阵。在三月十四日的会战中，宇文泰先胜后败，被迫退回关中。

武定五年（547）高欢去世，河南大将侯景叛降西魏，东魏亦将主力屯于河阳，阻断西魏救援之路，再南下围攻颍川，获得了胜利。见《北齐书》卷17《斛律金传》：

> 世宗嗣事，侯景据颍川降于西魏，诏遣金帅潘乐、薛孤延等固守河阳以备。西魏使其大都督李景和、若干宝领马步数万，欲从新城赴援侯景。金率众停广武以要之，景和等闻而退走。……侯景之走南豫，西魏仪同三司王思政入据颍川，世宗遣高岳、慕容绍宗、刘丰等率众围之。复诏金督彭乐、可朱浑道元等出屯河阳，断其奔救之路。又诏金率众会攻颍川。事平，复使金率众从崿坂送米宜阳。

河清三年（564）冬，宇文护"遣柱国尉迟迥帅精兵十万为前锋，趣洛阳"。②为土山、地道以攻城，形势危急。北齐派兰陵王高长恭、大将军斛律光相救，与敌军对峙于邙山之下。齐武成帝又令段韶督精骑增援，"发自晋阳，五日便济河"③。结果在会战中大破周师，解洛阳之围。

天统三年（569）冬，"周遣将围洛阳，雍绝粮道"④。次年正月，北齐派斛律光率步骑三万救援，击败周将宇文桀，"斩首二千余级，直到宜阳"⑤。

武平二年（571）四月，"周遣其柱国纥干广略围宜阳。（斛律）光率步骑五万赴之，大战于城下，乃取周建安等四戍，捕虏千余人而还"⑥。

---

① 《北齐书》卷17《斛律金传》。
② 《资治通鉴》卷169陈文帝天嘉五年。
③ 《北齐书》卷16《段韶传》。
④ 《北齐书》卷17《斛律光传》。
⑤ 同上。
⑥ 同上。

武平六年（575）八月，北周出动大军18万伐齐，沿黄河两岸进攻。周武帝率主力直趋洛阳，攻克河阳南城、武济与洛口东西二城，围中潬城二旬不下。"九月，齐遣右丞相高阿那肱自晋阳将兵拒周师，至河阳，会周主有疾，辛酉夜，引兵还。水军焚其舟舰。"[1]

（二）西魏、北周对河阳三城及浮桥的攻击

元象元年河桥之役失利以后，对于河阳浮桥与三城所起的重要作用，西魏政权即有了充分的认识。此后的历次豫西作战当中，宇文氏不仅对洛阳以及附近金墉、虎牢、宜阳等据点展开进攻，并且力图攻陷河阳三城，破坏浮桥，截断对手的救援之路。其采取的措施有：

烧毁河桥。如武定元年宇文泰攻洛阳，闻高欢领兵来援，即退军渥上（洛阳西），纵火船而下，欲烧断河桥，使高欢援军不得渡河，被东魏守将挫败。见《北齐书》卷25《张亮传》："高仲密之叛也，与大司马斛律金守河阳。周文帝于上流放火船烧河桥，亮乃备小艇百余艘，皆载长锁（索），锁头施钉。火船将至，即驰小艇，以钉钉之，引锁向岸，火船不得及桥。桥之获全，亮之计也。"

武平六年，周武帝攻河阳时，也曾"纵火焚浮桥，桥绝"[2]。

破坏河阳以南的道路。如河清三年尉迟迥攻洛阳，"三旬不克，晋公护命诸将堑断河阳路，遏齐救兵，然后同攻洛阳"[3]。

围攻河阳城。西魏、北周在对豫西发动进攻时，曾经多次围攻河阳城，企图占领这一战略枢纽，打破敌人河南防御体系的核心。但是由于东魏、北齐在当地部署重兵，又有坚固的城垒，援军很快就能赶到，所以屡攻不克。只有武平六年的洛阳战役，周军尽力攻下了南城，但是齐军大都督傅伏守中潬城二旬，岿然不动；援兵到来后，周军只得撤退①。

总之，西魏、北周对于河阳三城与浮桥所施的种种进攻和破坏办法，都没有收到满意的效果。由于敌人始终保持着这条重要通道，能够将后续部队源源投入河南战场，解救危急，致使战事有惊无险。尽管北齐后期政治腐败，民怨沸腾，是北周消灭它的绝好时机，但是宇文氏在洛阳地区的长期作战中耗费了大量兵力、物资，却始终陷于胶着状态，迟迟打不开局面。多次受挫的教训，使北周君臣开始反思检讨其进攻战略，制订出新的方案。

（三）北周攻齐战略的改变

周武帝在建德四年（575）伐齐之时，已经有不少大臣反对他出兵河阳、洛阳的计划。《资治通鉴》卷172对此事记载较详，文字如下：

> 周主将出河阳，内史上士宇文敬曰："齐氏建国，于今累世；虽曰无道，藩镇之任，尚有其人。今之出师，要须择地。河阳冲要，精兵所聚，尽力攻围，恐难得志。如臣所见，出于汾曲，戍小山平，攻之易拔。用武之地，莫过于此。"民部中大夫天水赵煚曰："河南、洛阳，四面受敌，纵得之，不可以守。请从河北直指太原，倾其巢穴，可一举而定。"遂伯下大夫鲍宏曰："我强齐弱，我治齐乱，何忧不克！但先帝往日屡出洛阳，彼既有备，每有不捷。如臣计者，进兵汾、潞，直掩晋阳，出其不虞，似为上策。"

群臣不同意攻击河南地区的理由，概括起来有以下几点：

第一，此前西魏北周屡次兴兵伐洛阳，敌方对这一战略方向已经有了充分的

---

① 《资治通鉴》卷172陈宣帝太建七年八月："丁未，周主攻河阴大城，拔之。齐王宪拔武济；进围洛口，拔东、二城，纵火焚浮桥，桥绝。齐永桥大都督永安傅伏，自永桥夜入中潬城。周人既克南城，围中潬，二旬不下。……"

准备，难以获胜。

第二，河阳是北齐重镇，驻有精兵，不易攻克。

第三，洛阳地区是交通枢纽，四面临敌，北齐军队救援方便，即使攻占该地也很难坚守。

因此，他们建议以黄河北岸的汾、潞（今山西临汾、上党地区）为主攻方向，得手后进击敌人的腹地晋阳，这样可以出其不意，一战成功。但是周武帝没有听从，仍然坚持率主力进攻河阳、金墉等地。他对诸将说："若攻拔河阴（河阳南城），兖、豫则驰檄可定。然后养锐享士，以待其至。但得一战，则破之必矣。"①结果又遭失利，无功而还。

建德五年（576），周武帝决定再次伐齐，他吸取了教训，决心改变以往的部署，放弃在河南的作战，以晋阳与河东之间的要枢晋州（治平阳，今山西临汾）为主攻目标，集中兵力，待敌军来援时予以消灭，然后再乘势东征，拿下北齐的首都邺城。他对群臣说："朕去岁属有疹疾，遂不得克平通寇。前入贼境，备见敌情，观彼行师，殆同儿戏。又闻其朝政昏乱，政由群小，百姓嗷然，朝不谋夕。天与不取，恐贻后悔。若复同往年，出军河外，直为抚背，未扼其喉。然晋州本高欢所起之地，镇摄要重，今往攻之，彼必来援，吾严军以待，击之必克。然后乘破竹之势，鼓行而东，足以穷其窟穴，混同文轨。"②

尽管周武帝在出征前曾亲临涑川，"集关中、河东诸军校猎"，③举行了针对晋州方向的军事演习，但是昏聩的北齐君臣，并没有给予足够的重视。据《北齐书》卷41《独孤永业传》和《周书》卷6《武帝纪下》所载，河阳有北齐甲士三万人，而晋州只驻扎了八千人，是难以抵抗北周大军进攻的。

此年十月，周武帝亲率诸军伐齐，经河东迅速攻占平阳，果然吸引了晋阳的敌军主力来援。十二月庚戌，双方在平阳城南会战，"齐师大溃，死者万余

① 《周书》卷6《武帝纪下》。

② 同上。

③ 同上。

人，军资器械，数百里间，委弃山积"①。周军乘胜北克晋阳，东取邺城，俘获了齐后主，完成了统一北方的大业。北周此番获胜，得益于改变了战略进攻方向，避开河阳的重兵坚城，这样既使敌人无法利用当地优越的防御条件，又能在野战中发挥自己军队战斗力强劲的优势，因而取得了最终的胜利。

---

① 《资治通鉴》卷172陈宣帝太建八年十二月。

附录二

西魏北周军政大事年表(534—577)

北魏孝武帝永熙三年、东魏孝静帝天平元年（534）

五月，北魏孝武帝征发河南诸州兵，集于洛阳，欲北讨晋阳（今山西太原）的军阀高欢。并任命宇文泰为关西大行台，准备移驾关中。

六月，高欢以保护帝室、讨斛斯椿为名，自晋阳发兵向洛阳。

七月，魏孝武帝统兵十余万屯河桥，在邙山之北布阵。宇文泰命赵贵准备从蒲坂渡河进军并州，大都督李贤领精骑一千赴洛阳援助。魏滑台（今河南滑县东）守将贾显智投降高欢，引其军队渡过黄河，魏孝武帝率诸王西逃关中。

八月，魏孝武帝入长安，高欢入洛阳后领军追击。九月，高欢攻克潼关，进屯华阴长城，龙门都督薛崇礼献城投降。高欢北渡黄河抵河东，又命侯景带兵向荆州，击败贺拔胜，贺拔胜率余众南投梁朝。

十月，高欢返回洛阳，立元善见为帝，改元天平，迁都至邺城（今河北临漳）。北魏从此分裂为东魏、西魏。宇文泰进攻潼关，斩守将薛瑜，俘其士卒七千人。东魏行台薛修义等渡河占领杨氏壁（今陕西韩城东南），后被西魏司空参军薛端所败，退回河东，宇文泰遣南汾州刺史苏景恕镇守杨氏壁，又命镇北将军元庆和率众伐东魏。

十二月，宇文泰遣李虎、李弼、赵贵等攻东魏曹泥于灵州（治今宁夏灵武县西南）。

闰月，元庆和攻占东魏濑乡（今河南鹿邑县）。西魏任命独孤信为都督三荆州诸军事、荆州刺史。独孤信击败东魏恒农（治今河南灵宝市北）太守田八能，袭取穰城（今河南邓州市），斩东魏西荆州刺史辛纂，分兵略定三荆。后被东魏大将高昂、侯景所败，与都督杨忠逃入关中。

西魏文帝大统元年、东魏孝静帝天平二年（535）

正月，西魏渭州刺史可朱浑道元率所部叛投东魏，高欢拜其为车骑大将军。西魏将李虎领兵围攻东魏灵州，凡四旬，刺史曹泥请降。

东魏司马子如率窦泰、韩轨等攻潼关，宇文泰屯兵霸上准备支援。司马子如回军，从蒲津宵济，攻西魏华州（治今陕西大荔），被刺史王罴击退。

西魏文帝大统二年、东魏孝静帝天平三年（536）

正月，高欢率万骑突袭西魏夏州（治今陕西靖边县北），擒刺史贺拔俄弥突，留都督张琼镇守，领其部落五千户以归。西魏灵州刺史曹泥与其婿刘丰复叛降东魏，宇文泰遣师围攻，水灌其城，高欢派阿至罗率三万骑来援，西魏军队撤退，曹泥领遗户五千以归，高欢任刘丰为南汾州刺史。

五月，西魏秦州（治今甘肃天水）刺史万俟普、幽州刺史叱干宝乐及督将三百人叛投东魏，宇文泰遣轻骑追击，至河北千余里，不及而还。

十二月，高欢三路进攻西魏，遣司徒高昂攻上洛（今陕西洛南县东南），大都督窦泰攻潼关，自率军自龙门至蒲津。

西魏文帝大统三年、东魏孝静帝天平四年（537）

正月，高欢在蒲津造三道浮桥，欲渡黄河入关中。宇文泰屯兵广阳（治今陕西临潼县北），扬言退保陇右，还长安后秘密领兵东进至小关（今河南潼关东），窦泰仓促迎战，全军被歼后自杀。高欢闻讯后撤除浮桥，还兵晋阳。高昂攻克上洛后，欲入蓝田关，接到高欢撤军命令后还师。

八月，关中自去岁以来大饥，宇文泰率李弼等十二将伐东魏，遣于谨为前锋，攻拔盘壶（今河南灵宝市西北）、恒农，擒东魏陕州刺史李徽伯，俘其战士八千。又派贺拔胜领兵北渡黄河，追擒敌将高干，攻取河北（治今山西平陆县西南）、邵郡（治今山西垣曲县古城镇）、正平（治今山西新绛西南）、二绛等地。

闰九月，高欢自晋阳领二十万众南下，自龙门赴蒲津反攻，令高昂率三万人围攻恒农。高欢主力渡河后绕过华州，进驻许原西。宇文泰率西魏人马进驻渭南。

十月，宇文泰军至沙苑（今陕西大荔西），在渭曲设伏，大败东魏军队。高欢渡河逃走，丧失甲士八万人。高昂闻讯后解恒农之围，退保洛阳。西魏遣行台宫景寿进攻洛阳，被东魏将韩贤击退。西魏复遣元季海、独孤信率步骑二万攻洛阳，洛州刺史李显攻三荆；贺拔胜、李弼围攻蒲坂，泰州别驾薛善开城归顺，宇文泰进占河东及南汾州，并派长孙子彦追击高欢至晋州（今山西临汾）城下。

西魏兵至新安（今河南渑池县东），高昂率众渡河北走，东魏洛州刺史元湛弃洛阳逃归邺城。独孤信遂进占金墉城（今河南洛阳东北），荥阳、颍州（治今河南许昌）、梁州（治今陕西汉中市东）、广州（治今河南襄城）等地皆降于西魏。

十一月，东魏行台任祥反攻颍州，被西魏宇文贵、怡峰等击败，士卒万余人被俘，西魏又占阳、豫二州。

十二月，东魏阳州刺史段桀破西魏行台杨白驹部于蓼坞（今河南灵宝西北）。

西魏荆州刺史郭鸾攻东魏东荆州刺史慕容俨，慕容俨拒战二百余日，突袭获胜，大破敌军。

西魏文帝大统四年、东魏孝静帝元象元年（538）

二月，东魏大都督贺拔仁、莫多娄贷文等攻拔西魏南汾州，擒其刺史韦子槃。东魏大行台侯景屯练人马于虎牢，准备收复河南失地。西魏将梁迥、韦孝宽等弃颍川、汝南等地西归。侯景围攻广州，击退西魏援兵，守将骆超投降。

高欢命尉景、斛律金、莫多娄贷文、厍狄干等南下攻克北绛（治今山西翼城县东南）、南绛（治车箱城，今山西绛县东南）、正平，擒西魏所置正平太守段荣显、晋州刺史金祚，并委任薛荣祖为东雍州刺史。后来东魏又企图进入河东腹地，占领盐池；守将辛庆之防御有方，迫使敌军撤退。

七月，侯景、高昂等围攻西魏独孤信于洛阳金墉城，高欢率主力随后而至。宇文泰与西魏文帝领大军来援，命李弼、达奚武为前驱。

八月，李弼等击败东魏军队前锋，斩其将莫多娄贷文于孝水。西魏军至瀍东，侯景解金墉之围而退。宇文泰率轻骑追击至河上。侯景列阵，北据河桥，南依邙山，与西魏军合战，击败宇文泰之前锋。西魏主力赶到，大破东魏军，斩其大将高敖曹、西兖州刺史宋显，俘虏甲士万五千人，赴河死者以万数。但是后来右军独孤信、李远，左军赵贵、怡峰战并不利，皆弃其军逃走。李虎、念贤所率后军与之俱退。宇文泰遂烧营而归，留将长孙子彦守金墉。

高欢自晋阳率七千精骑由孟津渡河，遣将追击宇文泰至崤山而还，并围攻金墉城，守将长孙子彦弃城逃走。高欢又至河东，与斛律金会合，打败柴壁（今山西襄汾县东）、乔山（今山西曲沃县东北）等地的土寇，南下收复南绛、邵郡等河东重地。东魏主力撤退后，西魏建州刺史杨㯹又夺回正平、邵郡等地。

十二月，西魏将是云宝袭击洛阳，赵刚突袭广州，占领二地。南兖州刺史韦孝宽进攻宜阳（今属河南），擒东魏守将段琛、牛道恒，肃清崤山、渑池。

西魏在黄河蒲津筑中潬城，东道行台王思政请于玉壁（今山西稷山西南）筑城，获准后自弘农移镇玉壁，聚兵屯守，放弃了汾北的正平。

西魏文帝大统六年、东魏孝静帝兴和二年（540）

二月，东魏河南道大行台侯景领兵出三鸦（今河南鲁山县西南），企图收复荆州。宇文泰遣李弼、独孤信各率五千骑出武关而援，侯景退兵。

五月，西魏行台宫延和、陕州刺史宫延庆投降东魏。

西魏文帝大统八年、东魏孝静帝兴和四年（542）

八月，高欢率大军自晋阳南下，进攻河东。宇文泰命王思政守玉壁以断其道，遣太子元钦镇守蒲坂。十月，高欢招降王思政不成，开始围攻玉壁，攻城九日，遇大雪，士卒饥冻多有死者，被迫解围撤军。宇文泰领兵来援，至皂荚（今山西临猗县临晋镇西南），闻高欢军退，追之不及而还。

西魏文帝大统九年、东魏孝静帝武定元年（543）

二月，东魏北豫州刺史高慎（字仲密）据虎牢城叛降西魏，被围。

三月，宇文泰领主力赴河南救援高慎，遣开府于谨攻拔柏谷城，并围攻河阳南城。高欢自晋阳率大军十万来救，至黄河北岸。宇文泰纵火船以烧河桥，为东魏偏将张亮所阻。高欢主力渡河后据邙山为阵，宇文泰率军进攻。戊申，双方交锋，东魏彭乐率数千精骑冲破敌阵，俘虏西魏亲王元柬、元荣宗、元升、元阐、元亮及督将僚佐四十八人。诸军乘胜进攻，大破西魏军，斩首三万余级。

次日再战，西魏宇文泰自领中军，赵贵领左军，若干惠领右军，先胜后败，督将以下四百余人被擒，损兵六万，被迫退入关中。高欢进兵至陕城，受到西魏大将达奚武的阻击，遂率主力撤回，仅派刘丰领数千骑追击到恒农而还。

四月，西魏虎牢城守将魏光宵遁，东魏收复北豫、洛二州，俘获高慎妻子。
西魏在泰州蒲津关筑城戍守。

西魏文帝大统十年、东魏孝静帝武定二年（544）

东魏河南道大行台侯景率众筑九曲城（今河南宜阳县西北），西魏将陈忻领兵击之，擒其宜阳郡守赵嵩、金门郡守乐敬宾。

西魏文帝大统十二年、东魏孝静帝武定四年（546）

八月，高欢会集倾国之师，再次由晋阳南下进攻河东；又令河南道大行台侯景自河阳出兵，越齐子岭西攻邵郡，西魏建州刺史杨㯹率骑兵前来阻击，侯景闻讯后斫木断路，退回河阳。

九月，东魏围困玉壁城，企图诱西魏主力来援，进行决战。宇文泰屯兵于关中不出。高欢遂昼夜围攻玉壁，城主韦孝宽坚守不下。东魏攻城五十余日，士卒战及病死者共七万人，被迫于十一月庚子日解围而退。

东魏侯景入侵襄州，被西魏司空若干惠领兵击退。

西魏文帝大统十三年、东魏孝静帝武定五年（547）

正月，高欢病死，长子高澄继位。东魏河南道大行台侯景、颍州刺史司马世云叛降西魏，高澄遣韩轨督诸军讨伐侯景。

三月，侯景又以所控豫、广、郢、荆、襄等十三州地上表请降于梁朝，梁武帝遣羊鸦仁等领兵运粮接应侯景。

五月，东魏韩轨围侯景于颍川（治今河南长葛东北），侯景又割东荆、北兖州、鲁阳、长社四城向西魏求救。西魏封侯景为大将军兼尚书令，遣荆州刺史王思政以步骑万余赴阳翟，太尉李弼、仪同三司赵贵将兵一万赴颍川救援。

六月，东魏将韩轨闻西魏救军至，撤兵回邺；前来解围的西魏李弼、赵贵亦返回关中。侯景将颍川移交给王思政，迁往悬瓠（今河南汝南）。宇文泰召侯景入朝，遭到拒绝。王思政又遣诸军进据侯景七州、十二镇。侯景决计降梁。

西魏将李远攻克东魏九曲城，河内郡守司马裔攻拔东魏平齐、柳泉、蓼坞三城，俘其镇将李熙之。西魏将魏玄、李义孙等攻拔东魏伏流城（今河南嵩县东北）、孔城（今河南伊川县西南）。

西魏文帝大统十四年、东魏孝静帝武定六年（548）

四月，东魏遣高岳、慕容绍宗、刘丰等率步骑十万围攻西魏颍川。守将王思政出城应战破敌，并夺其所筑土山。

九月，侯景叛梁，领兵渡江进攻建康（今江苏南京市），江南大乱。

西魏文帝大统十五年、东魏孝静帝武定七年（549）

四月，东魏高岳围攻西魏颍川，逾年不克。刘丰出谋筑堰于水以灌城，城多崩颓，形势危急。宇文泰遣赵贵领兵来援，为泛泽所阻。东魏攻城船队遇暴风，主将慕容绍宗、刘丰战死。

五月，东魏高澄自将步骑十万，围攻颍川长社城。

六月，东魏以水攻破长社城，守将王思政及余众三千人被俘。

西魏文帝大统十六年、北齐文宣帝天保元年（550）

三月，高洋废东魏主，改国号为齐。

七月，宇文泰以高洋称帝为由，准备率诸军东讨。

九月，西魏军自长安出发，过潼关；大将军宇文导留守关中。

十一月，宇文泰在弘农作浮桥，领兵北渡，攻至建州（治今山西晋城市东北）。前锋司马裔破东魏将刘雅兴，攻占五城。高洋召集兵马，屯于晋阳东城。因久雨，西魏军队战马运畜多死，被迫撤兵，自蒲坂西渡黄河，返回关中。

西魏洛安民雍方隽叛乱，自号行台，攻破郡县，囚执守令；河南郡守魏玄率弘农、九曲、孔城、伏流四城人马将其讨平。

西魏文帝大统十七年、北齐文宣帝天保二年（551）

十月，宇文泰遣大将军王雄出子午谷，伐上津（治今湖北郧西县西北）、魏兴（治今陕西安康县西北）；大将军达奚武出散关（今陕西宝鸡市西南），伐南郑（今陕西汉中市东）。

西魏废帝元年、北齐文宣帝天保三年（552）

春，西魏王雄占领上津、魏兴，以其地置东梁州。

四月，西魏达奚武占领南郑。梁将王僧辩、陈霸先等平定侯景之乱。

达奚武以大将军出镇玉壁，建立乐昌、胡营、新城三防。北齐将高苟子以千骑进攻新城，被达奚武击败，全歼其众。

西魏恭帝元年、北齐文宣帝天保五年（554）

九月，西魏遣于谨、宇文护、杨忠等率步骑五万人进攻梁都江陵（今湖北荆州市）。

十月，西魏军至樊（今湖北襄樊）、邓（今河南邓县）一带，与投降之梁王萧詧军队汇合。梁元帝萧绎下令戒严，调王僧辩自建康入援。

十一月，西魏军渡过汉水，宇文护、杨忠先占领江津，截断江陵与下游的联系。梁徐世谱、任约等进至马头（今湖北荆州西北）筑垒，遥为江陵声援。西魏军多道攻城，梁军反者开城迎西魏师入。梁元帝及余众退保金城（内城），焚古今图书十四万卷而降。

十二月，西魏杀梁元帝，立梁王萧詧为外藩梁主，予荆州之地三百里，并留兵监守。随即俘梁王公以下及百姓数万口为奴婢，驱归长安。

西魏宜阳郡守陈忻、开府斛斯琁与北齐将段韶战于九曲，大败齐军。

西魏恭帝三年、北齐文宣帝天保七年（556）

十月，宇文泰病死。十二月，西魏恭帝禅位于宇文觉，北周建国。

北齐将斛律光率步骑五千袭破北周天柱、新安、牛头三戍，又大破周仪同王敬俊等，俘获五百余人、杂畜千余头。

北周明帝二年、北齐文宣帝天保九年（558）

二月，北齐北豫州刺史司马消难遣中兵参军裴藻入关请降。

三月，北周遣柱国达奚武、大将军杨忠率骑兵五千入河南，护送司马消难及僚属西归，北齐兵将追至洛北而还。

北齐斛律光率众攻取北周绛川、白马、浍交、翼城四戍。

北周明帝武成元年、北齐文宣帝天保十年（559）

二月，北齐大将斛律光率骑兵一万进攻汾绛，击斩北周开府仪同三司曹回公，周柏谷城主薛禹生弃城走。斛律光占据文侯镇（今山西新绛西南），立戍置栅而还。

北周明帝武成二年、北齐孝昭帝皇建元年（560）

北齐大臣卢叔虎建议在平阳（今山西临汾）设立重镇，蚕食河东之地。孝昭帝高演命令他和元文遥制订《平西策》，准备执行。后高演去世，其事遂寝。

北周武帝保定元年、北齐武成帝太宁元年（561）

二月，北周勋州刺史韦孝宽使开府姚岳领河西役徒十万筑城于汾州之北（今山西隰县东北），以制生胡。北齐闻讯后遣军至边境，韦孝宽令汾水南岸诸村纵火，齐人疑有大军，收兵自保，姚岳筑城留守而还。

北周武帝保定三年、北齐武成帝河清二年（563）

三月，北齐司空斛律光率领步骑二万，在轵关（今河南济源西北）以西修筑勋掌城及长城二百里，安置十二处戍所。北齐边兵袭扰汾州（治今山西吉县），被北周汾州刺史韩褒设伏击败，尽获其众。

突厥木杆可汗许周和亲，并答应出动大军，配合周师攻齐。

九月，北周遣柱国杨忠率骑兵一万与突厥自北道伐齐，遣大将军达奚武率步骑三万出平阳，北向晋阳，与杨忠、突厥人马南北呼应。

十二月，杨忠攻拔北齐二十余城，又破陉岭（今山西代县北）隘口。突厥木杆、地头、步离三可汗领十万骑与其会合，自恒州（治今山西大同市东北）三道进入长城，南下并州。北齐武成帝闻讯后从邺城赶奔晋阳，命赵郡王高睿、并州刺史段韶指挥部署齐军主力抵抗突厥，斛律光统步兵三万屯驻平阳。

北周武帝保定四年、北齐武成帝河清三年（564）

正月，北齐与北周、突厥联军在晋阳郊外会战，由于突厥临阵退却，杨忠率领的周师战败，被迫撤出长城。达奚武率军至平阳城下，畏缩停留不进。后得知突厥在晋阳进攻不利，亦随即撤回河东。

八月，突厥攻齐幽州（治今北京城西南），出兵十余万，入长城后大掠而还。北周遣柱国杨忠领兵配合突厥伐齐，至北河而还。闰九月，突厥再次入侵齐幽州。

十月，北周发动倾国之师二十万人伐齐。执政宇文护统率主力经潼关赴河南，遣柱国尉迟迥帅精兵十万为前锋，直取洛阳。

大将军权景宣帅山南之兵进攻悬瓠，少师杨摽由邵郡出轵关。

十一月，尉迟迥所率中路主力进围洛阳，大将宇文宪、达奚武、王雄屯兵于邙山，宇文护驻扎在弘农（治今河南灵宝市北）。周师围攻洛阳，三旬不克。北齐派遣兰陵王高长恭、大将军斛律光领兵赴救，但二人畏惧不战。齐武成帝又令段韶督精骑一千焘赴前线，自己亦随后奔赴洛阳。

十二月，周齐军队会战于邙山，周师大败溃散，退回关中，洛阳解围。南路权景宣攻占豫州、永州，后闻大军邙山战败，亦弃城而退。北路的杨摽出轵关后，遭受敌人突袭，全军覆没，杨摽亦投降北齐。

北周武帝天和四年、北齐后主天统五年（569）

八月，北齐将独孤永业进攻宜阳，北周孔城发生叛乱，叛者杀防主能奔达，据城降齐。

九月，周武帝诏令齐公宇文宪与柱国李穆领兵出宜阳，筑崇德等五城。

十二月，宇文宪围宜阳，断绝北齐守军粮道。齐将斛律光率众四万，在洛水南岸筑垒。

北周武帝天和五年、北齐后主武平元年（570）

正月，北齐太傅斛律光率步骑三万援救宜阳。北周将张掖公宇文桀、中州刺史梁士彦、开府梁景兴等屯鹿卢交道，阻击北齐援兵，为斛律光所败。

北齐援兵至宜阳后，与北周宇文宪、拓跋显敬等对峙百日，斛律光筑统关、丰化二城，以通宜阳之路，率大军而还。宇文宪等率众追击，为北齐骑兵所败，开府仪同三司宇文英、都督越勤世良、韩延等被俘。宇文桀等率步骑三万于鹿卢交道断要路，斛律光大破周军，斩其开府梁景兴，获马千匹。

北周勋州刺史韦孝宽上书，请于汾北华谷（今山西稷山西北化峪村）、长秋（今山西新绛县西北）等地筑城戍守，执政大臣宇文护未采纳其建议。

十二月，北齐将斛律光率步骑五万于汾北筑华谷、龙门二城，又进围定阳（今山西吉县），筑南汾城，置州以逼迫北周守军。周军解宜阳之围，救援汾北。

北周武帝天和六年、北齐后主武平二年（571）

正月，北齐将斛律光率众筑平陇、卫壁、统戎等十三城，拓地五百余里。北周柱国普屯威、韦孝宽等率步骑万余来逼平陇，与斛律光战于汾北，齐军大胜，俘斩千计。北周宇文宪率兵开往汾北，宇文护暂驻同州（今陕西大荔）以为声势。

三月，宇文宪率众二万，自龙门渡河，掘移汾水，攻拔北齐新筑伏龙、张壁、临秦、统戎、威远五城。斛律光领兵五万攻克北周姚襄城、白亭戍，捕虏数千人。北齐太宰段韶、兰陵王高长恭攻破周柏谷城，获其仪同薛敬礼。宇文宪率军北援汾州，入两乳谷，袭克齐柏社城（今山西吉县西南），进援定阳，为齐将段韶、高长恭所阻，未能解围。

四月，北周宇文纯等攻取宜阳等九城，北齐召斛律光率步骑五万赴宜阳。

五月，周宇文护使参军郭荣筑城于姚襄城南、定阳城西，齐段韶领兵袭破周师，俘仪同三司若干显宝。

六月，段韶再次围攻定阳城，北周守将汾州刺史杨敷率兵突围，中伏被俘。北齐占领定阳，但未能攻克郭荣城。

北齐斛律光与周军战于宜阳城下，攻取周建安等四戍，捕虏千余人而还。

九月，北齐太宰段韶病逝。

北周武帝建德元年、北齐后主武平三年（572）

三月，周武帝于禁中谋杀执政大臣宇文护，又杀其子蒲州刺史宇文训、昌成公宇文深，改元建德，亲揽朝政。

五月，北周勋州刺史韦孝宽使谍人传谣于邺城，言斛律光欲叛投宇文氏。

六月，北齐后主听信谣传与祖珽、何洪珍等谗言，诛杀斛律光及其弟幽州都督、刺史斛律羡与光诸子。周武帝闻讯后为之大赦。

北周武帝建德二年、北齐后主武平四年（573）

三月，陈宣帝与北周联盟伐齐，以吴明彻为都督征讨诸军事、裴忌为监军，统众十万北伐。陈师分兵两路，吴明彻率军出秦郡（治今江苏六合北），黄法氍向历阳（今安徽和县）。

四月，陈师攻克大岘（今属安徽）和秦州水栅。北齐遣军救历阳、秦州，皆为陈师所破。

五月，陈师攻占历阳，北齐秦州（治今江苏六合北）守军投降。

六月，陈师攻占齐泾州（治石梁城，今安徽天长西北）、合州（今安徽合肥市）、仁州（治赤坎城，今安徽蚌埠市北）。

十月，吴明彻围攻淮南重镇寿阳（今安徽淮南市），堰肥水以灌城。北齐派皮景和率大军来救，距城三十里停顿不前。陈师乘机猛攻寿阳，破城后生擒其主将王琳。皮景和抛弃驮马辎重，领军北遁。

十一月，陈师又克淮阴、朐山（治今连云港市西南）、济阴（治今山东曹县东北）、南徐州。北齐北徐州民众多起兵响应，齐后主派遣部分兵力南下阻击，穆提婆等甚至建议放弃黄河以南的领土，守黎阳以拒陈兵。

北周武帝建德四年、北齐后主武平六年（575）

七月，北周武帝出动大军十八万伐齐。周武帝率众六万，直指河阴（今河南孟津县东、黄河南岸），以杨素为麾下前锋。

八月，周军进入齐境。周武帝率军攻克河阴大城，齐王宇文宪攻占武济，进围洛口（今河南巩县西），攻克其东、西二城，并纵火烧断河阳浮桥。北齐永桥大都督傅伏驰援中潬城，坚守二十余日；北齐洛州刺史独孤永业亦保金墉城不下。

九月，北齐右丞相高阿那肱统兵来援，周武帝又突发重症，被迫令水师烧掉舟舰，退军回境。齐王宇文宪及于翼、李穆等黄河南北降拔三十余城，均弃而不守；唯遣仪同三司韩正留守王药城（今河南巩义市东北），后投降北齐。

闰月，北齐将领尉相贵入侵大宁，延州（治今陕西延安市）总管王庆将其击退。陈大将军吴明彻领兵进攻北齐彭城（今江苏徐州），击败齐兵数万于吕梁。

北周武帝建德五年、北齐后主隆化元年（576）

正月，周武帝至河东涑川，集河东、关中诸军校猎演习。

二月，周太子宇文赟与王轨、宇文孝伯西征吐谷浑；至八月而还。

四月，周将宇文神举攻拔北齐陆浑（治今河南嵩县东北）等五城。

十月，周武帝统大军再伐北齐，经河东攻打晋州（治今山西临汾）。北齐行台左丞侯子钦、晋州刺史崔景嵩先后出降。壬申夜中，周师入城，擒齐军主将海昌王尉相贵，俘甲士八千人。北周齐王宇文宪领兵北进，占领洪洞、永安（治今山西霍州市）二城。

北齐后主高纬亲率大军来援晋州，周武帝引军西撤而避其锋，留开府仪同大将军梁士彦为晋州刺史，率精兵一万守平阳。

十一月，齐军主力至平阳城外，开始围攻。周武帝西归长安，留宇文宪领兵六万回援晋州，屯于涑川以观其变。

十二月，梁士彦率众拼死抵御，齐军攻平阳城月余未下。周武帝亲统援兵至城下，共八万人，与齐军在平阳城南会战。齐后主惊恐北逃，齐师大溃，死者万余人，平阳解围。

周军北上，连破高壁、介休，直抵晋阳。齐后主宣布大赦，改元为隆化，以安德王高延宗为相国、并州刺史，总领山西兵马，自己乘夜逃归邺城。高延宗即皇帝位，改元为德昌，与周军作战失利被俘。周武帝占领晋阳，命宇文宪为前驱，发兵向邺城。

北周武帝建德六年、北齐幼主承光元年（577）

正月，北齐后主禅位于太子高恒，改元承光。北周军队围攻邺城，大败齐军，高纬率百骑东逃济州（治碻磝城，今山东茌平西南）。周军入邺，武帝派尉迟勤率兵追击。高纬到济州后，使幼主高恒禅位于任城王高湝，令高阿那肱守济州关，自与后妃及幼主等奔青州（治今山东益都）。高阿那肱开关投降，周军急赴青州，于南邓村追擒高纬父子与后妃等人，送往邺城。北齐灭亡。

二月，北周齐王宇文宪攻克信都（今河北冀州市），俘斩三万人，生擒北齐任城王高湝、广宁王高孝珩等。

原齐北朔州长史赵义等迎范阳王高绍义，起兵复国，被周将宇文神举战败，高绍义率余众三千人北投突厥。

三月，周武帝自邺城还长安，途经汾曲，遣高阿那肱等往临汾城（今山西新绛县东北），招降北齐东雍州刺史傅伏。

主要参考文献

一 基本史料

1. 正史类

杨伯峻：《春秋左传注》，中华书局1981年版

《国语》，上海古籍出版社1978年版

《战国策》，上海古籍出版社1978年版

司马迁：《史记》，中华书局点校本

班 固：《汉书》，中华书局点校本

范 晔：《后汉书》，中华书局点校本

陈 寿：《三国志》，中华书局点校本

房玄龄等：《晋书》，中华书局点校本

魏 收：《魏书》，中华书局点校本

李百药：《北齐书》，中华书局点校本

令狐德棻：《周书》，中华书局点校本

李延寿：《北史》，中华书局点校本

魏徵等：《隋书》，中华书局点校本

司马光：《资治通鉴》，中华书局点校本

2. 地理书

郦道元著、陈桥驿点校：《水经注》，浙江古籍出版社2001年版

杨守敬、熊会贞疏：《水经注疏》，江苏古籍出版社1989年版

李吉甫：《元和郡县图志》，中华书局1983年版

乐 史：《太平寰宇记》，文海出版公司（台北）1993年版

王应麟：《通鉴地理通释》，广文书局（台北）1971年版

顾祖禹：《读史方舆纪要》，上海书店出版社1998年版

王轩等：《山西通志》，中华书局1990年版

《稷山县志》，新华出版社1994年版

3．其他

杜 佑：《通典》，中华书局1984年版

王夫之：《读通鉴论》，中华书局1998年版

钱大昕：《廿二史考异》，商务印书馆1958年版

赵翼著，王树民校证：《〈廿二史札记〉校证》，中华书局1984年版

赵 超：《汉魏南北朝墓志汇编》，天津古籍出版社1992年版

《庾子山集注》，中华书局1980年版

二 研究著作

1．断代史、专门史

王仲荦：《魏晋南北朝史》（上、下），上海人民出版社1979年版

杜士铎：《北魏史》，山西高校联合出版社1992年版

雷依群：《北周史稿》，陕西人民教育出版社1999年版

山西省史志研究院：《山西通史》，山西人民出版社2001年版

徐月文：《山西经济开发史》，山西经济出版社1992年版

吕荣民主编：《山西公路交通史》，人民交通出版社1988年版

吕荣民主编：《山西航运史》，人民交通出版社1998年版

2．地理类

谭其骧主编：《中国历史地图集》第四册，中国地图出版社1982年版

《山西省历史地图集》，中国地图出版社2000年版

杜秀荣：《山西省地图册》，中国地图出版社2001年版

易宜曲：《山西地理概述》，山西人民出版社1957年版

刘纬毅：《山西历史地名通检》，山西教育出版社1990年版

张仲纪：《山西历史政区地理》，山西人民出版社1992年版

陆宝千：《中国史地综论》，广文书局（台北）1962年版

王仲荦：《北周地理志》（上、下），中华书局1980年版

严耕望：《唐代交通图考》第一卷，《中研院历史语言研究所集刊》之八十三（台北），1985年

谭其骧：《长水集》（上、下），人民出版社1987年版

汪 波：《魏晋南北朝并州地区研究》，人民出版社2001年版

周征松：《魏晋隋唐间的河东裴氏》，山西教育出版社2000年版

胡阿祥主编：《兵家必争之地》，河海大学出版社1996年版

吴松弟：《无所不在的伟力——地理环境与中国政治》，吉林教育出版社1989年版

3．军事

朱大渭、张文强：《中国军事通史》第八卷，军事科学出版社1998年版

高锐主编：《中国军事史略》，军事科学出版社1999年版

《中国军事史》附卷《历代战争年表（上）》，解放军出版社1986年版

陈 力：《战略地理论》，解放军出版社1990年版

董良庆：《战略地理学》，国防大学出版社2000年版

高 敏：《魏晋南北朝兵制研究》，大象出版社1998年版

原版后记

历时三年，我的这本小书终于杀青了。本人最初的写作目的，只是想为自己感兴趣的系列研究《中国古代战争的地理枢纽》写一篇二三万字的论文，探讨一下河东对北朝后期战争的影响。但是在接触了有关史料以后，便情不自禁地被这段惊心动魄的历史所震撼。两魏周齐政权相隔黄河对峙，为了打败对手、实现北方的统一，君臣将相斗智斗勇，奇谋迭出，壮举不断，演出了一幕幕可歌可泣的感人戏剧，河东正是双方施展韬略的中心舞台，这块土地的归属和在军事上的利用程度，影响着两个政权的命运。宇文氏建国之初，势力贫弱，屡遭强敌入侵，形势十分被动。沙苑之战胜利、夺取河东以后，立即扭转了局面；此后西魏北周的防卫作战都是御敌于国门之外，关中根据地不再受到直接的威胁。北齐末年，在兵力防御布局上偏重于中原的河阳，忽视了河东战略方向，这一失误被周武帝充分利用，他果断挥师围攻晋州，结果导致了高氏王朝的迅速覆灭。由此可见，河东之得丧虽然不能决定这两个政权的兴亡，但是可以明显地加速或延缓这一趋势的发展。对于宇文氏和高氏来说，河东称得起是"一身系天下之安危"了。

如果回顾历史，就会看到，河东的重要影响并不局限于北朝后期，它是夏文化的发祥地，孕育过古老的中华文明。在春秋战国、隋唐五代等时期，那里同样发生过惊天动地的英雄事迹，其成败得失支配着国家的政治趋向和民族发展前途。由于此项缘故，我对这块"表里山河"的丰饶土地渐渐产生出一种衷心的景仰和热爱，这本小书就是在此种心情之下写成的。尽管这一课题和我的主要研究方向（秦汉史）并不吻合，军事历史对我来说又是业余领域，我还是在繁忙的工作中挤出时间来完成了这项写作任务。限于本人的疏漏学识，书中的错误肯定是在所难免的，希望业内的同志不吝赐教，给予指正。如果这本小书能够作为引玉之砖，带动更多的研究河东历史的著作问世，我的心愿也就满足了。

　　另外，本书的配图由马保春博士绘制完成，在这里对他的热情帮助致谢。

宋　杰

2004 年 5 月 19 日于颐源居

再版后记

拙著《两魏周齐战争中的河东》在 2006 年由中国社会科学出版社发行初版，曾受到读者的欢迎，但原书发行量较少，未能满足市场的需要，今承蒙山西人民出版社的抬爱，予以再版，谨在此表示由衷的感谢。

此次再版修订，对初版著作中的文字与引文注释做了系统的校对订正，减少了其中的错误，特别是责任编辑崔人杰同志进行了大量的审核工作，尽心竭力，使我颇受感动，在此一并致谢。

这部书虽然获得过读者和业内人士的一些好评，但我自己知道它有缺陷，够不上"精"、"深"二字。本人治学的主要方向是秦汉史，对于北朝历史研究并不擅长，可以说这是我的"短板"。另外，我当时在校内兼任行政职务，每日琐事缠身，因此未能投入足够的时间来对这部书进行精雕细琢；以上两个因素都对拙著的写作产生了不利的影响。现在回过头来看，当时应该推迟它的出版，再花费时日来对书稿作仔细地补充修改，以此来克服"短板"并提高它的学术质量。很遗憾我没有那样做，这部书未能变得更好，使我感到有些愧疚。因此，我把拙著仅仅看作是引玉之砖，如果它能对军事历史与河东地理领域的研究有所促进和助益，鄙人的心愿也就得到满足了。

宋　杰

2023 年 11 月 9 日于北京颐源居

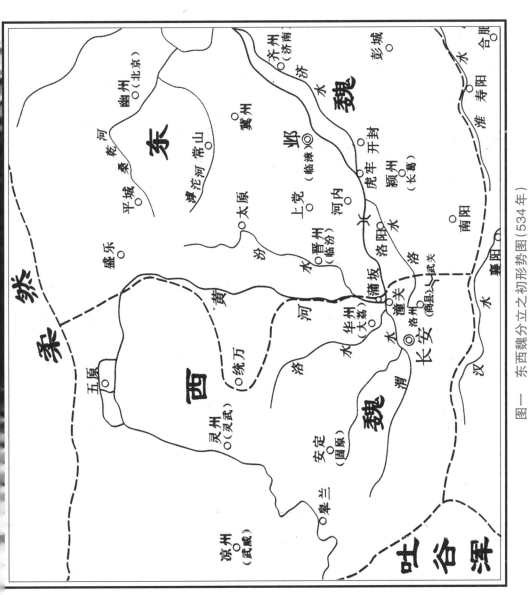

图一 东西魏分立之初形势图（534年）

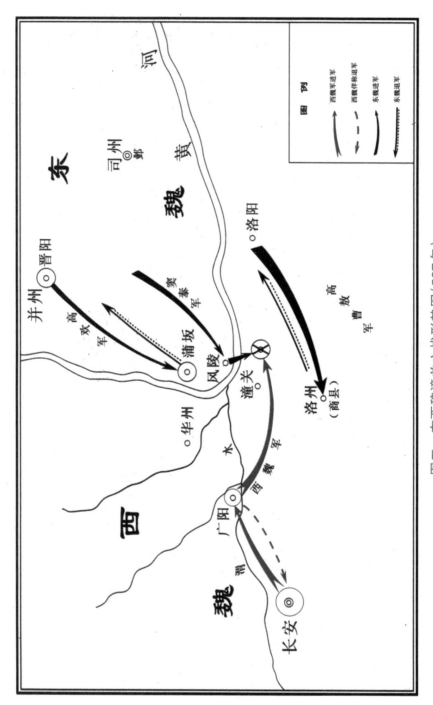

图二　东西魏潼关之战形势图（537年）

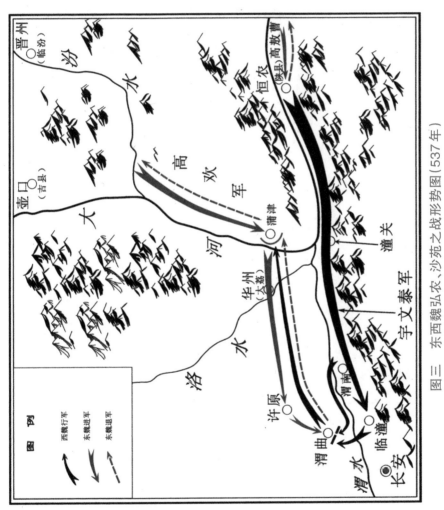

图三 东西魏弘农、沙苑之战形势图（537年）

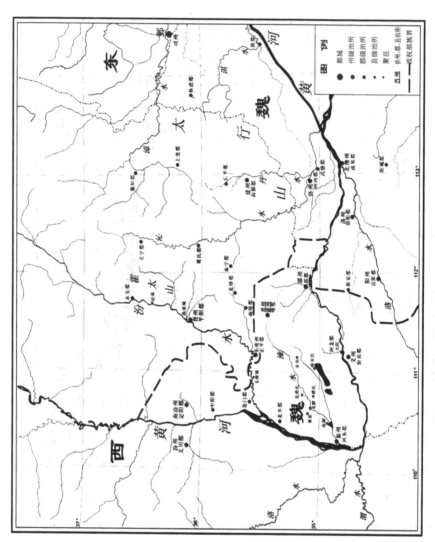

图四 沙苑之战后的东西魏分立形势图(538年)

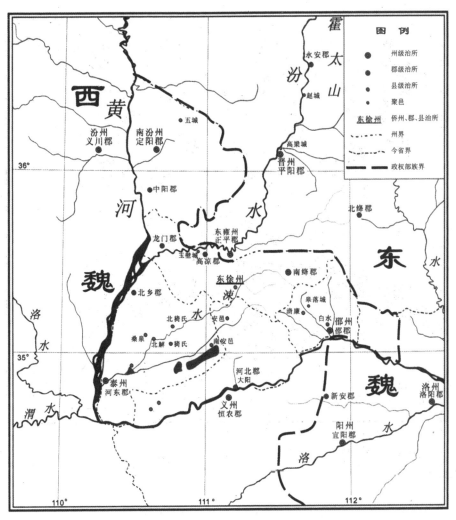

图五　西魏河东地区行政区划图

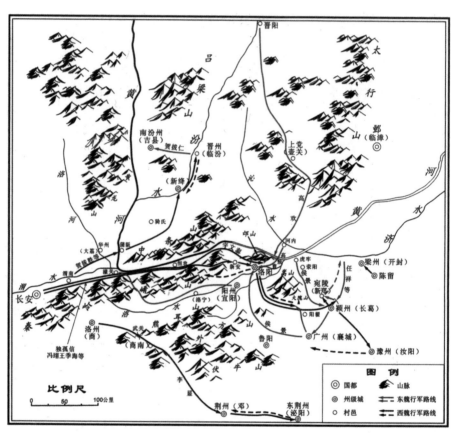

图六　东西魏河桥之战形势图（538 年）

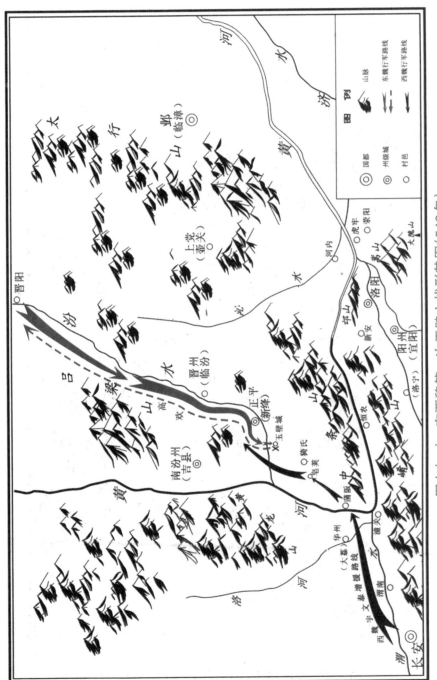

图七(一)　东西魏第一次玉璧之战形势图(542年)

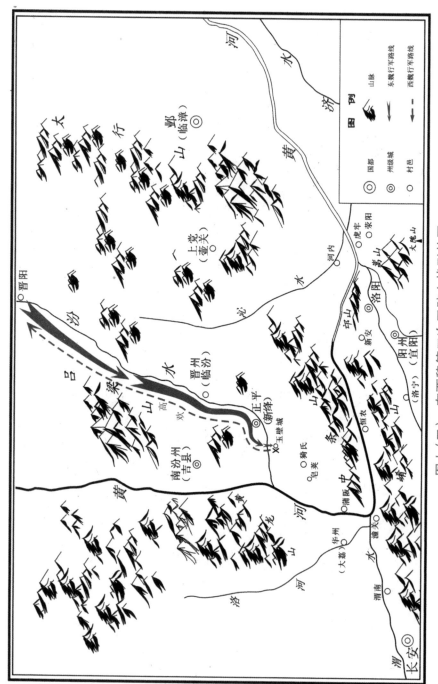

图七（二）　东西魏第二次玉壁之战形势图

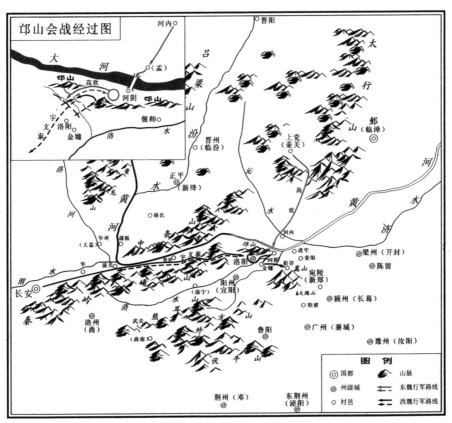

图八　东西魏邙山之战形势图(543年)

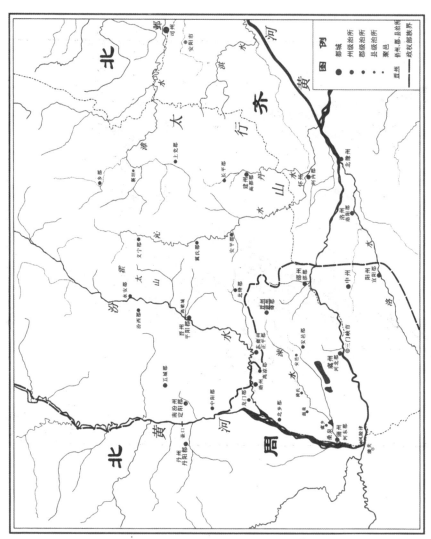

图九　北周、北齐分立河东形势图

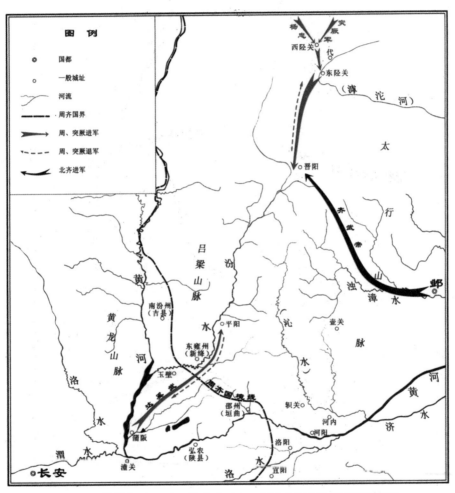

图十　北周保定三年、四年(563—564年)进攻晋阳形势图

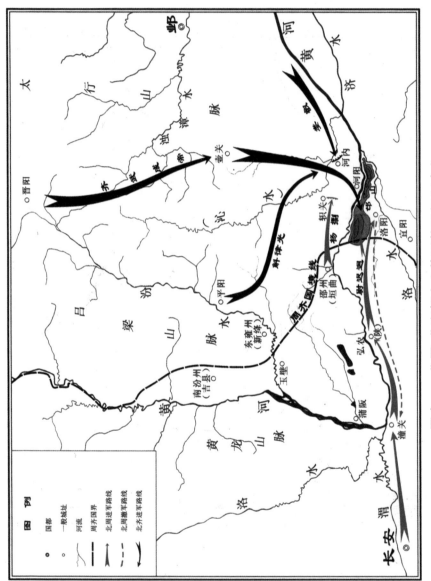

图十一　北周、北齐邙山之战形势图（564年）

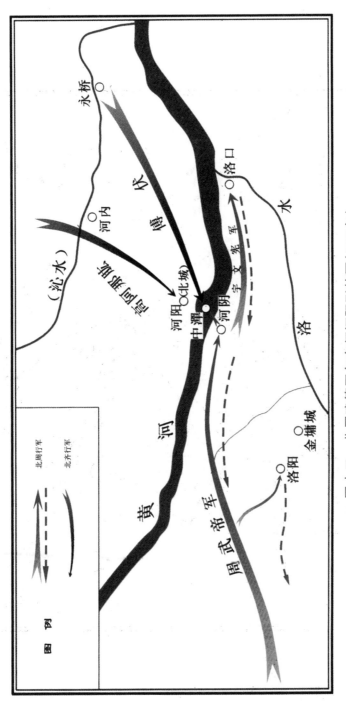

图十二　北周建德四年东征河阳形势图(575年)

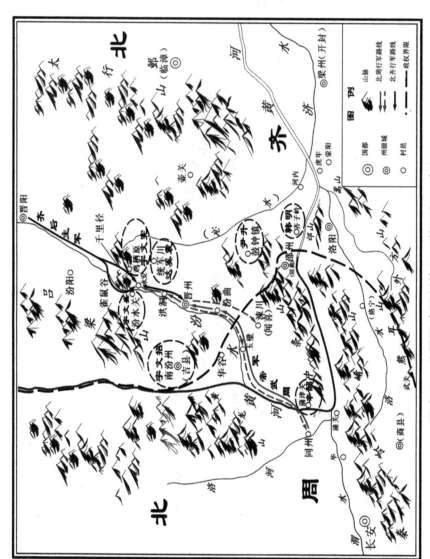

图十三 北周围改晋州战役形势图（576年）

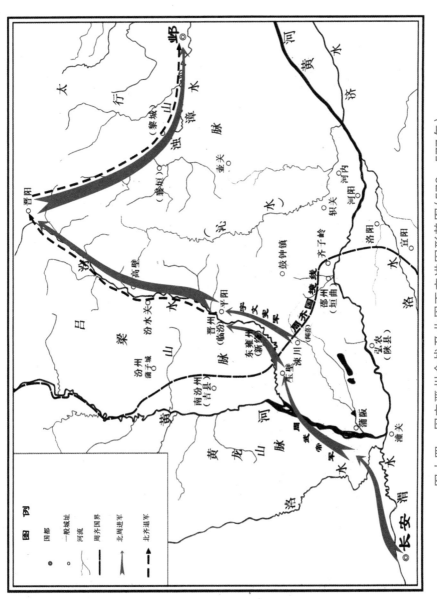

图十四　周齐晋州会战及北周灭齐进军形势图(576—577年)